水利工程建设管理

赵庆锋　耿继胜　杨志刚　著

吉林科学技术出版社

图书在版编目（CIP）数据

水利工程建设管理 / 赵庆锋，耿继胜，杨志刚著. -- 长春 : 吉林科学技术出版社，2020.1

ISBN 978-7-5578-6412-5

Ⅰ. ①水… Ⅱ. ①赵… ②耿… ③杨… Ⅲ. ①水利工程管理 Ⅳ. ①TV6

中国版本图书馆CIP数据核字（2019）第300576号

水利工程建设管理

著　　者 赵庆锋　耿继胜　杨志刚
出 版 人 李　梁
责任编辑 端金香
封面设计 刘　华
制　　版 王　朋
开　　本 16
字　　数 300千字
印　　张 13.25
版　　次 2020年1月第1版
印　　次 2020年1月第1次印刷

出　　版 吉林科学技术出版社
发　　行 吉林科学技术出版社
地　　址 长春市福祉大路5788号出版集团A座
邮　　编 130118
发行部电话/传真 0431—81629529　81629530　81629531
81629532　81629533　81629534
储运部电话 0431—86059116
编辑部电话 0431—81629517
网　　址 www.jlstp.net
印　　刷 北京宝莲鸿图科技有限公司

书　　号 ISBN 978-7-5578-6412-5
定　　价 55.00元

前　言

随着社会经济的不断发展，水利工程市场的不断扩大，对水利工程建设的质量和水平有了更高的要求。水利工程建设的正常运行和生产，不但能够保障人民的生命财产安全，还能够为国家和人民带来经济效益。这就需要有科学合理的管理方法，提高水利工程建设管理的水平，从而加强水利工程建设的质量水平，保障水利工程建设顺利进行。

目前我国的水利工程建设发展到了一种高水平状态，但是仍然存在着不小的问题，这就要求进一步加强水利工程建设管理的水平，支持我国的水利工程向更好的方向发展。本书从十章内容对水利工程建设管理进行介绍，内容详细，知识点全面。希望能够为推进我国水利事业的发展与进步。

目　录

第一章　绪　论

第一节　近代水文历史

一、中国历代对水资源的管理

在水资源如此丰富的国家，少不了对水资源的管理。水政管理有史以来在中国就受到重视。它的管理系统虽不外乎行政管理和工程实施两大系统，而且历代水问题的变化以及设置官制的不同，使得历代水政问题极其复杂。水政管理所辖范围往往除水利之治河防潮、农田水利、航运工程几部分外，还包括沼泽河地之渔业、水生作物等，以及津、梁、桥、渡、交通水道之管理、城市供水等内容。

（一）历代水官

历代水官的变化非常复杂，从总体来看，分为中央和地方两个系统。

1. 中央水官

在中央，有以工部、水部系统的行政管理机构，有以都水监系统的工程修建机构。

总体来看，中央水官经过了如下发展变化：先秦有司空一职，主管水土行政。南北朝时，司空在名义上仍是掌管水利土木工程的最高政务官。秦汉以后主持水利营建及管理事务的有都水官，隋以后名都水监，至明代始取消。魏晋以后，尚书为中央最高行政机构，它的下属有水部，管理水利政务，和都水平行，官名水部郎。在水利行政上形成双轨制。隋唐以后属尚书六部中的工部，职官有郎中、员外郎、主事等。元代撤销，政务划归司农司。明清复设，为工部中之都水清吏司，职官仍名郎中、主事等。

（1）司空

司空是古代中央政权中主管水土工程的最高行政官。《尚书》中载“禹作司空”，“平水土”。西周时中央主要行政官有“三有司”，其中之一即是“司工”。《考工记》说水利工程是司空职掌的重要部分。《荀子·王制》记：“修堤渠，通沟浍，行水涝，安水藏，以时决塞，岁虽凶败水旱，使民有所耘艾，司空之事也。”防洪、排涝、蓄水、灌溉等等都是司空的主要职责。其他先秦文献多有类似记载，大致是春秋战国的情况。当时各诸侯国多设有司空或相应官吏。

（2）工部、水部

工部、水部是历代主要管理水的机构，“水部，掌舟船、津梁，公私水事。”

隋代以后出现三省六部制，设工部尚书主管吏、户、礼、兵、刑、工六部中的工部，亦通称司空。“尚书省，置令，左、右仆射各一人。又置吏部、祠部、度支、左户、都官、五兵等六尚书。左右丞各一人。吏部、删定、三公、比部、祠部、仪曹、虞曹、主客、度支、殿中、金部、仓部、左户、驾部、起部、屯田、都官、水部、库部、功论、中兵、外兵、骑兵等郎二十三人。”②唐代“尚书、侍郎之职，掌天下百工、屯田、山泽之政令。其属有四：一曰工部，二曰屯田，三曰虞部，四曰水部。”③明代以前为宰相下属，掌管工程行政。尚书以下具体负责中央行政的机构有水部。曹魏时设水部郎为尚书郎之一主管水政。隋、唐、两宋都在工部下设水部，主管官员为水部郎中，其助手为员外郎及主事。“郎中、员外郎之职，掌天下川渎陂池之政令，以导达沟洫，堰决河渠。凡舟楫溉灌之利，咸总而举之。”

唐代的水利机构设置是由工部直接总管，水部直接职掌国家水政。“工部掌山泽、屯田、工匠、诸司公廨纸笔墨之事。其属有四。一曰工部，二曰屯田，三曰虞部，四曰水部。……水部郎中、员外郎各一人，掌津济、船舻、渠梁、堤堰、沟洫、渔捕、运漕、碾硙之事。”还有主事二人，令史四人，书令史九人，掌固四人。此外，还设立了河渠署和都水监。

宋朝工部掌天下城郭、宫室、舟车、器械、符印、钱币，山泽、苑囿、河渠之政。……其属三：曰屯田，曰虞部，曰水部。设官十。尚书、侍郎各一人，工部、屯田、虞部、水部郎中、员外郎各一人。元祐元年，省水部郎官一员。……水部郎中、员外郎掌沟洫、津梁、舟楫、漕连之事。凡堤防决溢，疏导壅底，以时约束而计度其岁用之物。修治不如法者，罚之；规画措置为民利者，赏之。分案六，置吏十有三。绍兴累减吏额，四司通置三十三人。

元代不设水部，农田水利属大司农，“大司农司，秩正二品，凡农桑、水利、学校、饥荒之事，悉掌之。”而河防等则并归都水监。

明工部“尚书一人，正二品左、右侍郎各一人。正三品，其属，司务厅，司务二人。从九品，营缮、虞衡、都水、屯田四清吏司，各郎中一人，正五品，后增设都水司郎中四人。”工部下设的都水清吏司，又简称都水司。主管官为郎中，助手为员外郎及主事。“都水，典川泽、陂池、桥道、舟车、织造、券契、量衡之事。水利曰转漕，曰灌田。岁储其金石、竹木、卷埽，以时修其闸坝、洪浅、堰圩、堤防，谨蓄泄以备旱潦，无使坏田庐、坟隧、禾稼。舟楫、硙碾者不得与灌田争利，灌田者不得与转漕争利。凡诸水要会，遣京朝官专理，以督有司。”

清朝基本沿袭明代官制，在工部下设营缮、虞衡、都水、屯田四清吏司，各部门分由满汉人充任，其中“都水掌河渠舟航，道路关梁，公私水事。”

（3）都水监

各代还设作监或都水监管水利建设的实施维修等，与工部分工。都水监是古代中央政权中主管水利建设德尔专职机构，往往与工部平行，但工作有区别，主要负责水利工程的计划、施工和管理等。其实，都水监早在隋唐时期就已经出现，到了唐代官制的成熟完善后，都水监的设置也趋向成熟。

早在秦汉时期，各地山、泽、苑、池等里面的水资源，如泉、湖、河等，都设都水长、丞管理，“秦、汉有都水长、丞，主陂池灌溉，保守河渠，属太常。”

这些长、丞隶属管理水、苑、池、泽的官吏如中央的太常、大司农、少府及水衡都尉、地方长官等。汉成帝时才设置都水使，统一领导这些都水官。后汉都水官改属地方，晋代中央又设都水使者，机构名都水台，隋唐以后改称都水监。隋朝时期，都水监的官阶不断发生变化，“都水监改为使者，增为正五品，丞为从七品。统舟楫、河渠二署。舟楫署每津置尉一人。五年，又改使者为监，四品，加置少监，为五品。后又改监、少监为令，从三品，少令，从四品。”官阶的提升，从侧面表明了水官在行政机构中地位的上升，政权对水资源管理的重视。

如前所述，唐代的水利机构主要是工部，但同时还设有都水监内设使者。都水监总领舟楫、河渠二署，为主管水利建设设计、实施和管理的职能部门。据《新唐书》记载：“使者二人，正五品上。掌川泽、津梁、渠堰、陂池之政，总河渠、诸津监署。……凡京畿诸水，因灌溉盗费者有禁。水入内之余，则均王公百官。”但是唐代的都水监并不是一直稳定常设机构，“武德初，废都水监为署。贞观六年复为监，改令曰使者。龙朔二年，改都水监曰司津监，使者曰监。武后垂拱元年，改都水监曰水衡监，使者曰都尉。开元二十五年，不录将作监。有录事一人，府五人，史十人，亭长一人，掌固四人。初，贞观六年，置舟楫署……”从唐代的水利机构的设置看，唐代的水利机构和官职已经相当成熟，对后世的影响非常深远。

宋代建立后对唐代的中央政治制度有所继承，又有一些新的变动。北宋之初并没有设置都水监，但由于北宋的水患十分严重，嘉祐三年（1058）十一月，“始专置监以领川泽之事。……轮遣丞一人出外治河堤之事，或一岁再岁而罢，其有谙知水政，或至三年。置局于澶州，号曰外监。”到了元丰时期又加了都水监的职能，“置使者一人，丞二人，主簿一人。使者掌中外川泽、河渠、津梁、堤堰疏凿浚治之事，丞参领之。”元祐四年（1089年），复置外都水使者。元祐五年（1090），诏南、北外都水丞并以三年为任。元符三年（1100），诏罢北外都水丞，以河事委之漕臣；三年，复置。重和元年（1118），工部尚书王诏言，乞选差曾任水官谙练者为南、北两外丞，从之。宣和三年（1121），诏罢南、北外都水丞司，依元丰法，通差文武官一员。分案七。建炎三年（1129），诏都水监置使者一员。绍兴九年（1139），复置南、北外都水丞各一员，南丞于应天府，北丞于东京置司。绍兴十年（1140），诏都水事归于工部，不复置官。北宋时期的都水监变动较多，多是因具体的河防变动都水监的设置。南宋宋代中央南迁后河防之事大减，遂撤销都水监，由工部负责川泽之事。

金代都水监吸收了唐宋两朝的精华，并改名为分治监。“分治监，专规措黄、沁河、卫州置司。”之下还设有街道司、都巡河官。前者负责“掌洒扫街道、修治沟渠。”后者按地区分为六大都巡河官，“掌巡视河道、修完堤堰、栽植榆柳、凡河防之事。”从中可以看出，金代的都水监的机构设置已经趋于完善，中央和地方共同配合设置，并且沿用北宋的基层水利机构埽所，在历次金代前中期治理水患中发挥其应有的作用，但是金代后期由于史料的缺乏并不能很确切的了解当时都水监的运作。

元代叫行都水监。“至正八年二月，河水为患，诏于济宁郓城立行都水监。九年，又立山东河南等处行都水监。十一年十二月，立河防提举司，隶行都水监，掌巡视河道，从五品。十二年正月，行都水监添设判官二员。十六年正月，又添设少监、监丞、知事各一员。”之前在至正六年五月，由于河南山东发生水患，设置了河南山东都水监，以专疏塞之任。由此可见，水官的设置与水患有着密切关系。

明清不设都水监，农田水利划归地方管理。但增添了专门管理黄河、运河等大流域的治理机构总理河道或河道总督等。明“总理河漕兼提督军务一员。永乐九年遣尚书治河，自后间遣侍郎、都御史。成化后，始称总督河道。正德四年，定设都御史。嘉靖二十年，以都御史加工部职衔，提督河南、山东、直隶河道。隆庆四年，加提督军务。万历五年，改总理河漕兼提督军务。八年革。”

清在中央工部中设有都水司，“都水掌河渠舟航，道路关梁，公私水事。岁十有二月，伐冰纳窖，仲夏颁之；并典坛庙殿廷器用。”管理全国河流的又有“河道总督，江南一人，山东河南一人。直隶河道以总督兼理。掌治河渠，以时疏濬堤防，综其政令。营制视漕督。”顺治元年（1644）就设河道总督，亦称“总河”，驻在济宁。河督之下设有专管和兼管河务的道员，称“管河道”。河道主要有江南淮扬道、淮徐道、山东运河道、治理永定道。管河道下又有专理河务的同知、通判、州同、州判，以及兼理的知县、县丞等。武官方面，河道总督属下有河标，河标有副将、游击、都司等武官。另外河道总督还统属河营，其下有守备、千总、把总等，掌管河工调遣，抢险施工等。康熙十六年（1677），总河移驻清江浦，之后又驻回济宁。雍正二年（1724），置副总河，驻在武陟，专门管理北河。雍正七年（1729），将总河改为总督江南河道，驻清江浦，副总河为总督河南山东河道，驻济宁，分管南北两河。之后又增设直隶正、副总河。乾隆年间，撤副总河和直隶河道总督。至此，不仅直隶河务由治理总督兼理，北河总督也被裁撤。之后的百余年，就仅剩两大河督：南河总督和东河总督。清末时，这两职位设置又有所变化。运河漕运还另设漕运总督，主管漕粮运输，之后加兼管河道，地位与河道总督平行。

2. 地方水官

历代情况各异，官职的设置也复杂变化，在中央与地方的分类上难免有所重复，大体上有以下几类：

（1）直属中央的地方水官

前文所述的秦汉各郡国的都水长、丞、令等直属大司农，直至晋代有的地区尚有类似设置。以后有的屯田水利官吏也直属司农。元代有的地区设都水庸田司或都水庸田使司亦属这一类，但时置时废，不是常设的。另如宋、金、元的外都水监、行都水监、都水分监等是中央机构派出的分支，也可以归入这一类。

（2）派驻地方管理水政的中央官吏

这一类有为了处理某一水利问题或某一工程临时派出，事完回去的钦差大臣。如汉代的河堤谒者、河堤都尉，元代的总治河防使，明清的总督河道等。他们的官是谒者、都尉、工部尚书、尚书或侍郎兼都御使，临时职责是治河修堤。

汉至唐各代在中央或临时派往地方主持河工的官吏有河堤谒者等官。西汉临时派出的官吏或皇帝侍从，多以钦差大臣的身份主持大规模工程叫河堤谒者或河堤使者。《晋书》中记载“都水使者，汉水衡之职也。汉又有都水长丞，主陂池灌溉，保守河渠，属太常。汉东京省都水，置河堤谒者，魏因之。及武帝省水衡，置都水使者一人，以河堤谒者为都水官属。及江左，省河堤谒者，置谒者六人。”

还有以原官兼河堤都尉，或只说原官“领河堤”“护河堤”“行河堤”等。东汉河堤谒者成为中央主持水利行政的官，晋至唐为都水使者的属官。五代以后废不再设，但也有类似的官员如元代的总治河防使和明代早期的总督河道。晋代的巡河官，元代的河道或河防提举司，明代的管河、管运的郎中、主事等都类似晋以后的河堤谒者。

这一类职官后来有的演变成常设官吏如明清的河道总督，同时成立了常设机构。明代京杭运河上常驻的中央官吏最多，他们或者是都水清吏司的职官，或者是御史等其他官员，由中央机构及总理或总督河道双重领导。

（3）地方专职水官

地方各级机构都有专职或兼职水利官吏。专职或兼职根据事务的多少而定。历代地方水利专官种类也很多。东汉都水官即改属郡国，晋各州设都水从事，南北朝时州郡设水曹。唐各道农田水利常由营田使兼管；宋各路水利先归提刑司，后由常平司管理；明代有的省设水利佥事；清代有的省设水利道。明清的府、州，有的设水利通判、水利同知、水利州同等。明代沿黄、运两河，有的省设按察司副使等专管河防；府、州、县也专设管河通制、州同、县丞等。清代河道总督下设道、厅、汛三级官吏主管河防修守，有文武两系统。省级文有河道，武有副将或参将；府州文有通判、州同，武有守备或千总；县文有县丞或主簿，武有千总以下的把总、外委等。

（4）地方基层水官

大型农田水利常有专官。如关中郑白渠，西汉末息夫躬曾“持节领护三辅都水”。唐代管理属京兆尹，以京兆少尹一人负责。京兆少尹有时兼有“渠堰使”衔。如贞观四年（788）“京兆少尹郭隆为渠堰使”。并在泾阳设衙署。贞元十六年（800）“从东渭桥纳给使徐班兼白渠、漕渠及升原、成国等渠堰使”。太和元年（827）“京兆少尹韦文恪充渠堰使”。有时还有副职，如太和二年（828）刘仁师为昭应县令，“兼检校水曹员外郎兼渠堰副使。”这是一种特置的官衔，表示重视。五代周显德五年（958），“以工部郎中何幼充为司勋郎中，充关西渠堰使”，也和唐代类似。北宋有提举三白渠公事，管理三白渠及关中灌溉。金有规措三白渠公事，元初设规措三白渠使等。小灌区多民众自办自管，大灌区内支渠以下也由民众自管、推举不脱产的堰长、斗门长等管理用水及维修。明代设水利佥事属陕西省，清雍正中设水利通判属西安府，至乾隆末郑白渠变为小规模的龙洞渠，改由各县管理。

水利经营管理除各级官吏外，还有大量夫役及兵士。夫役除修建时大量征雇外，有的还有常设名额。如明代京杭运河，江北至通州段有闸夫、浅夫、洪夫、溜夫等四五万人。清代黄河有常设河兵与堡夫等共同修堤抢险等。

（二）历代水利法规和制度

水利法规是在水利活动实践中产生的，是对水利工程和管理的规范和要求，也是水利工程建设和管理成熟程度的标志。我国古代随着水利的兴修和发展，已有水利法规。根据内容的不同，我国古代的水利法规大致可分为两：一类是综合性的法规，如唐代的《水部式》，一类是专门性的法规。后者根据水资源管理的不同方面，又可分为防洪法规如金朝的《河防令》、排涝法规、农田灌溉法规、运河管理法规、城市供排水法规、水利施工组织法规等。足见中国古代水法规体系庞大，内容丰富。以下仅对历代主要的水法规作简要介绍。

大禹建立了夏王朝，据考古证明禹时已有了法律，土地和水均属天子，他是最高的统治者。水法大体始于西周，周文王伐崇侯时，在《伐崇令》中明令禁止填水井，违令者斩。《孟子·告子》也记载，公元前651年葵丘会盟之盟约规定："无曲防"、"毋雍泉"。秦始皇三十四年，在丞相李斯的主持下"明法度、定律令"，制订了《秦律十八种》，水利法规包括在《田律》之中，"春二月，毋敢伐木山林及雍提水"就是具体规定。在四川出土的秦木牍中也有记载，"九月，大除道及除浍；十月，为桥，修防堤，利津隘"。西汉汉武帝时左内史倪宽建议"穿凿六辅渠，以益概郑国傍高昂之田"，并定有《水令》，"定水令，以广灌田"，这部水令的主要内容是关于用水次序的规定。颜师古曰："……为用水之次俱立法，各得其所也。"元帝时，南阳太守定农田灌溉"均水约束"，"刻石立于田畔，以防分争"，令人遵守。这都是早期的水利法和制度。西晋杜预重修南阳水利也订有管理制度。汉代黄河防修也定有制度，王景治河后恢复西汉旧制，不仅设置了官吏。后代水部、都水监管理全国水利政令，相关法规制度也是不可缺少。

1. 唐《水部式》

《水部式》是唐代中央政府颁行的水利管理法规。现存《水部式》系在敦煌发现的残卷，为唐玄宗开元二十二年（734）修订，二十五年（737）颁布的第三部"开元式"。残卷共29自然段，按内容可分为35条，约2600余字。内容十分丰富，包括农田灌溉工程及管理，碾的设置及其用水量的规定，用水次序，航运船闸和桥梁渡口的管理和维修，丁夫的配备和差遣，渔业管理以及京城水道管理等内容。

现存的法规中有关关中灌区的内容较多。例如规定郑白渠等大型渠系的配水工程均应设置闸门；闸门尺寸要由官府核定；关键的配水工程订有分水比例，如中白渠和清渠"恒准水为五分，三分入中白渠，二分入清渠”；干渠上不许修堰壅水，支渠上只许临时筑堰，“用水灌溉之处皆安斗门”，“不得当渠造堰”截水；灌区内各级渠道控制的农田面积要事先统计清楚，“凡浇田，皆仰预知顷亩，依次取用……”；灌溉用水实行轮灌，并按规定时间启闭闸门等。对于灌区的机构和人员配备，《水部式》规定：渠道上设渠长，闸门上设斗门长“渠长和斗门长负责按计划配水；大型灌区的工作由政府派员督导和随时检查”，“诸渠长及斗门长至浇田之时，专知节水多少。……长官及都水官司时加巡察。”有新工程即按工程量多少分配官职，如“蓝田新开渠每斗门置长一人，有水槽处置二人，恒令巡行。”有关州县选派男丁和工匠轮番看守关键配水设施，“龙首、泾堰、五门、六门、昇原等堰，令随近县官专知检校，仍堰别各于州县差中男廿人、匠十二人分番看守，开闭节水。”发生事故应及时修理，维修工程量大者，县可向州申请支持，“所有损坏，随即修理，如破多人少，任县申州，差夫相助。”

《水部式》还规定，灌区管理的好坏将作为有关官吏考核晋升的重要依据，“若用水所得，田畴丰殖，及用水不平并虚弃水利者，年终录为功过附考。”在水的分配方面，主张“务使均普，不得偏併。”此外，对于农业用水与航运和水力碾用水之间的调节分配，也作了相应的规定。此外还涉及渔业管理方面的内容，由于内容残缺，只有如下记录，“其尚食、典膳、祠祭、中书门下所须鱼，并都水采供。诸陵，各所管县供。余应给鱼处及冬藏，度知每年支钱二百贯送都水监，量依时价给直，仍随季具破除、见在，申比部勾覆。年终具录申所司计会。如有回残，入来年支数。”另有部分内容是关于城市水道管理的，主要是规定出现停水、水道损坏由谁负责维修之事，“皇城内沟渠拥塞停水之处及道损坏，皆令当处诸司修理。其桥，将作修造。十字街侧，令当铺卫维修。其京城内及罗郭牆各依地分，当坊修理。”最后，还要关于各桥制造和桥之竹索制造、维修的内容，规定了供桥所需工匠的数量、来源等，如“河阳桥每年所须竹索，令宣、常、洪三州？丁匠预造。……大阳、蒲津桥竹索，每三年一度，令司竹监给竹，役津家水手充。……其供桥杂匠，料预多少，预申所司量配，先取近桥人充，若无巧手，听以差配，依番追上。”

由此可见，《水部式》这些内容明确规定了各级水利官员的职责、水利设施的维修和保护、农田灌溉、用水次序等，使得水利从管理、维修到灌溉实施过程都有法可依，为水利事业的顺利开展提供了制度上的保障。

唐朝法律比较发达，除了上述专门的水法规《水部式》之外，《唐律疏议》中也有关于水利的条款，如：“近河及大水有堤防之处，刺史、县令以时检校。若须修理，每秋收讫，量功多少，差人夫修理。若暴雨汛溢损坏堤防交为人患者，先即修营，不拘时限。”“不修堤防及修而失时者，主司杖七十。”又根据造成的后果，诸如“毁害人家”“漂失财物”“由不修堤防，而损害人家及行旅被水漂流，而致死伤”等，分别论罪。还规定自然水体中的物产为公共所有，不得有权人霸占，“诸占固山野陂湖之利者杖六十。”这些明确规定了山林河湖为公共资源，私人不得霸占，否则会受到严厉处罚。

2. 宋《河防通议》

宋金元三代治理黄河的工程规章制度。这些规章制度在施工实践中应用了300多年。原著者沈立，在宋庆历八年（1048），搜集治河史迹，古今利弊，撰著《河防通议》。原书久失传。现存本系元代色目人赡思（清代改译为沙克什）于至治元年（1321）根据当时流传的所谓“汴本”，其中包括沈立原著和宋建炎二年（1128）周俊所编《河事集》，以及金代都水监所编另一《河防通议》即所谓“监本”，加以整理删节改编而成。《元史·赡思传》称作“重订河防通议”。共上、下二卷，除赡思自序外，分为河议、制度、料例、功程、输运、算法六门，分别记述河道形势、河防水汛、泥沙土脉、河工结构、材料和计算方法以及施工、管理等方面的规章制度此书流传版本有《四库全书》本等，较通行的有1936年商务印书馆《丛书集成》本、中国水利工程学会《中国水利珍本丛书》本。

3. 宋《农田水利约束》

《农田水利约束》又称《农田利害条约》，它是由北宋时期杰出的政治家、改革家、文学家和思想家王安石作为其变法的主要内容之一主持制订的，于北宋熙宁二年（1069）由中央政府颁发，是我国历史上第一部比较完整的农田水利法，也是第一个由中央政府正式颁布的农田水利法令。据《宋会要辑稿·食货》载，全文共分8条，1200余字。

《条约》拟定前曾拍八名官员到全国各处调查水利情况，同时指令各地方政府指出建议并分设勘察本地的专官。王安石把这些结果和有关的意见汇总、归纳，并结合自己二十几年的探索总结，制订条文，以法令形式颁布全国。其主要内容分为如下几个方面：

在开篇就对能提出有关土地耕种方法和某处有应兴建、恢复和扩建的农田水利者核实后奖励，并交州县负责实施，“其言事人并籍定姓名事件，候施行讫，随功利大小酬奖。其兴利至大者，当议量材录用。内有意在利赏人、不希恩泽者，听从其便”。各县要上报境内荒田面积、原因和开垦办法，以及应修浚的河流，应兴修或扩建的灌溉工程，并做出预算及施工安排，河流涉及几个州县的，各县都要提出意见，报送主管官吏；各县应修的堤防、应开挖的排水沟渠要提出计划、预算和施工办法，报请上级复查后执行。还有各州县编造图册的人员不得借故向百姓索取贿赂，从中贪赃钱财的，“自从重法”；根据州县的报告，主管水利官员要和各路负责官员，提刑或转运使协商，复查核实后，委派县或州负责施工；关系几个州的大工程要经中央批准；工程太多、任务太繁重的县，县官不胜任的要调走或设置辅助官吏。再有，私人垦田和私兴水利用费太多时可向官家贷款，“民修水利，许贷常平钱谷给用”，民户一次还不清的，允许分两次、三次归还。州县也可劝谕富家借贷；凡出力出钱兴办水利者，按所费劳力和所获效益，给予奖励，或录用为官吏；所修水利不合规定的官吏要督促改正并罚款，罚款充作工程费；根据各县官吏兴修水利的政绩大小升赏，“量功绩大小与转官，或升任减年磨勘循资，或赐金帛令再任，或选差知自来陂塘圩埕沟洫田土湮废最多县分，或充知州通判令提举部内兴修农田水利”。

这些规定在实行过程中又有补充，特别是对官吏兴办水利的考核和赏罚等。熙宁四年

（1071年）补充了这样一款规定：凡兴修农田水利的官员，分别按灌溉田亩千顷以上、五百顷以上和百顷以上三个等级予以褒奖。该法颁行后，出现了一个“四方争言水利”的局面，并形成了熙宁年间的水利建设高潮。据《宋史·食货志》记载，“兴修水利田，起熙宁三年至九年，府界及诸路凡一万七百九十三处，为田三十六万一千一百七十八顷有奇。”

此外，宋仁宗天圣二年（1024）颁布的《疏决利害八事》是用以专门解决水事纠纷的法规，对排水工程的规划、施工及对可能出现的问题的解决措施都做了详细规定。

4. 金《河防令》

《河防令》为金朝泰和元年（公元1201年）修订的《泰和律令》二十九种之一，于泰和二年（公元1202年）同《泰和律义》同时颁行。它是在宋及宋以前防河法令的基础上编订的，是一部关于黄河和海河水系各河的河防专门法规。据《金史·刑志》记载，《河防令》十一条，现存于元代沙克什重订的《河防通议》一书中，所录只有十条，说明经过删节。此令是现在能见到的我国最早的防洪法规。据史料记载，江河防洪堤防至迟在西周时期已经出现。关于防洪法规，目前所见最早的是223年9月15日颁行的蜀国诸葛亮的护堤令，“丞相诸葛令，按九里堤捍护都城，用防水患，今修筑浚，告尔居民，勿许侵占损坏，有犯，治以严法，令即遵行。”

其具体内容有：每年由户部、工部都要选派一名政府官员沿河视察，一方面监督检查都水监派出的分治都水监及州县的河防工作，另一方面督促沿河州、府县落实河防措施，加固堤防；水利部门可以使用最快的交通工具“驰驿”传递防汛情况；州县主管防洪的官员每年六月初一到八月底要上堤防汛，轮流“守涨”。不得有误，这一段时间被定为黄河的“涨水月”；平时，分管官员也要轮流上堤检查；沿河州县官吏防汛的功过都要上报；河工埽兵有规定的公假，还有请假制度；河防军夫的医疗也有保障，若有疾病则由都水监送州县医治；堤防险工情况要每月向中央政府上报；若遇有险情等情况紧急时可增派夫役上堤；卢沟河有县官与埽官防守，差官督查，重大的犯令行为要按刑律处分等。

《河防令》的颁布曾对金代的黄河、海河水系的防洪工作起过重要作用，对后世的河防管理也产生过积极影响。这部法令在我国古代水利史上有着重要的地位。

5.《大明律》和《大清律例》中的水利条款

明清时期是中国社会发展突飞猛进的时期，这一时期的封建主义达到了顶峰，并逐渐开始衰落，资本主义也开始萌芽。由于长期以来自然经济的发展，人口此时已大量增加，导致了水资源紧缺的情况。因此，从法律上规范用水成为必要。《大明律》和《大清律例》中就有许多关于水管理法规。

《明律》将有关水事违法条文编入《工律》，分《营造》与《河防》两卷，其中《河防》是首次创立。《营造》是关于非法营造、虚费工力采取木石而不堪用、造作不依法、冒领物料、以私料令官局代造缎匹、造作过限期、官吏不按规定在官房办公等方面的刑罚规定。《河防》分为三条，分别是盗决河防条例、失时不修堤防条例、侵占街道条例等。

在盗决河防条例中，对山东、河南等地盗决河防的行为处罚等都做了明确规定，如“凡故决、盗决山东南旺湖，沛县昭阳湖、属山湖，安山积水湖、扬州高宝湖，淮安高家堰、柳浦湾及徐邳上下滨河一代各坦岸，并阻绝山东泰山等处泉源，有干漕河禁例，为首之人，发附近卫所，系军调发边卫，各充军。其闸官等人，用草捲阁闸板，盗泄水利，串问取财，犯该徒罪以上，亦照前问遣。”对于失时不修堤防的行为，要求“凡运河一带，用强包揽闸夫、溜夫二名之上，捞钱铺夫三名之上，俱问罪。旗军发边卫，民并军定人等发附近，各充军。揽当一名，不曾用强生事者，问罪，枷号一个月发落。”所谓侵占街道，即是“京城内外街道，若有作践掘成坑坎，淤塞沟渠，盖房侵占，或傍城使车，撒放牲口，损坏城脚……”等行为，给予“枷号一个月发落”的处罚。

从上述内容来看，此时河防的重点已是山东、河南等黄河流域附近以及运河两岸，足见黄河防洪安全在明代的重要位置。另外，与《唐律》等前朝律例相比，将盗决、故决堤防罪，改为盗决、故决河防罪，保留失时不修堤防罪，增加了“盗决抒岸破塘”罪、“不修灯岸及修而失时”罪，也反映了黄河防洪安全的重要，同时也是为了适应南方农田水利发展的需要。

《清律》其篇目条项，多因《明律》。《工律》篇中《营造》9条、《河防》4条，共13条。其中《河防》门包括盗决河防、失时不修堤防、侵占街道和修理桥梁道路四条。参照《大清律集解附例》，将之与《明律》对比，发现前者除了照搬其具体条例，还附加了内容。比如在“盗决河防”一文中，根据不同的盗决行为及造成的不同结果，处罚也不尽相同，“凡盗决官河防者，杖一百。盗决民间之圩岸，陂塘者，杖八十。若因盗决而致水势涨满，毁害人家及漂失财务，淹没田禾，计物价重于杖者，坐赃论。罪止杖一百，徒三年。……漂失计所失物价为赃重于徒者，准窃盗论，罪止杖一百、流三千里，免刺。”对“不先事修筑河防，及虽修而失时者，提调官吏，各笞五十。”若“其所居自己房屋穿墙而出秽污之物于街巷者，笞四十，穿墙出水者，勿论。”这些法律都比《大明律》中的更为详细。第四条即修理桥梁道路是《大明律》中所没有的，它规定“凡桥梁道路，府、州、县佐饵官，职专提调，于农隙之时，常加点视修理，桥梁务要坚完，道路务要平坦，若损坏失于修理，阻碍经行者，提调官吏，笞三十。此原有桥梁，而未修理者。若津渡之处，应造桥梁而不造，应置渡船而不置者，笞四十。此原未有桥梁，而应造置者。”

此律在雍正年间作了修改，但律文并没有改动，只是律文后增加了注释。乾隆时期又将律后注删去，律文保持不变。只“盗决河防”条新增例一条：“凡盗决河南、山东等处临河大堤，为首者发近边充军；盗决格月等堤，发附近充军，因而杀伤人者仍照律定拟。”律文之所以变化不大，是因为工律主要是规定工程技术性规范，一般不涉及意识形态内容，内容更多是技术性而非伦理性的，所以相比其他诸律更具客观性。

上述是明清时期国家律例中有关水利的条文规定，除此之外这一时期水利方面的法规也很多，如：苛坡、都江堰、山河堰、关中引径渠、宁夏引黄各渠等都有专项规定，至于黄河堤坊，长江荆江大堤、江浙海塘，朝廷和地方官府都颁布过一系列管理法令、条例。

比如自明代中叶，长江大堤的修防也开始有了系统的管理制度。1566 年至 1568 年，荆江知府赵贤主持修江堤后始立《堤甲法》，即每千丈堤老一人，五百丈堤丈一人，百丈甲一人，夫十人，职责是“夏秋守御，冬春修补，岁以为常”。清代时荆江堤防修守制度又进一步。1747 年荆江堤防溃决，损失惨重，恢复重建后制定了十二款修守章程。清代，除刑法中规定有水利条款外，关于典章制度的专书，更有详尽的水利条文，同样具有法律意义。光绪年间（1875 ~ 1908 年）撰修的《清会典》一百卷和《清会典事例》一千二百二十卷。《清会典事例》中河工占十九卷，海塘占四卷，水利占八卷，共计三十一卷之多，条文规定得相当细致。从分期上看，这一时期已属于清末，属于近代范畴，故会在近代部分专门论述清末的水利法规。除了上述几个比较主要的水法规之外，我国古代还有许多专项法规，比如元代李好文著的《长安志图》下卷《泾渠图说》，其中的《洪堰制度》和《用水则例》就是关于工程维修和用水管理的内容，属于灌溉管理法规。再有中国古代城市发达，城市供水成为统治和管理的重要内容，在古都长安、洛阳、开封、北京等都有管理极严的供水、用水水规，但多数详细法规已散佚。元、明、清时期加强了对运河尤其是京杭大运河的管理，制定了一系列相关政策和规定，仅漕运制度就有《漕运全书》、《漕河夫数》、《漕河水程》等规定。

可见，中国古代的水法规是一个庞大的法律管理体系，对水的使用、管理、所有权等一系列问题都做了详细规定。这些与完备的水官制度相结合，更加充分体现了中国历代对水的重视和利用管理。

二、近代中国的水政

（一）晚清对水资源及利用的管理

1. 晚清河政变化

清代河政的建置比较完善，清朝典籍中对河道总督、河员、河工的记载都比较详细。通过这些史料，我们可以看到晚清河政相对于之前发生了哪些变化，为维护统治做出了哪些调试。清代河政发生较大变化是在咸丰五年（1855）。这一年，黄河在铜瓦厢发生决口，导致黄河改道，至此黄河水向北迁移，流向直隶和山东，从利津入渤海。这次决口改道不但结束了七百多年黄河南流的历史，而且对当时河政的管理产生了影响。

2. 晚清漕运

漕运与河道总督有重要关系，因为河道总督的主要职责之一就是疏通运道，保证漕运。治河和漕运的关系密不可分。所以，河道总督与漕运总督在职权上有很多重合之处。清朝前期，漕运兴盛，漕运与河务都是朝廷重要的行政事务。而清朝后期，海运兴起，运河逐渐衰败，漕运总督与河道总督一样面临着被裁撤的局面。

3. 晚清水政其他方面的变化

除了关于黄河、运河等河流管理制度的变化，对京师沟洫制度也有人提出修改意见。京师人口稠密，街道狭窄，若遇有大雨，全部仰仗沟洫，“沟洫流通，始免壅遏浸灌之患。”因此朝廷特设了沟渠河道大臣，专管京师沟洫，每年还不惜重金修治，防患未然。但到了晚清，吏治逐渐败坏，官员之间相互推诿，贪污受贿，岁修款额不断上涨。光绪十三年（1887）沟洫壅塞，虽责成四大臣分段兴修，“不但沟水壅塞如故，抑且变本加厉，于从前未经蓄水之区亦行于积。”分段治理可以使责任到人，但“人多则各思取巧，而又无人督率，……弊端种种。”而外河的修治则由河道总督一人负责，故修治效果明显。针对这一问题，大臣方汝绍建议“或专责之沟渠大臣，或责之步军统领衙门。验收之时，亦专派员办理，严定承修验收各官处分，责成既专，可杜一切观望推诿之弊。”至于朝廷是否采纳，我们不得而知。但透过晚清整体局势，即时有所变动也不会挽救清朝衰败的趋势。

晚清时期还设有一些临时机构或派专门人员，管理水患，修建防水工程等。咸丰十年（1860）十二月黄河河防任务重要，朝廷就派直隶大顺广道联捷专办河防事务，河南省所有黄河渡口的防查事宜均归其管理。晚清重臣左宗棠对水利工程修建很有见地，在关于修建东南地区水利以及导淮工程中，就上奏“于清江设立复淮局，遴派大员驻局提调。一面派员估计工程，次第举办。”关于专派人员总理河务，晚清也较普遍。如光绪十二年（1886）四月，为了治理黄河，朝廷专派山东巡抚张曜为特派大员，筹办河务，将河务是为其专责，要求“务当不避嫌怨，实心经理，期工归实济，款不虚縻，毋得稍涉推诿，是为至要。”并允许张曜可以随时调员差遣。可见河务之急，河务之重。

在地方水政管理中，也有个别调动。如光绪二年（1876）“移湖北江夏县浒黄巡检驻均州孙家湾，以江夏县丞移驻浒黄，专司水利。”同年九月，沈葆桢、文彬、吴元炳等人奏“查淮扬徐海四属，向设淮扬、淮海、徐州三道，兼管河务地方事宜。”并对各道所辖地区进行了划分，这对地方公事是实有裨益的。

（二）民国初期的国家水政

民国时期的国家水政，同民国时期的战争和政权更替一样频繁，各种水利行政机构不断变化，理清民国水政建设，对研究民国水利史，总结其水利工作的经验和教训，促进当前水政管理，有重要参考价值。

民国时期的水环境管理模式主要是流域管理，海河、黄河、淮河、太湖、长江、珠江等流域均分别成立了管理机构，负责各流域的河道管理、兴修水利工程等任务。这些流域机构大都直属于中央政府，由中央最高水利机构统一管理。只是中央政府主管水利工作的职能部门经过了多次变更，水政的统一也经历了漫长过程。

1. 北京政府时期的水政

民国成立之后，并没有管理国家水利事业的专门机构，只有内务部和农商部协作管理，在内务部属土木司，在农商部属农林司。临时政府时期，内政部主要负责管理警察、卫生、宗教、民俗、户口、田土、水利工程等。之后，内政部设置土木局，其中就有水工科，主要负责探寻城镇附近泉源并划分各泉水所含物质；探寻城镇湿地，点置泄水管；筹办大城市自来水；兴筑河工，如堤防、水关、堤岸等。农林司同样有管理水利之责。农林司下设水利科，主要掌管灌溉、排泄、浚泄、堤防及其他水利事项。

直到 1914 年始设全国水利局，置总裁一人，总理全国水政。1 月 8 日颁布的法令中，规定全国水利局直隶于国务院，职掌全国水利及沿岸垦辟事务。关于人员的设置，有总裁一人，副总裁一人，视察二人，佥事二至六人，主事八至十二人，技正二至六人，以及技师十至十六人。如技术上之必要，可以酌聘顾问。尽管有了一个中央水政机构，但其权力并不专一，内务、农商两部仍有权力，且遇事须与其商议。在一月大总统令中就宣布，“关于水利事项，本系内务农商两部之责，现既特设专局，除海河工程特派专员，但遇事分咨接洽外，其余均在该局职权之内，应由各该部咨会全国水利局遇事协商，以资匡助，而面隔阂。”之后，水利事项就由上述三个机关协商办理。如 1914 年全国水利局提出筹办滨临淮湖地亩议案，之后交由农商部复核审议。1918 年国务院就令内务部、农商部及全国水利局一并拟具全国河川测验办法。由此看来，当时的水政是内务、农商、全国水利局三家共主政的“三头单体制”。

另外，中央还有特设的水利机构，如 1915 年设督办广东治河事宜处；1917 年设顺直水利委员会；1918 年设督办运河工程总局，专办河北、山东两省运河工程事宜；1920 年又设督办江苏运河工程局和督办苏浙太湖水利工程局；1922 年设扬子江水道讨论委员会。上述这些水利机构，或属国务院，或是相关部门合组，但都不属于全国水利局，隶属于全国水利局者仅有江苏导淮测量处。

这些机构并没有使荒废已久的水政有多大改观，水利事业仍处于低谷，许多建设事项都没有提上日程，如最重要的黄河治理仍处在无人问津的状态，没有专管机构，只有河南、山东、河北三省设有河务局，管理本省境内河段。淮河治理方案也一直悬而未决。其他各地方的水利管理，大多数由本省设局处理，由局长分理。“水利行政，职权不专，系统紊乱”就是民国初期水政的真实评价。

2. 水政统一之前：南京政府时期的水

南京国民政府统治时期中央主管水利的机关可以以 1934 年 12 月为界，分为两个阶段：第一阶段（1927 年 4 月 ~ 1934 年 12 月）全国水政统一之前，国民政府对水的管理时期；第二阶段（1935 年 1 月 ~ 1949 年 9 月）全国水政统一之后，国民政府水利机关又发生多次变化。本节只涉及第一阶段时期的水政建设情况。南京国民政府成立之初，中央并没有专门的水利建设机关，有关水利建设的工作分属中央有关部委，如水灾防御属内政部；水利调查测绘属内政部；水利建设属建设委员会，后改归内政部；农田水利由实业部负责，航路疏浚属交通部等。

（三）南京政府时期全国水利行政之统一

关于统一全国水利行政的设想，是 1928 年由建设委员会正式提出。之后，水利行政问题一直受到关注，不少人提出统一水政的方案，“水利行政亟宜设立主管机关，统筹各江河之整理及一切有关水利事项，将现有水利机关之工作划归统管，并将各部会组织法规中关于水利部分之职掌妥为修正，庶几事权统一责任，较专水利行政之效易见，并与尽速政策相合，似应由院建议国府令行政院拟具全国水利主管机关之组织法案交院审议。”建设委员会为之作了不少努力。

1. 水利行政统一之经过

关于近代水利行政问题，其实不仅是政府机构十分关注，许多水利专家也对这一问题提出了看法。如致力于中国水利事业建设的水利专家周宗莲便发表文章《全国水利行政系统刍议》，分析水利行政现状，并提出改革方案。作者认为水利工程与其他工程有着很大的不同，“其影响之区域常大至数千数万里，其影响之时代常上下数百数千年，其所需之款项甚巨，其所需之时间最长，其所生之利为间接，而非直接，且常广博而迟缓”，这些特点也就决定了水利行政组织“须合宜坚强集中耐久”。但当时的水利机关组织却与上述要点相反。作者提出了自己对水利行政建设的意见，建议在中央设立中央建设委员会水利处，总管全国水利事业；下设五大水利委员会，即东北水利委员会、华北水利委员会、华中水利委员会、华南水利委员会、西南水利委员会，按区域进行管理。这种组织方法，按天然地势分布，有助于河流的管理，并且权力集中，易于加强统一管理。总之，水利行政之统一已成为大势所趋，再加之一些客观因素，加速了水利行政统一的步伐。

2. 水政统一之后：南京政府时期的水政

1934 年 12 月，全国经济委员会接管各水利机构，成为全国统一的最高水利主管机构。至 1949 年国民党政权在大陆垮台为止，全国水利机关亦发生多次变化。

（四）近代水法规

从晚清开始，中国已经开启了近代化进程，不仅在政治制度、经济发展、学校教育等领域学习西方，在法律建设方面也逐渐与西方接轨，逐渐抛弃传统社会的封建法规，开始建立现代化的法律体系。水利建设作为国民建设中的重要内容，自然不能忽视，尤其是民国时期，制定颁布了多个关于水利、水政的法律，推动了近代水法规的发展。

1. 晚清水法规和制度

清代没有一部以水利法、防洪法或农田水利法等命名的成文法，关于水利的法律内容大多分散且不成系统。在皇权集中的封建社会中，皇帝的诏书或朱批奏章皆为发挥法令的作用。除此之外，中央制定的律例或工部则例等，可看出清朝对水利纠纷、水官设置的管理。即是在颁布各项新法令频繁的清末新政时期，关于水利、河政的新法规也更是寥寥无几。所以晚清时期最主要的水法规依旧是由清前期沿袭下来并不断修补的《大清律例》和《清会典》。

（1）刑律中的水利条文

1）《大清律例》

晚清时期的水法规主要是沿用清初的法律条文《大清律例》。《大清律例》原名《大清律》，共三十卷，六册，包括名例、吏律、户律、刑律、工律等，是清朝最主要的法规，也是中国封建社会最后一部法典。它的制定从1644年顺治元年入关开始，后经过顺治、雍正、乾隆三朝的修改、完善，到乾隆五年（1740）颁布，并更名为《大清律例》，通称《大清律》，增至四十卷。以后虽历经修订，但主要是增减、修改附律各条例，律文则变动不大。直至宣统二年（1910）《大清现行刑律》颁行，该律文在中国大陆地区予以废止。

关于水利、河防的律例在《大清律例·工律》部分。故在发生水利纠纷、水权纷争时，多采用《大清律例》中的相关规定。该律例卷三十九《河防》中关于有两条水权问题的规定有两条：一是“盗决河防”，一是“失时不修堤防”。每条之后都有相关例文，作为对法例的解释说明。“道决河防”有例文两条，“失时不修堤防”有例文五条。这两个条文及其例文均是针对惩罚水利犯罪而定。如根据例文解释，“盗决河防”不仅包括盗决圩岸、陂塘等水利设施的破坏行为，如“盗决山东南旺湖、沛县昭阳湖、蜀山湖、安山积水湖、扬州高宝湖、淮安高家堰、柳浦湾及徐、邳上下滨河一带各堤岸……”，还包括“阻绝山东泰山等处泉源有干漕河禁例”等行为，均给予惩处。“失时不修堤防”一条主要是对不及时修防者的惩处，根据例文解释，这一行为包括“浮议动众以致众力懈弛者”“附和传播者”“奸民串保领银侵分入己”者等。另外，还有两条是关于“侵占街道”和“修理桥梁道路”的规定。这些内容在第一章中已有叙述。

2）《大清现行刑律》、《大清新刑律》

清末新政时期，在法律方面也取得一些成绩。首先是修订了《大清律例》，删除了一些不合时宜的条款，以及刑法酷刑。随后颁布了《大清现行刑律》《大清新刑律》等法律。《大清现行刑律》由沈家本根据《大清律例》删改而成，共三十门，三十六卷，律文三百九十八条，于1910年5月15日颁行。它改变了旧律中按六部分类的办法，删去了吏、户、礼、兵、刑，工等各种律目，对一些惩处方式作了变动，又增加了有关毁坏铁路罪、毁坏电讯罪、私铸银圆罪等条文。该法律中三十门分别是即名例、职制、公式、户役、田宅、婚姻、仓库、课程、钱债、市缠、祭祀、仪制、宫卫、军政、关津、厩牧、邮驿、盗贼、人命、斗殴、骂詈、诉讼、受赃、诈伪、犯奸、杂犯、捕亡、断狱、营造、河防。《大清现行刑律》的内容虽然有所变化，但基本上没有超出《大清律例》的模式，只是一部作为新刑律颁布前的过渡性法律。

上文已经提及，《大清现行刑律》在处罚方式上有所变动。对《大清刑律》中的各种刑名重新厘定。《大清刑律》中规定五刑为笞、杖、徒、流、死五等，在流刑之外，又有外遣、充军二项。而在《大清现行刑律》中，将笞、杖二刑改用罚金代替；对旧律中的到外地服刑的徒刑和流刑，一般改在当地服刑；对凌迟、枭首、戮尸等酷刑予以废除等。如关于罚金等级，在卷一“名例”中规定为十种：一等罚为银五十钱，二等罚为银一两，三等罚为银一两五钱，四等罚为银二两，五等罚为银二两五钱，六等罚为银五两，七等罚为银七两五钱，八等罚为银十两，九等罚为银十二两五钱，十等罚为银十五两。流刑则分三个等级，二千里（工作六年，收赎银二十五两）；二千五百里（工作八年，收赎银三十两）；三千里（工作十年，收赎银三十五两）。

所以在该刑律的“河防”卷中，关于“盗决河防”、“失时不修堤防”、“侵占街道”以及“修理桥梁道路”等内容的变化，主要也是惩处方式的变化，而关于各种罪名基本没有变化。如在“盗决河防”中，规定“凡盗决河防者处十等罚，盗决圩岸陂塘者处八等罚，若毁害人家及漂失财务、淹没田禾，计物价重者，坐赃论……”对于故意盗决河防者，只“徒三年”，取消“杖一百”。在后面的“条例”中，则针对《大清律例》中的“条例”也作了修改。对于盗决山东南旺湖、沛县昭阳湖等堤岸，对于“故盗决尚未过水者”，改“首犯先于工次枷号一个月，发边远充军”，为“首犯流三千里”；对于“已经过水，尚未侵损漂没他人田庐财物者”，改“首犯枷号两个月，发极边烟瘴充军”为“首犯发极边安置”；对于“既经过水又复侵损漂没他人田庐财务者”，改“首犯枷号三个月，实发云贵两广极边烟瘴充军”为“首犯发烟瘴地方安置”等。同样，在“失时不修堤防”条例中，将笞刑改为相应的罚金。如“凡不修河防及修而失时者，提调管理各处五等罚。若毁害人家漂失财务者，处六等罚。因而致伤人命者处八等罚……”在“侵占河道”中规定，“凡侵占街巷道路而起盖房屋及未园圃者处六等罚，令复旧。”“修理桥梁道路”中规定，损坏、失于修理桥梁道路，阻碍行人经过者，提调官吏处三等罚。从上述条文可以看出，新刑法的处罚力度有所减轻，并且有针对性，即旧刑法中的笞刑对应相当的罚金等级，一般来说是笞十对应一等罚，笞二十对应二等罚，笞三十对应三等罚，以此类推。处罚方式和处罚力度的变化，是晚清法规开始逐步与西方融合，向法律近代化迈进的重要表现。

《大清新刑律》则是中国历史上第一部近代刑法典，起草工作始于1906年，由于引发了礼教派的攻击和争议，至1911年1月才正式公布，但并未真正施行。该法律是在沈家本的主持下，由日本法学家冈田朝太郎等人帮助起草，共两编五十三章四百一十一条，并附有《暂行章程》五条。其正文在形式上反映了比较浓厚的资本主义色彩，但附录的五条暂行章程却反映了浓厚的封建性。该法律分总则、分则两编。“分则”共三十六章，即“三十六罪”，其中关于水及水政有关的法律条文，主要有“关于放火、决水及水利之罪”和“关于饮料水之罪”两则。

（2）行政法中的水利条文——光绪朝《清会典》与《清会典事例》

《大清会典》是康熙、雍正、乾隆、嘉庆、光绪五个朝代所修会典的总称。它是按行政机构分目，内容包括宗人府，内阁，吏、户、礼、兵、刑、工六部等等职能及有关制度。从内容看，是以行政法律为主要内容的法律汇编，详细记述了清代从开国到清末的行政法规和各种事例，反映了封建行政体制的高度完备。它不仅是清朝行政法规大全，也是中国封建社会最完备的行政法典。《光绪朝会典》增辑于光绪十二年（1886），完成于二十五年（1899），由大学士昆岗、徐桐任总裁。起嘉庆十八年（1813），迄光绪十三年（1887），展至二十二年（1909）。

全书分为：《清会典》100卷，目录1卷，《清会典事例》1220卷，目录8卷，《清会典图》270卷，总计1599卷。《清会典》是主体，《清会典则例》或《清会典事例》和《清会典图》为辅助说明资料。《清会典则例》或《清会典事例》具体叙述清历朝官制的沿革损益和递迭嬗变的详细情况；《清会典图》则是对坛庙、礼器、乐器、仪仗、銮舆、冠服、武备、天文、舆地、刑具等的附图说明。

光绪年间撰修的《大清会典》和《清会典事例》中有关于河工、水利等方面的规定，内容比较细致，成为晚清时期水官设置、奖惩水官、处理水问题、修建水利工程的主要法律、行政依据。《大清会典事例》中河工占十九卷，海塘占四卷，水利占八卷，共计三十一卷之多。其中的条文规定相当细致。

2. 民国水法规

近代水利法规体系的建立是在民国时期，这既是时代进步的表现，更是水利事业发展的需求。法律的健全和完善，是衡量社会进步与否的重要标志。随着近代社会的发展，水利科学的进步，水成了重要的社会资源，并且已经超越了饮用、灌溉和水运的范畴，虽然民间的习惯法有可沿用之处，但“弊陋为害牢不可破者，亦复正多。如囿于迷信，任其废弃，把持源流，据为私有，决堤放洪，以邻为壑，因之激成纠纷，往往累世不决，甚至聚众械门，杀伤人命，影响治安，遗祸无穷，种种恶习，均为水利事业之重大障碍。”所以，设立关于水和水利的规章制度已成为迫切要求，并且也是近代法律不可缺少的重要组成部分。同时，这一时期，西方先进国家纷纷制定了国家水利法规及相关配套规章制度，为民国水法规的制定提供了借鉴。总之，民国时期水法规的制定，是中国水法规建设开始摆脱古代传统水利法规的局限，进入了一个新的历史阶段，有助于事先国家对水资源的全面规划、综合利用和保护。

三、近代关于各省水利建设研究

（一）西北地区

西北一词，始见于《元史·地理志》的《西北地附录》。清代谢济世撰写《西北域记》一书，则是一本西北舆地图志。民国以后，孙中山提出的《建国方略》中有关西北铁路系统及扩张西北铁路系统的内容。西北逐渐受到政府的重视，认识到西北的兴衰关系着中国的兴衰，关系着国家和民族的生存问题，必须加快西北建设。

关于近代西北的范围应首先明确，但说法不一。“以政治统治属言之，为陕西、甘肃、绥远、宁夏、青海、新疆，一般人所指为西北也。或且汜设计察哈尔。”或以陕西、甘肃、宁夏、青海、新疆五省为西北，或以甘肃、宁夏、青海、陕西、新疆、蒙古为西北；也有专家将其分为内西北、外西北，或叫近西北、远西北，如陕甘可称之为内西北或近西北，新疆可称之为外西北或远西北。1928 年南京国民政府基本统一全国后开始加强对西北的关注。之所以开始重视西北，是由特殊的历史背景造成的。当时的中国，面临被帝国主义瓜分的情形，“东南一带，虽称富庶，但均成了外国帝国主义者之势力范围，东北半壁河山，业经沦亡。榆关既失，中国板荡虎视眈眈欲乘隙而谋染指者，日贼之外，西南之英法，西北之外俄内共……”所以西北成为维护政权的重要阵地。抗战胜利后，蒋介石也曾经昭示“建国之基础在西北”。并且随着社会的发展进步，关于开发西北问题，逐渐从感情的呼吁转向理智的探讨和科学的建设中了。

西北特殊的地理位置，使得西北地区对于国防建设有重要意义。提及近代国防事业，莫不以东北、西北为重，但比较二者，又以西北最为重要。“盖东北久经苏、日及国人之经营，交通经济早具规模，已达相当工业化之程度，且人口密集，农业兴盛，交通经济早具规模，较之西北之人口稀少，一片荒凉，交通阻滞，经济落后者实不足以道里计。”足见西北地区在国防事业中的地位。此外西北还是国防上的后方，为战争提供支援的后方。但是西北国防却面临着诸多严重问题，“地广人稀，荒地多而耕地少，粮食不能自给，益以旱灾荐至，救死不暇”解决这些问题，只有依靠兴修水利，振兴农业。可见水利建设的重要地位，所以西北地区的水利建设成为国防之本。

由此可见，近人对西北水利建设的作用已有了充分认识。因此，大力发展水利事业成为大势所趋。对西北地区发展有重要意义的水利建设不能忽视，甚至有人将近千年来西北之荒凉，归结为水利事业发展不足，“是人力对于西北财富之开发所为不足，其中尤以农田水利一项为甚。”西北地区在古代有着繁荣的文化和经济，但由于近代水利失修，生产逐渐衰落。水利之所以对西北经济有如此重要之关系，是由西北特特殊的自然环境决定的。首先，西北土壤多黄土，而黄土肥沃与否，全在水量之多少。第二，便是西北地区雨量少，严重影响农业发展。《西北水利探源》一文便对西北地区水量情况进行了调查分析，研究了该地区“地广水稀”的原因。只有了解了水源、降雨量等信息，才能制定出水利计划。近人将水利建设分为积极和消极两方面：积极方面为兴利，如提倡农田水利、发展航运、水力等；消极方面为治水，如防洪、防旱及筑堤等。西北地区地势高，降雨量少，土质坚硬，故西北的水利建设应当注重在积极一方面。不过，也有人将西北水利事业分为治河与灌溉两种。“治河以防沙为本，其方法须着重水土保持与固定河槽……灌溉事业之发展，亦必须以水文地形土壤等测量为着手计划之先决条件。”在发展农业，振兴农村的现状下，应以灌溉水利为先，“西北农田设能尽得灌溉之利，则地利可兴，民生充裕，势不难以农利之余”。但诸多水利已被古人作过，近代水利建设不过就是在古人成绩的基础上，则其可开发者开发而已。

西北发展水利事业也有诸多困难，最大困难便是自然环境，主要是该地区雨量稀少、水源不足，以及沟壑纵横，缺少平旷之地。针对这些难题，有人提出了解决方法，首先是缜密设计工程计划，使西北少量水源得到充分利用；其次是平治土地，因地制宜，建设小规模工程。对于如何加快发展，也有人提出建议，如加强水文测验、地形及土壤测量和水工试验等基本工作；推动水利人才培养，设立研究机关和高等院校；提倡使用适宜的工具与机械，保证工作效能；提倡农田水利合作；努力提倡宣传，提高民众对西北水利的认识等。

（二）东北地区

东北是相对于西北而言的。近代水利专家李仪祉先生曾在文章中指出，“西北之名，殆因东北对待而起也。”且前文已述，东北与西北在近代边防中都有着关键作用，故对东北水利的研究也不容忽视。东北河流纵横，土地肥沃，农产、林矿、水力蕴藏丰富。《东北的水利工程》详细介绍了东北地区的河流、湖泊，并对1931年九·一八事变之前以及之后十四年的水利发展事业做了对比说明。虽然事变之后，日本侵略者占据东北，但为了掠夺，对各项经营不遗余力，制定各种发展计划，特别重视水利的发展，故这一时期在河工航运、灌溉事业。港埠开发、水力开发等方面取得成绩。

《东北水利概说》一文便是在水利建设高潮时期，对东北水利进行了概括介绍。东北地区的河流主要有辽河、松花江、黑龙江、乌苏里江、鸭绿江等。各水系都有防洪系统，建有护岸工程、蓄水工程、堤防等。并且各水系均有不同程度的水力资源和航运能力，对水电利用和发展交通、经济有重要意义。该文章难能可贵之处在于，文章最后对东北地区的港埠进行了介绍。港口是发展海运、促进贸易的重要窗口，重视和加强港埠建设，可推动地区与外界的交流，促进经济的发展。东北地区除旅顺、大连二港外，辽河与北部水系也有港口。

1948年的《交通部津浦区铁路管理局日报》也连续刊登了《东北水利》系列文章，记述了东北水利发展沿革、河流和湖泊分布以及主要水利工程等，全面反映了东北水利的历史与现状。

但是关于辽宁、吉林、黑龙江三省水利建设的研究不多。总之，近代东北水利发展迅速，尤其在水力发电方面取得显著成绩。其水力资源的开发，在详细的调查基础上，配合重工业的发展趋势，实施了许多水力工程，如小丰满工程、水丰工程、镜泊湖电厂以及鸭绿江水力开发工程等。

四、近代水利科学技术的发展

近代水利事业的发展离不开水利技术的进步。中国传统社会的水利技术在当时已是最先进的，但由于封建社会晚期的闭关锁国政策，使中国逐渐失去与西方的交流与联系，而西方各国在两次科技革命的带动下，科学技术有了突飞猛进的进步，使中国望尘莫及，逐渐落后。自中英鸦片战争后，中国国门被迫打开，西方的各种思想潮流、技术理念渐渐传入，中国也由开始的被动接受转为主动吸取，近代科技水平不断提升，水利科学技术自然也包括在内。本节就简要叙述之。

中国传统水利发展的弱点之一便是理论概括不够。虽然历代都很重视水利科学和实践，进行了大规模的水利建设，积累了丰富的实践经验。但很少有人对如此丰富的水利实践做理论上的总结和概括，多数水利文献和论著都只停留在对工程的记述上。这也是中国历代只注重统治之术和人文伦理，轻视自然科学的体现。

（一）早期外国传教士的传播

早在明末清初时，外国传教士便开始涌入中国，其中部分传教士还带来了欧洲文艺复兴后刚刚发展起来的科学技术。明末著名科学家徐光启与传教士熊三拔合译的《泰西水法》就是一部专门介绍西方水利科学的重要著作，该书成书于明万历四十年（1612），《四库全书总目》称“是书皆记取水蓄水之法”。全书共六卷，第一卷为龙尾车，用挈江河之水；第二卷为玉衡车，用挈井泉之水；第三卷为水库记，用蓄雨雪之水；第四卷为水法附余，讲寻泉作井之法，并附以疗病之水；第五卷为水法或问，备言水性；第六卷为诸器之图式。《四库全书总目》又对传入中国的西方科学进行了比较，对水利学作了较高的评价，明确指出：“西洋之学，以测量步算为第一，而奇器次之，奇器之中，水法尤切于民用，视他器之徒矜工巧，为耳目之玩者又殊。固讲水利者所必资也。”可见，从那时起中国科学家、学者等已认识到了西方科技的先进。

另一部发行于明天启七年（1627）由德国传教士邓玉函口译、王徵笔述绘图的《奇器图说》，是我国第一部系统介绍西方力学与机械工程知识的专著。全书共分四卷，第一卷为绪论，介绍力学的基本知识和原理，并分别讨论了地心引力、各种几何图形的重心、各种物体的比重等，阿基米德浮力原理也首次被介绍给中国；第二卷为器解，讲述了各种简单机械的原理，如天平、杠杆、滑轮、轮盘、螺旋和斜面等；第三卷为机械原理应用，共绘有 54 幅图，包括起重、引重、转重、取水、转磨等，每幅图后均有说明；最后一卷为“新制诸器图说”，共载九器，包括虹吸、自行磨、自行车、代耕、连弩等，这一卷实际是王征自己的研究，可以说是中国人第一部近代物理学著作。该书虽不是水利技术专著，但将西方力学、水静力学及各种水利机械介绍进中国，为日后水利技术的普及奠定了基础。但这次西方技术的传入既没有引起当局的注意，也没能在治水人员中推广和使用，既没有触动中国传统水利建设，也没有开启近代水利技术的大门。

（二）西方新技术的引进及在中国的应用与发展

光绪初年开始，我国从规划、测量、水文观测，到施工、建筑材料、通信手段以及水能开发等方面的西方技术都相继被引进。这些新技术大多先在黄河上采用，以后逐步应用到农田灌溉、航运交通、水力发电等诸多领域。

如在黄河流域治理中，采用了诸多先进技术和设备。如 1878 年，在测量黄河壶口水位时，开始使用公制海拔记高的办法。1888 年黄河堤防工程中开始使用电灯照明，用水泥抹面、灌浆。这是对传统水利施工技术、固结技术的重大突破。次年，首次使用西方测量技术测绘了黄河下游地形图。1899 年，黄河防汛中首次采用电话通讯；1902 年山东河防总局设立电讯机构，架设电话线路，至 1908 年进黄河两岸就已架线 700 多公里；1934 年，无线电通讯首次用于黄河防汛，1946 年黄河水利委员会在开封设了无线电总台，通过总台可联络上中游各大水文站。通信技术的提高，加强了黄河防汛中的各机构之间的联系，有利于抢险救灾。1923 年，中国与美国亚洲建业公司合作，在山东利津宫家坝首次采用新方法堵口，即平堵法。

（三）聘请国外水利专家

聘请国外水利专家同样始于光绪时期。据记载，光绪十五年（1889），荷兰工程师单百克、魏舍等对黄河下游进行考察，在洛口、铜瓦厢等处测量黄河泥沙含量，并撰写考察报告，提出整治方案。光绪二十四年（1898）十一月，比利时水利专家卢法尔，以监工身份对黄河下游进行了全面考察，提出应重视黄河泥沙的观测研究工作，并拟具了《办河新法》四篇，其一、二篇是报告勘河情形，分别为“洛口至盐窝沿河情形”、“盐窝至海口尾间情形”；三、四篇则陈述治河办法，分别是“酌量应办治河事宜”与“现时应办救急事宜”。在该方案中，卢法尔提出从改善黄河流域生态环境入手，逐渐根治黄河的主张，即主张恢复黄河流域的植被，保持水土，这不仅是一种崭新的治河理念，而且也是中国较早的黄河流域生态环境保护思想，对以后的黄河治理和生态保护思想的普及有重要借鉴作用。

民国时期，聘请国外水利专家的书目急剧增加，如德国的恩格斯、方修斯，美国的费礼门、雷巴德、葛罗同、萨凡奇等，都先后对中国水利进行过实地考察和研究。如美国费礼门教授曾于 1918 年考察黄河，测量黄河泥沙量，提出治黄方案。他还对淮河流域进行考察和研究，并著有《治淮计划书》，提出自己的治淮方略。1922 年 12 月，他通过对淮河以及黄河夺淮前后淮河水系变迁的研究，认为淮河的泛滥，根本原因在于缺少“通畅归海之路，有史以来，迄于七百年前，淮河有通畅归海之路，且似无泛滥之害。自故道为黄河所夺，而水灾始矣。”为此，他的治淮计划的中心便是，畅通淮河的入海水道，淮水全部入海。主要措施便是开凿新河，在其《治淮计划书》中便对新河的线路设计、开凿工程、流量和水速等问题做了详细规划和分析。这一策略的提出对淮河的治理有重要启示作用。

德国著名水工实验专家恩格斯也曾于 1920 年到 1934 年收集黄河史料，先后三次为黄河做模型实验。此外，近代水利之父李仪祉先生还曾于恩格斯进行学术交流，交换对黄河治理的看法，如关于渭河及其支流筑库拦洪问题，保护河岸及滩地问题，以及关于黄河上游防制黄土侵蚀问题等。也正是由于恩格斯在治导黄河工作中的突出贡献，根据《兴办水利奖励条例》国民政府还特意奖给一等宝光水利奖章，以示酬庸，这也是中国对其贡献的肯定。

恩格斯的学生方修斯也于 1929 年受聘于导淮委员会，参与制定导淮计划，兼研究治河方案。方修斯为德国著名水利专家，“创立大规模水工试验所，对于基层建筑，及土壤力学，阐发宏富，贡献尤多……”他对中国水利事业也十分关注。到中国后，多次亲自考察黄河、淮河，对中国水利建设提出意见。如在其《中国水利前途之事业》一文中，客观分析了当时中国水利落后于欧美各国的事实，但又对中国水利事业发展的未来充满希望，“水利事业之大有可为者，殆莫如中国。无论言及交通及水利工程，中国犹可称完全一新国家也。”并从黄河、运河、淮河的修治论证了中国水利发展的迫切与前途。

抗战胜利后，对中国水利发展有突出贡献的外国水利专家便是被誉为“美国河神”的萨凡奇。他对中国水利建设的突出贡献便是长江三峡的开发，并两度考察三峡。萨凡奇于1944年5月来到中国。在中国官员的陪同下，视察了内地各水力发电地址，包括都江堰、大渡河与长寿龙溪河等，后又参观了长江三峡，并对三峡水利的开发充满兴趣。通过多次的查勘，萨凡奇编写了《扬子江三峡计划初步报告》，并拟定了有关方案，此即著名的“萨凡奇计划”。

在《报告》中他曾说：“扬子江三峡计划之报告，实为愚从事工程四十年来之一大快事，愚研究此项计划至为欣幸，盖其所需工作巨大空前未有，其所产生之利益复为中国切需也。”在其报告中还对三峡工程的布置、经费的筹措、完成后的收益等各方面都做了较为详尽的论述。该项以发电为主的综合利用计划在当时引起几大轰动，并被认为是当时水利工程的一大壮举。1945年初，抗战胜利在望，各项建设提上日程，国民政府同意了萨凡奇的三峡计划。经过多方努力，中美双方达成技术协助合约，计划实施该项工程。可见，萨凡奇对三峡水利开发做出了突出贡献。

这些人在中国考察、研究中国水利问题时，也将西方新的理论、观点、技术和方法也随之介绍进中国。如方修斯就曾提及中国设立水工试验所问题，“今可研究穷困之国家，是否有设立水工试验之需要。德国情势，与中国大略相似，两国均在极穷困之地位。……德国工程建筑，当较俭省于他国。美国极富，不必务从节省。节省之惟一方法则，惟在水工试验所内之试验……今中国形势，既与德国相同，故吾愿以此意介绍于中国工程界，采用德国之方针，较之采用其他较富者，当获较大之利益也。”可见，他们都十分重视水文的观测和记录，重视基础资料的整理与使用，重视对实际问题的理论研究和模型实验，这既是西方科学的先进之处，也是中国传统水利建设所缺乏的。因此，聘请国外水利专家这一举动，不仅听到了一些技术专家对中国水利问题的具体建议和意见，更引进了先进的水利理论知识、科学实验方法和设备等，开阔了中国水利人员的视野，进一步促进了中国近代水利技术的发展，为水利事业的进步提供了坚强技术后盾。

（四）派遣留学生

近代派遣留学生出国学习是近代学习西方先进技术的重要途径之一。其中也有相当一批从事水文、气象、水利工程等学科学习的留学生，他们学成后归国，把学到的知识和技术应用到实际的水利建设中，成为推动中国由传统水利向现代水利转变的开拓者和奠基人，更成为近代水利事业的骨干和带头人。

中国近代水利科学技术的先驱李仪祉，就是这批留学生中的杰出代表。清末民初，他两次留学德国，专门学习水利工程学。回国后，不仅从事水利教育，用先进知识培育水利新人，后来又主持开发陕西水利，应用多种先进技术，还曾主持黄河的治理工作，大力推行新技术他将西方新兴的水利科学技术体系引进到国内，并在水利活动中积极实践。他曾说："泰西各国治水的成法，可供吾国人仿效者多。因其地理关系，各有所特长。论中下游之治导，则普鲁士诸河可为法也。论山溪之制驭，则奥与瑞可为师也。论海洋影响所及河口一段之整治，则英、法及北美诸河可资仿效也。论防止土壤冲刷，则美国及日本今正在努力也。"此外，近代水利专家汪胡桢、张含英、沈百先、郑肇经等人均有出国留学经历，都在二十世纪二十年代分别留学美国和德国。他们回国后，不仅参与主持诸多水利工程，而且还积极培养现代水利人才，介绍国外水利科学技术，并著述立说，完善近代水利理论。在他们的带领下，中国逐渐形成了自己的现代水利科学技术门类和学科体系。总之，这批留学生已成为近代中国水利事业的中坚力量，带动了中国水利的进步。

（五）近代水利技术研究机构的设立

近代中国水利科学技术的一个重要特征，就是重视科学实验和学术研究。这就涉及近代各种水利技术研究机构的设置和实验所的成立。清末民初，中国水利科研机构开始建立，这也是引进西方水利科学技术的结果。中国水利界开始用科学实验来研究和解决各种水利问题，取代了古代社会水利建设依靠经验的局面，这是中国传统水利发生变革的又一重要标志。

1. 河工研究所

近代最早出现的水利科研机构，是研究治河工程的"河工研究所"。第一个河工研究所诞生于 1908 年，设置在永定河畔的固安县，属永定河道。另根据当时报纸的报道，"吏部陆尚书，以为河工上的事情，关系重要，现拟饬山东等省，设立河工研究所，考取河工人员入所研究，以重河务。"故 1910 年，山东也设立了河工研究所。民国初年，河工研究所逐渐增多。当时河工研究所的重要任务，是要将传统河工技术和西方治水新法相融合，因为时人认为治河人员必须既了解传统河工知识，又得懂得西方的水利科学技术。1918 年 4 月，北洋政府召开"内务部全国河务第一次会议"，明确提出了"设立研究所以培植人才"，强调"现在治水新法，日益发明，非设研究所授以新旧学识，不能得完全河务人员"。由此看来，河工研究所是一种由传统水利向现代水利过渡的研究机构。

2. 中国水利工程学会

为推动水利科学研究，全国水利科学研究的学术组织也相继建立。1931 年 4 月，李仪祉与其他水利技术人员李书田、张含英、须恺、沈百先等人倡议创办了"中国水利工程学会"。该学会为我国研究水利之学术团体，其宗旨有三点即：联络水利工程同志，研究水利学术，促进水利建设。这是中国历史上出现的第一个群众性水利学术团体。根据《中国水利工程学会章程》，该会组织分为董事会、执行部，特种委员会和分会，并每年都召开年会。从 1931 年学会成立到 1948 年，共召开了十二次年会。在年会上，水利专家们各抒己见，强调水利对国计民生的重要性，建议政府统一全国水政，制定水利法规，培养水利人才，设立水工试验馆等，并就黄河、永定河水灾的治理以及太湖、长江三峡水力发电等问题进行了讨论，提交关于各地水利建设的论文和研究成果。

在日常的工作中，工程会积极筹建水利工程示范区。如本会曾拟于嘉陵江三峡试验区内建设水利工程示范区，经过勘查，拟具测量纲要，并积极促进其实现。另外，学会还十分注重水利期刊的创办和水利书籍的出版。学会出版有《水利月刊》，共 15 卷，82 期，其中既刊登了大量介绍水利科学的理论知识、实验方法、治水策略等内容的文章，还有关于国外水利技术、治河实践等的内容，对中国水利科学的形成和发展起到了重要作用。

3. 近代水工试验所

在西方水利思想的影响下，近代中国也开始逐渐重视水利试验，积极从事水工试验所的创办，认为“水工试验，系为辅助研究求水工设计，最经济最确实之方法”。中国在近代设有多个水工试验所。“所谓水工试验所试验者，乃以种种模型，根据水力相似性诸定律，而试验之。其所得结果，或为种种水上建筑物计划，决定其方法，或为水力学制种种原理，建立定律，或为改善种种水力机械，要旨以极小之尺度，极少之经费，而收极大之效果者也。”因为水工试验的目的有三点，“探讨水工之原理，一也。研究工程之实施，二也。辅助水利学术之讲解，三也。”故欧美各国的水工试验多附设于水利专科大学，既有利于水工学理之研究，又有利于水利建设之推行。近代中国创办较成功的试验所便是中国第一水工试验所和中央水工试验所。

（六）近代关于水利技术书籍的出版

西方水利技术及思想的传播离不开相关著作的传入，加之国人自身学识的提高，知识的积累，对水利技术、治河方法等有了新的认识。所以近代关于水利技术的专业书籍很多，大多涉及水工、河工等知识，以下便就几本专业书籍简要介绍：

1. 国人翻译之书籍

（1）日·冈崎文吉，刘光藜译：《治水论》，北京：一真中外印字行，1922 年

这是一本中译日本书，给近代中国治水提供了制度模板和经验借鉴。本分为两编：第一编是总论，主要涉及河川成因、河水流量、治水与森林的关系、河川的荒废与保护、河川的管理、治水工事的实例和治水工事的沿革等。第二编是一般之河工，对河工下了定义、进行分类，同时叙述了河川在各种条件下的状态、流量等。

（2）日·野满隆治，盛叙功译：《河川》，上海：商务印书馆，1936 年

本书也是从日本翻译过来的一本关于河川的科学著作，分两篇，即河状论和河谷发生论，对河水的水文特征、作用以及河谷的形成和分类等作了详细的介绍。

（3）斯德雷克，王寿宝译：《水利问题之研究》，上海：商务印书馆，1939 年

此书为德国水利专家斯德雷克的重要著作，主要是关于水利技术的专业内容。译者在自序中就将该书主要内容进行了概括，“究其内容，约言之：则治河，开渠，给水，水利及灌溉等问题，靡不广为罗列。历举之：则压力问题，浮游问题，水流问题，流量问题，冲刷问题，水面线问题，雨量与流量问题，经济的水利问题，及储水湖之留存水量等问题，可谓诸美悉备，固无一不具备确之图件，及精密之计算也。”该书成为近代水力学丛书中的重要著作之一。

（4）RichardWinkel，王寿宝译：《治河研究》，上海：商务印书馆，1940 年

本书介绍了治河的方法，主要是根据作者的实地观察经验及科学研究心得，所获工程上的一般原理原则，很切合计划治河者的需求。其中的治河方法对当时中国治河的研究是一种借鉴，是科学治河方法的重要引进，产生了积极影响。另外在本书的附录部分，还有“中国历代治河名言摘要”，从水利、河性、治导、筑堤、防护、堵决、开渠等方面集合了中国历代治河名言，这既是对我国历代治河经验的总结，又是同西方治河方法的交流，二者之间有不谋而合之处，通过研究过往，总结前人的得失，制定今后的方针，会取得更好的效果。

2. 国人之著作

（1）陈良士：《都市给水学》，上海：商务印书馆，1938 年

近代城市逐渐兴起，城市用水问题也成为城市建设和发展的重要内容，许多水利专家也对其进行了研究。《都市给水学》是作者在广东岭南中山大学及广东省立工业专门学校教授给水工程学时，根据讲义扩展而成的，还参考了美国相关的两部著作《公共给水学》《给水工程学》。

书中介绍的虽然都是专业知识，但足以看出近代对城市给水问题的关注，为促进社会发展，积极普及相关知识，引起社会重视，完善城市给水体系，推动近代城市的发展。

（2）王寿宝：《水利工程》，上海：商务印书馆，1936 年

关于本书的写作意图，作者在序言中就说，“本书之作，原为倡导职业教育，故理论不求高深，一以实用为主，庶既得作高级工业职业学校教本之用，亦可供专科以上学校参考之需。”全书分为十二章，另有附录三则，分设例题三十余问，设计应用力学、材料强弱学、水力学等。为增进读者的理解，书中尽可能地列举了本国水利工程，希冀适合本国国情，推动水利建设。

（3）陶葆恺：《给水工程学》，上海：商务印书馆，1937 年

这也是一部关于给水工程的专著，作者认为“给水工程为卫生工程之重要部分。今日之办市政建设者，大半首重修筑道路，次即进行给水计划。”②由于给水关系到民众的用水卫生，因此必须重视给水工程建设。全书共分十六章，除引论部分外，分别论述了水力学、雨降与泛流、用水量之估计、拦水库与坝、进水建筑与送水管、地下水、地下水之取

给方法、唧机、配水管纲之设计、调剂水库、水管之材料、水之分析与卫生、沉淀与混凝、砂沥法等内容，既有水力学专业知识的介绍，也有与用水卫生、清水方法的说明。可以说，这本书既是关于给水工程学的专业书籍，也是普及用水卫生常识的大众读物。

（4）余家洵：《河工方略》，正中书局印行，1947 年

此书是一部河工学专用图书，作者浏览我国治河记载、欧洲河工专集，根据河性善变的特点，认为“从事河工者之因势利导，因地制宜也”。全书除绪论外分为八章，分别对河源之治理、不通航河流之治理、通航河流之治理、治河方略、河工材料及建筑物、河口及其治理、堤防工程等知识作了介绍。这对从事河工者增长知识、治理河流有重要作用。

（5）李仪祉：《河上语图解》，黄河水利委员会编印，1934 年

此书是解释水工名词的专用书籍，并附有工程解图，便于读者理解。书中分十五部分，解释了坝、进占、水、土、堤、埽、挑坝等与水利、河工有关的名词。此外，诸如此类的水利科学技术专著，还有《水力学》《给水工程学》《水力学》《普通水力学》等，大部分都是作为水利工程专业的大学教材用书，专业性较强，但也标志着西方水利技术的引进，以及近代水利技术的发展与进步。

总之，随着近代水利科学技术的引进和应用，使得历代水利工作仅凭实践经验的传统发生了转变，中国开始进入利用先进的水利科学技术指导的新阶段，开启了现代水利事业的新时期。

第二节　水利水电工程管理现状

一、水利水电工程管理的现状分析

（一）水利水电工程的建设管理投入的资金已经无法满足实际需求

水利水电工程建设得以顺利开展的基础条件之一就是资金，工程建设只有有了充足的资金，才能确保水利水电工程的每一道工序都能顺利开展。通常情况下，水利水电工程的施工难度大，建设周期也长，工程投入较高，同时工序较为复杂，所以在工程的实际建设中很容易出现资金紧张的情况。由于水利水电工程属于基础性的工程，资金的来源主要是银行的贷款，这就极易受到国家大方针政策的影响，进而会影响到工程的效率和质量。

（二）大多数的工程建设缺少完善的工程责任制度

水利水电的工程建设应该有一个完善系统的法人责任制度的，简单来说，就是在开展水利水电工程施工之前，需要组建合格的项目法人，这样，工程建设就有了一个较为明确

的主体指向，确保了工程的质量以及工程的整体水平。但是在实际的工程建设环节，很多的施工单位由于各种原因的限制，并没有严格地按照项目法人的责任制度来开展工作，也存在有一部分的施工单位虽然有了责任制度，但是主要的职位却被政府机构垄断了，权责没有明确的区分开来，影响了工程的顺利开展。

（三）工程建设牵涉到工程立项不够科学合理

工程立项是极为严谨的，过程中只要有些许的差错，都会对后期的每一道工序产生一定的影响。在对工程所在地的实际情况有了一个充分的了解之后，相关的机构可以组织大众积极地参与到工程建设中来，通过座谈会或者是公示的方式展现出来，尽可能全面的了解群众的建议和意见，进而明确项目的立项，但是在实际的工程施工环节，部门或者是机构很难严格地按照要求实现立项工作，这主要是因为绝大多数的部门并不能全面的了解当地的地质地貌和水文情况，所以他们极易做出武断的决定，这样就造成了决策缺少合理性和科学性，在对水利水电工程进行建设的过程中一旦出现生态环境以及地表植物的严重破坏问题，就会给环境以及国家的财政带来极大的损失。

二、水利水电工程管理过程中存在的问题

水利水电工程是工业生产基础设施、经济建设的重要组成部分。我国的经济规模不断地扩大,大量的水利水电工程也开始建设,在经济不断的发展的同时,也出现了很多的问题,很大程度影响了水利水电工程作用的高效发挥，下面就对主要的问题做出了相关的分析。

（一）工程建设管理体制上的问题分析

我国的相关法律法规明确地指出，水利水电工程属于土木工程建设一个重要项目，它的实施需要按照招标投标的程序进行。但是在实际的工程施工中，不规范的水利水电工程项目的招投标情况还是屡见不鲜。招投标的企业为了能够实现经济利益的最大化会进行暗箱操作，违规转包的情况也时常出现。这些情况，对于水利水电工程建设的市场秩序都有极大的影响。再加上缺少相关法律，一方面招投标企业的合法利益得不到保障，另一方面，工程质量也存在有较多安全隐患。除此之外，施工监理的不规范也会对水利水电工程建设的质量产生一定的影响，究其原因主要是因为作为工程监理单位对于监理人员的资质没有严格的审查，工程监理是一项专业技术比较高的工作，我国相关的规定，监理人员只有经过了专业的资格考试之后才能持证上岗。但是在实际的工作中，监理公司并没有严格的执行该规定，导致监理人员业务能力不高，缺少丰富的实践经验，很多的监理人员已经没有办法承担起水利水电工程建设管理监理的职责，监理人员只是虚有其位，工程监管质量受到了极大的影响。此外，水利水电工程中不规范的合同条款也影响了工程项目的顺利开展。承包的合同不规范，内容不仅有疏漏、解释的也不清楚，造成了工程施工中纠纷频发。

（二）工程施工进度的规划存在着问题

水利水电工程是一项重要的土木工程，施工量大，程序多，为了能够保证工程能够如期完工，每项工作都能达到设计标准，就需要在步骤和工序上进行合理的安排和规划。但是在实际的工程施工中，水利水电工程没有合理的安排施工进度。在工程施工之前也没有全面的考虑施工技术、设备、人员和工艺等，对于施工现场的实际情况也没做现场考察，导致工程施工图纸规划会和实际的情况有很大的差异，执行性大打折扣，施工过程中也会出现很多的问题，严重影响了工程进度以及质量，甚至会造成较为严重的事故，带来较大的经济损失。

（三）工程建设时成本控制存在的问题分析

水利水电工程是长期的基础设施，不管是前期施工还是后期的使用都要投入较多资金，这就需要在工程建设中加强成本的控制。从目前的发展来看，水利水电工程的成本控制存在较大的问题，主要是因为工程项目确定到项目交付的这段时间没有加强成本的控制，应有的效应没有得到发挥。出现这种情况的原因是多方面的，一方面，对于工程成本控制的重视力度不够，并没有在工程项目确定之后就进行成本的管控，前期的很多环节也没有加强控制，工程成本投入不断增加；另一方面，成本控制精细化程度不够，要深刻地认识到任何一个环节出现了疏忽都有可能造成成本控制的失效。目前的成本控制还是流于形式，不够深入，导致了大量的资金流失。

三、加强水利水电工程管理效果的措施

在当今社会经济的发展中，能源不足的问题日益严重，为了有效缓解能源危机问题，需要加强水利水电工程建设的管理工作，为社会经济的发展提供充足的能源支持，同时还能够有效缓解环境保护的压力。现阶段的水利水电工程建设管理工作中存在着诸多的问题，这些问题如果不及时的解决，必然会影响水利水电工程建设的顺利开展，从而影响了社会经济的稳定发展。因此，加强水利水电工程建设管理措施具有非常重要的意义。

（一）改变传统的管理理念，保证资金的投入

随着现代社会的不断进步，水利水电工程建设管理的理念也需要不断的改进，这样才能够跟上现代社会发展的步伐。由于水利水电工程建设属于民生工程，需要加强相关政策和社会发展的需要在水利水电工程建设管理理念中的体现，使得水利水电工程建设更加满足现代社会发展的需要。

在水利水电的建设发展中，需要加强保障资金的投入，这是保证水利水电工程建设顺利完成最基本的要求。作为水利水电工程建设的管理者，需要在水利水电工程开工之前，

就要将工程的保障资金准备到位，从而避免施工过程中出现资金不足的现象，使得水利水电工程建设能够顺利地进行下去。保障资金的管理在水利水电工程建设管理工作中也是一项重要的内容，在保证足够资金投入的同时，还需要加强资金的管理，避免造成浪费现象的出现，使得施工单位获取利益的最大化。

（二）加强水利水电工程管理机构的建立

水利水电工程的建设管理工作涉及的环节比较多，需要加强水利水电管理机构的建立，这样才能够实现管理各项内容的有序开展，才能够实现管理内容的高质量划分，从而实现工程管理监督质量的提升。

（三）建立健全相应的管理制度并加强管理的实行

由于水利水电工程的开展是一项复杂的工作，涉及的内容比较多，需要加强管理制度的建立及完善，才能够保证水利水电工程管理的效果的提升。在水利水电管理制度的作用下，能够将各部门的施工责任明确到位，这样才能够保证工程施工的有序开展。通过将每个人的职责进行明确的规定，能够使得施工人员增强工作的责任心，有效减少人为错误的出现，使得建筑工程的施工能够顺利地完成，同时实现工程施工管理的切实实行。

（四）加强水利水电工程市场监测的力度

水利水电工程的施工建设对于促进社会经济的稳定发展，以及人民的安居乐业都具有非常重要的意义。因此，在进行水利水电工程项目开发之前，需要做好市场的监测工作，切实了解到社会发展在水利水电工程建设方面的需求，这样能够为水利水电工程的建设提供准确的施工定位，从而切实满足人民群众对水利水电工程建设的需要，实现水利水电工程建设的高效利用。

（五）加强水利工程施工现场的管理力度

在水利水电的工程建设管理工作中，最重要的环节就是施工现场的管理，加强水利工程施工现场的管理工作，能够为促进水利工程施工质量的提高提供保障。因此，作为水利工程施工企业的管理者，需要加强施工现场管理工作的开展，加强各部门在施工过程中的配合，采用现代化的施工技术在水利水电工程建设中的运用，同时加强施工现场的人员管理工作，使得整个施工环节都能够有序地进行下去。

（六）重视水利水电管理人员综合素质的提升

在水利水电工程管理工作中，管理人员自身的综合素质能够直接反映出管理的质量，因此，加强水利水电管理人员综合素质的提升具有非常重要的意义。①可以通过企业安排培训的方式，来实现对管理人员综合知识的培养，使得管理人员能够了解到更多的水利水电相关知识，以及管理方面的知识，实现管理质量的提升。②需要加强管理人员面对问题的处理能力，减少错误决策的发生，使得工程管理过程中出现的问题都能够被有效地解决。③需要加强管理人员道德素质的培养，增强管理人员的责任心。因为水利水电的管理工作，不仅需要管理人员拥有一定扎实的知识储备，还需要拥有一颗认真负责的心，这样才能够实现管理工作高质量的进行。

总而言之，日益严重的能源危机已经是大家都了解的，加强水利水电工程的建设，能够有效缓解能源危机问题，为社会经济的发展提供相应的能源供应。由于水利水电工程建设工作涉及非常多的内容，需要加强管理工作的执行，才能够实现水利水电工程建设施工的顺利进行，同时为水利水电工程施工质量的提升提供保障。现阶段的水利水电工程建设管理技术还比较落后，相关的施工单位需要加强国外先进技术的学习，为水利水电管理质量的提升提供技术的保障。

第二章　导截流工程施工

第一节　导截流施工工艺

当前国内水利工程施工技术在不断进步，无论是技术管理方面还是工程设计方面都取得了阶段性进步，在沿用了固有的有效施工方式的同时提高了水利工程施工质量。通过长期的发展，水利工程施工进步尤为突出，其中提高工程施工效率，合理分配各项工程项目，做到分工明确，内容细化。在当前我国水利工程施工过程中涉及的导截流的内容主要包括施工导流和施工截流。主要是由于整个水利工程施工的质量及工期受施工导流和施工截流的影响较大，因此必须全方位掌控施工过程，并且结合各种资源。

一、水利工程施工导流

在我国以往的防洪、治洪方面的实战经验来看，我国水利施工工程中的导流施工及截流施工都得到很好的发展，同时累积的丰富的实战经验，为日后提高技术支持提供的便利，例如解决险工、堵口截流与导流施工等方面。接下来文章将详细讨论导流技术和截流技术的区别。

首先，先介绍导流技术，在水域里实施建筑工程或者水利工程，首先需要作业人员修筑能够挡水的基坑，然后修建工程的主体工程，通过这样的方式可以促进水流朝既定方向流动，从而为旱地提供有利条件。在多数水利施工中普遍重视的工程施工是施工导流工程，在施工过程中，工程作业人员综合施工特殊性及河流四周特点来分析实际情况，进而指导导流工程的进行，通常将导流分为一次导流及分期导流，导流施工具体方法包括分段围堰及全段围堰等方法，导流工程施工前期需要对工程质量、施工工期、修建费用和安全度汛展开全方位的调查研究，然后根据实际情况进行方案的确定，同时保证方案可行，将一切可能出现的因素问题考虑在内，以防万一。下面介绍一般施工内容的安排。

1. 施工过程中首先要择优选择导流时段、导流流量及导流方式和建筑物类型等，并且以上述内容为依据合理设计施工方案，其中包括修建标准规划、修建顺序排列和拆除围堰与封堵导流建筑物等，与此同时不能忽略拦洪和排水方案。

2. 通常为了保证工程顺利完成，仍需制定过木、通航和供水措施。这些外界因素极容易影响到施工过程的导流工程，因此设计施工方案人员务必将施工方案尽可能完善，同时还要考虑到经济因素和技术因素等，将其结合分析得出结论。另外当有特殊情况出现时，最好的方式是展开实战模拟，通过实际操作得出结论进而将方案不断完善，直至最终定案。工程设计中导流工程应该考虑的是导流时段问题，这也指确定挡水时间点的问题，其中包括全年挡水或者枯水期挡水。对于如何选择导流方式，一般有四个因素是需要考虑的，即：第一，水文因素。在指定施工方案时，很容易受到河流流量的大小、过程线特征、洪水和枯水情况、流病和水位变幅的影响。一旦遇到河流的水位变幅很大时，最佳处理方案是采取过水围堰，枯水期河水流量制约着围堰挡水高度和导流泄水建筑物。第二，地下因素。当遇到宽阔点的河床时，工程对通航有所要求，此时可以采取分期导流方案；当遇到狭窄河道时，可以依据当地地形特点来确定施工方案，或明渠或隧道导流方案。第三，当条件成熟时，通常选择永久水工建筑物的泄水建筑物，综合展开导流施工工程。然而如果导流洞能够结合泄洪洞，那么可以将围堰和土石坝坝体相结合起来。第四，施工过程中尽量实现通航、过木、给水及灌溉综合功能。

3. 关于施工中的上下游围堰工程。当导流通过过流条件后，很多临时公路会出现在工程施工左岸周围，一直延伸到上游的围堰位置，然后就可以展开填筑工程，同时结合实际情况分析防渗体上游的情况，展开进一步施工作业分配，例如，完成第一期堰体填筑后，C15 的混凝土心墙就需要准备施工；当第二期混凝土工程竣工时，需要保证同时展开高程堰体填筑和混凝土防渗体工程。在施工过程中还要注意围堰施工道路必须有保障，保证截流区域交通畅通，才能够再进行围堰填筑的施工。

二、水利工程截流技术

1. 接下来介绍爆破截流工程。水利施工一旦处于峡谷位置，由于岩石坚硬、不便的交通环境、沿途险峻、缺乏有效的运输能力，在这样的条件下，就可以实施爆破截流的方式实现截流。保证合拢时期可以在短期内将大量的材料堆在龙口内部，既可以利用定向爆破岩石，同时还可以将大块的混凝土块体浇筑在河床上，直到合拢时炸断这个支撑体，然后整个块体就可以落到水中，实现封堵龙口的目的。此时还需要注意的是，即使在实施爆破截流可以利用抛投强度极大的方式来截断水流，然后由于抛投的瞬间强度及其大，材料下水的瞬间所形成的挤压波及容易损坏修筑的堤坝，进而导致断流现象出现在下游河道中。在其他因素都考虑过的情况下，还要注意一下定向爆破岩石时会影响到个别的飞石及空气冲击波等，尤其是地震因素，值得高度重视。

2. 下闸截流具体施工方法。人工泄水道截流时，需要先在泄水道里面修建一些闸墩，随后开始进行下闸截流。天然河道里，如果条件允许，施工人员也可设置截流闸，随后下闸截流。例如三门峡的鬼门河泄流道曾经采用的便是这种方式，下闸期间最大落差可能高达 7.08 米，历时长达 30 多个小时。

3. 投抛块料施工法。采用投抛块料施工法截流是当前国内水利工程施工中最为常用的一种截留方法，它适用于各种情况的处理，尤其是一些流量大并且落差较大的河道截流施工上。这种方法具体操作步骤如下：在投抛石块或者人工块体堵截水流时，被迫促使河水经过导流使得建筑物下泄；采取投抛块料截流时，还要根据不同投抛合龙方法进行截流，该截流主要有平堵、立堵与混合堵三种。

总之，水利工程施工过程中会受到很多因素影响，加之我国较为复杂的水利工程施工现状与条件，就目前来说，很多工程施工时都会面临很大的挑战，所以能否有效控制导截流技术直接关系到工程建设质量和进度。从上述可以看出，导截流工程属于整个水利枢纽工程非常重要的一环，而截流工程难易程度受河道流量与泄水条件、龙口落差与流速、材料供应和施工方法以及地形地质条件以及施工设备等多种因素的影响，所以施工前一定要认真分析研究施工图纸，采取合适措施，确保截流工程能够顺利竣工。

第二节　导流方案选择

一、施工导流的作用和特点

水利水电工程施工均是在大小江河或滨湖滨海地区进行，其中相当一部分建筑物位于河床中，而修建这些建筑物又必须要创造干地施工的条件。为了解决好这个矛盾，就需要在河床中修筑围堰围护基坑，并将河道中各时期的上游来水量按预定的方式导向下游，这就是施工导流。

施工导流首先要修建导流泄水建筑物，然后修筑围堰进行河道截流，迫使河道水流改由导流泄水建筑物下泄；此后还要进行施工过程中的基坑排水并保证汛期在建的建筑物和基坑安全度汛；当主体建筑物修建到一定高程后，再对导流泄水建筑物进行封堵。因此，施工导流虽属临时工程，但在整个水利水电工程的施工中又是一项至关重要的单位工程，它不仅关系到整个工程施工进度及工程完成时间，而且对施工方法的选择、施工场地的布置以及工程的造价有很大影响。

为了解决好施工导流问题，在工程的施工组织设计中必须作好施工导流设计。其设计任务：是分析研究当地的自然条件、工程特性和其他行业对水资源的需求来选择导流方案，划分导流时段，选定导流标准和导流设计流量；确定导流建筑物的型式、布置、构造和尺寸，拟定导流建筑物的修建、拆除、封堵的施工方法，拟定河道截流、拦洪度汛和基坑排水的技术措施。通过技术经济比较，选择一个最经济合理的导流方案。

二、施工导流设计要点

在施工过程中，不同阶段可以采用不同的施工导流方法和挡水、泄水建筑物，不同的导流方法组合的顺序，称为导流程序。

（一）导流时段

按导流程序所划分的各施工阶段的延续时间，具有实际意义的导流时段，主要是围堰挡水而保证基坑干地施工的时间，也称为挡水时段。

当采用分段围堰法导流，中后期采用临时底孔泄流来修建混凝土坝时，一般宜分为3个导流时段：第一时段，河水由束窄河床通过，进行第一期基坑内的工程施工；第二时段，河水由导流底孔、坝身缺口或两者结合下泄，进行第二期基坑内的工程施工；第三时段，坝体全面升高，可先由导流底孔下泄，底孔封堵之后，河水由永久泄水建筑物下泄，也可部分或完全拦蓄在水库中，直到工程完建。

（二）导流设计流量

过水围堰：允许基坑淹没导流方案的技术经济比较，可以在研究工程所在河流水文特征及历年逐月实测最大流量的基础上，通过下述程序实现。

1. 根据河流的水文特征，假定一系列流量值，分别求出泄水建筑物上、下游水位；

2. 根据这些水位，决定导流建筑物的主要尺寸和工程量，估算导流建筑物费用；

3. 估算由于基坑淹没一次所引起的直接和间接损失费用；

4. 根据历年实测水文资料，统计超过上述假定流量的总次数，除以统计年数得年平均超过次数，亦即年平均淹没次数；

5. 绘制流量与导流建筑物基坑淹没损失费用的关系曲线，并将他们叠加，求得流量与导流总费用的关系曲线；

6. 计算施工有效时间，试拟控制性进度计划，以验证初选的导流设计流量是否现实可行，以便最终确定一个既经济又可行的挡水期和导流设计流量。

三、施工导流设计标准

选择导流方案考虑的因素：水文条件；地形条件；工程地质及水文地质条件；水工建筑物的型式及其布置；施工期间河流的综合利用；施工进度、施工方法及施工场地布置。

在河流上修建水利水电工程时，为了使水工建筑物能在干地上进行施工，需要用围堰维护基坑，并将河水引向预定的泄水建筑物往下游宣泄，称为施工导流。施工导流就是对原河流各个时期的流水采取导、截、拦、蓄、泄等施工措施，为建筑物施工创造必要的条件，并尽可能少地影响国民经济各部门对用水的需要。水工建筑物通常是根据水文变化规律，采用分期建筑，针对各期的水文特点提出相应的导流措施，各期导流措施的总和就构成了施工导流方案。进行施工导流前必须先确定设计标准，选择施工导流方案；确定导流建筑物的型式、尺寸和布置方式；以及确定截流方案；制定封孔蓄水计划并进行封堵设计。

我国规定导流标准采用频率法，即根据河流水文特征及工程的具体条件，合理确定施工时段，按年各施工时段相应频率的最大洪峰流量进行设计。导流标准的高低直接影响导流建筑物的工程量、造价和工期。在选择导流标准时，要认真分析河流的水文特征、导流建筑物的使命及其特点、工程各施工阶段与导流的矛盾，从实际出发，区别对待。

四、导流修建方式

（一）导流施工步骤

按水利工程的修建过程，导流一般可分为两个阶段：

1. 第一阶段为修筑围堰与泄水建筑物，使水流绕过全部或部分拟建工程而宣泄；分为一次断流和分期导流两种。一次断流是在河床上修筑围堰将河流一次截断，利用位于河床之外的泄水建筑物宣泄施工流量。其优点在于工作面大，可利用围堰沟通两岸交通，创造有利施工条件；但其存在的缺点则为修筑临时泄水建筑物，推迟了主体工程的开工日期，对原河流的航运也有影响。

2. 第二阶段利用永久建筑物挡水，利用坝身内预留的临时性泄水底孔或梳齿来宣泄施工流量，水流通过或绕过建成或即将建成的建筑物宣泄，待完建或坝体上升到一定高程后，用闸门封闭孔口，进行混凝土浇筑将其堵塞。

（二）围堰型式的选择

围堰的基本型式：土石围堰能充分利用当地材料，对地基适应性强，施工工艺简单，应优先选用；不过水土石围堰，若当地没有足够量的防渗料或覆盖层较厚，土石围堰可以用混凝土防渗墙、高喷墙、黏土心墙、土工膜心墙或帷幕灌浆来解决基础和堰身的防渗问题；过水土石围堰（a. 混凝土板护面过水土石围堰；b. 加筋过水土石围堰）：一般受到两种破坏作用：a. 水流沿下游坡面下泄，动能不断增加，冲刷堰体表面；b. 由于过水时水流渗入堆石体所产生的渗透压力，引起下游坡面连同堰顶一起深层滑动，最后导致溃堰的严重后果；混凝土围堰（a. 拱形混凝土围堰；b. 重力式混凝土围堰）；钢板桩格型围堰；选择围堰型式时，应满足基本要求：具有足够的稳定性、防渗性、抗冲性和强度；就地取材，造价便宜，构造简单，修建、拆除方便；围堰的布置，应力求使水流平顺，不发生严重的局部冲刷；围堰接头与岸坡连接处要可靠，避免因集中渗漏等破坏作用而引起围堰失事；必要时应设置抵抗冰棱、船阀冲击破坏的设施。

五、施工导流方案

（一）施工导流设计标准选择

1. 施工导流建筑物级别的选定

本工程根据《水利水电工程施工组织设计规范》（SDJ338—89），以及本工程的级别和围堰工程规模，选定施工导流建筑物为Ⅳ级。

2. 施工导流设计洪水标准的选择

根据《水利水电工程施工组织设计规范》（SDJ338—89），以及导流建筑物的级别，选定导流建筑物的洪水标准为：20 年一遇（P=5%）。

（二）施工导流时段选择

根据本工程的特征条件采用分段围堰法导流，中后期用临时底孔泄流来修建混凝土坝。划分为 3 个时段：第 1 时段，河水由束窄河床通过，进行第 1 期基坑内施工；第 2 时段，河水由导流底孔下泄，进行第 2 期基坑内施工；第 3 时段，坝体全面升高，可先由导流底孔下泄河水，底孔封堵以后，则河水由永久泄水建筑物下泄，也可部分或完全拦蓄在水库中，直到工程完建。

（三）施工导流设计流量及坝址处河床水位的选择

根据导流设计洪水标准和围堰施工分期，选定施工导流设计流量为 Q=235m3/s。根据坝址水位—流量关系曲线，采用内插法得到 Q=235m3/s 时的水位为 86.09m，由于观测点距坝址有 300m 远，考虑到坡降，选择坝址处水位为 86.39m。

（四）施工导流方案的选择

根据枢纽的自然条件及坝体的结构特点与工程的导流施工标准，选择采用分段围堰法施工，分为两段两期。第 1 期先围左岸，包括左岸非溢流坝段和溢流坝段，进行一期基坑内施工；第 2 期围河床右岸部分，包括右岸非溢流坝段（含厂房坝段），进行 2 期基坑内施工。工程所在地，河流流量小，河床滩地宽，两岸坡度缓，采用两段两期的施工导流方式完全可以满足要求。

第三节　围　堰

一、围堰方式

在水利工程施工中可以采用的围堰方式较多，不仅有土方式和草石混合式，而且还钢板桩式和混凝土式，同时根据其布置情况还可分为横向和纵向两种，根据基坑水位不同还可以分为过水围堰和不过水围堰。在实际施工中选择何种围堰方式则需要根据实际情况来确定。对于施工中存在较多废弃土方的，则可以利用土方围堰来进行施工，但由于土方围堰其密实性较差，容易发生渗水事故，所以在实践水利工程施工中钢板桩围堰应用得较多，其不仅可以在河流中进行施工，而且在河床上也可以进行施工。对于围堰型式和标高则需要具体考虑到沉井的情况，同时还需要对导流方式和沉井面高程及河水流速进行仔细考虑。另外对于混凝土围堰的选用则需要进行充分的考虑，虽然其具有较好的阻水性，而且适用于深水，但其需要进行大量的施工，而且与建筑物连接处也极易有裂缝产生，所以采用混凝土围堰时其经济性较差。

二、围堰的基本型式及构造

（一）不过水土石围堰

在水利水电工程中由于可以充分地利用到当地的材料，而且对于废弃的土石方也能进行很好地应用，所以不过水土石围堰在水利水电工程中应用较为广泛，其不仅构造简单及施工方便，而且在动水、深水及岩基和河床上都可以进行修建。但在具体进行应用时需要较大的工程量，而且还要对其堰向沉陷变形进行更多地注意。

（二）过水土石围堰

对于过水土石围堰，由于在过水时具有较大的冲击力，所以需要在下游坡面及堰脚处采取必要的加固保护措施，目前在实施施工中多采用混凝土板来进行护面，但也有采用大块石、钢筋石笼、加筋等护面来确保过水土石围堰的稳固性。

（三）混凝土围堰

目前一些水利水电工程中都采用过混凝土作为围堰，由于其具有良好的抗冲与防渗性能，而且挡水水头较高，易于与永久建筑物进行连接，需要时还可以过水，所以虽然其造价较高，但由于其性能较好，所以在许多工程中都会采用混凝土围堰作为围堰结构。

（四）钢板桩格型围堰

钢板桩格型围堰按挡水高度不同，其平面型式有圆筒形格体、扇形格体及花瓣形格体等，应用较多的是圆筒形格体。

（五）草土围堰

草土围堰是一种草土混合结构，多用捆草法修建。草土围堰的断面一般为矩形或边坡很陡的梯形，坡比为 1 ∶ 0.2 ~ 1 ∶ 0.3，是在施工中自然形成的边坡。

三、水利工程围堰的特点

我国的水利工程的围堰技术有着临时性、特别性和复杂性等特点，水利工程的围堰工程的施工质量关系到整个水利工程的整体性能和有效性能。围堰施工应该考虑施工环境现场，现场实际的水文地貌实际情况来确定围堰施工技术的选择。例 如，围堰工程施工有的在河床上游进行，有的在河床的全部拦截处进行。此外，现行施工环境中，应用围堰技术前要通过检验和预演，事先明确围堰技术的合理性和科学性，同时考虑到水流速度不稳定性，围堰横截面积的冲刷强度也应该控制。简言之，水利工程中的围堰是在水利工程施工中起到临时挡水的作用，是一种临时性的有效建筑物，能够保证水利设施的建设的使用寿命，达到永久性效果。其起到的是围护基坑的功能效用，在施工中抵挡激进的水流才能确保水利设施不坍塌，维持有效施工。水利工程施工后期，拆除了部分的围堰模型，也能够实现围堰的挡水作用。根据围堰施工的特殊性，进行围堰施工的设计需要考虑以下的因素。第一，围堰的结构要固定，保证高度防渗、抗冲和高度强度性能，只有这样，围堰的建筑稳定功能能确定下来，并在结构设计上确保简洁，太过于复杂的施工结构增加了维修和拆除的难度。第二，围堰位置上应当基于河流水文特征，水流的缓急，对土壤局部冲刷强度等等。第三，围堰的施工上要保障连接处的稳定，堰接头与岸坡连接处存在容易裂缝与渗漏，围堰的可靠性和稳定性必须牢固确定。

四、围堰施工技术

在水利工程施工过程中，常常由于水利相关的操作设施巨大而要临时搭建一些维护的结构，防止人员误入施工区域内，这就是围堰技术。大部分的维护结构都会在施工结束后被拆除，有些工程较复杂的会被保留下来当作一种永久性的建筑。围堰结构的材料也不尽相同，主要分为混凝土、土石、钢铁桩、草木等四种主要的材料，运用不同材料进行围堰时都需要根据实际的施工特点进行设计方案，综合考虑施工方法、预防水流、维护结构及拆除手段等各种因素，设计出一种整体且全面的方式进行施工，下面将对几种围堰类型深入介绍。

（一）土石围堰

目前我国水利工程中常用的一种围堰类型就是土石围堰，具体分为过水围堰和不过水两种方法。这两种方法根据不同的技术各自有不同的施工方式，相比来说过水土石围堰应用较多，常常能再建筑周围就地取材，不需要单独购买建筑材料，相对施工过程简单，结构单一，这样能够在工程结束后容易拆除。这种技术费用低廉，应用性十分广泛，能够在多种水质周围应用，普遍应用在基岩及深部流水等河床处。

（二）混凝土围堰

混凝土围堰顾名思义，主要以混凝土为主要的施工材料，混凝土自身具有稳定性高、强渗透力等多种优点，在水利施工应用中也十分普遍。混凝土的施工技术能够有效地环节高速水流对围堰的冲击力，大多数混凝土围堰都在基岩附近建造，应用分段式倒流技术进行应用。

（三）钢铁桩围堰

钢铁桩围堰的稳定性与混凝土的稳定性相比，材料坚硬度较高，也相对容易操作，钢铁装围堰的缺点就是需要耗费专业的起重机器，需要耗费一定的人力，渗透性也是其优势之一，因此很多水利工程的围堰建设工程仍然选用此种方法。

（四）草木围堰

草木围堰在我国的历史已经很悠久了，长期被应用于水利工程领域，主要以草和土进行混合施工，其中草类主要有稻草、麦草以及其他一些相关的草本植物作为原料。这种技术的断面尺寸可调节性较大，应用很广，能够很好地抵抗渗漏、滑坡等因素。

相关人员在施工时一定要合理的应用相关运输标准，这样才能让材料发挥最大的作用，普遍来说围堰结构主要为矩形，这种构造的围堰相对普遍。

五、围堰设施的技术标准

现代水利工程的围堰施工应当紧跟时代和科技的进步，及时采用新技术新设备提高围堰施工技术水平。围堰设施的建造应当符合几个技术要求：

首先是具有一定的强度，能保护水利工程的地面施工进行，另外还要有一定稳定性和防渗透性，结构上要求简单，维护施工和后期拆除的便利。整体布局上要求保证水流可以平顺通过，不会产生局部水流，修建过程中不受水流侵蚀。其次围堰的平面布置要确定基坑范围，围堰设施要起到保护基坑的作用，一般来说围堰设施应当留有足够的空间，方便堆放材料和布置排水设施。另外，围堰要综合考虑水流的走向。围堰建筑应当综合考虑水流和土质的压力，处理好堰体和水流方向，结合好围堰结构、水流冲击等诸多题，因此要做到实地勘察、规范设计、精确计算。

六、围堰施工的具体技术要求

（一）实地测量要精准

水利工程建设要符合一定的标准程序，从前期的实地测量，收集资料到设计、建设都要有严格要求。围堰的设计和建造也要遵循这些要求，在实地测量中要考虑好水深浅和压力的关系，更要考虑好工程所处的综合地理环境，对周边的水流、气候和风力等因素做好综合考虑，实地勘察中要做好精准测量，收集基础资料，完成科学合理的图纸设计，为围堰建造打下良好的基础。

（二）导流技术

围堰建造涉及导流问题，导流需要在施工前进行科学设计，并且要根据施工场地进行具体分析和应对。由于地理条件和施工要求不同，导流一般分为三个阶段。

初期导流，即围堰的挡水阶段，初期导流从河床截流开始，直到最高高程阶段。中期导流，主要是堤坝挡水，随着坝体升高，水库容量增大，防洪能力也会随之提升。后期导流，指永久泄水建筑物投入运行。

水利工程领域的进步对经济起到了极大的促进作用，同时也改善了人们的生活水平。围堰技术对于水利工程来说至关重要，在施工时一定要谨遵施工流程，按照具体的施工计划及规划进行操作，这样才能够管控工程全过程的质量问题。选择围堰也要因地制宜，具体问题具体分析才能够保证施工的顺利开展。

第四节　截　流

水利水电工程是一项惠及民生的公共事业，在经济快速发展的同时，水利水电工程的开发建设项目越来越多，因此，截流技术的应用率也被大幅度的提高，逐渐成为提高水利水电工程质量的一个不可缺少的技术因素。截流工程在水利水电工程的建设中扮演的角色就是在施工导流的过程结束之时，选择恰当的时机，借助围堰堰体的优势使 河床被截断，从而实现河流的改道和水流的下泄。这就要求在水利水电工程的施工过程中选用正确的截流技术，并且对截流技术多加分析和改进。

一、截流工程常见的施工技术及方法

在所有类型的截流工程施工过程之中，操作最为简单的就是单支柱对立型的截流工程，单支柱对立型的截流工程所需的辅助材料也较少，主要适用于小流域的水力截流工程中。虽然对于人力、物力的需求小，但经常会因水文、地质条件等的变化而变得极不稳定，在进一步的修复过程中需要投入更多的资金，因此在进行单支柱对立型的截流工程施工时要对施工地带的水温、地质等因素多加注意和分析。

（一）立堵法

立堵法是截流工程施工中常见的方法之一，它的操作方法也较为简单，对辅助设备的需求也较小，因此可以有效地减少施工成本。此外，立堵法最大的优势之处在于省去了架设栈桥或浮桥等的工程操作，就大大减少了截流工程准备工作的工作量。但立堵法的运用对地域有一定的要求，一般是在地质条件较为稳定的地方。

立堵法的操作工序如下：（1）立堵法在施工的过程中要先合理地将河床面积进行一定比例的缩小。通常从河床的两侧或者一侧开始向河床进行填筑截流并且戗堤，直到河床的宽窄度都有明显的变化，即水断面（龙口）形成之时就能停止填筑工作了。水断面形成后，就要开始准备进行水断面和河床的加固工作了。（2）等待戗堤合龙的合适时机，从而实现水断面被封堵的目的。（3）选用立堵法成为防止戗堤发生漏水情况的保护方案。在进行预防戗堤漏水的工作中，一般都会给工作人员配备齐全相关的防渗设备。

在水利水电工程的截流工程施工过程中采用立堵法，需要对进占、护底、合龙、裹头、闭气等环节多加注意。同时，在截流工程全面竣工后，还要对戗堤再次进行加高和加厚，形成围堰填筑的效果。

（二）平堵法

沿着龙口的宽度进行物料投抛时，当被投抛的物料高出水面时，投抛工作结束。与立堵法相比，平堵法的特点在于需要架设浮桥，并且在水断面形成之前就要结束此项工作。平堵法的应用对于河流的流速以及单宽的流量都没有较高的要求，投抛物料的重量也没有相应的限制。但是平堵法对于投抛物料的强度却有着较高的要求，即投抛物料时要保持较高的连贯性。除此之外，平堵法对于中小型河流的拦河闸坝截流施工的水域也有一定的要求。即水域要求平稳，船只不得从施工区域经过，这也会造成河道通行受阻的问题。

二、截流工程施工过程中水流量的要求

（一）截流时间的确定

截流工程的施工质量与截流时间的选择息息相关，必须要保证截流时间选择的合理性。选择合适的截流时间与河流的泄流时间段、河流通行的空闲期、通航时间以及河流附近的社会状况等因素有关系。（1）拦河闸坝泄流对截流时间的影响。技术人员在确定截流时间之前都会充分考察水利工程的各方面条件是否满足泄流所需的要求，并认真分析当导流泄水所用到的建筑器物在投入使用后，建筑器物是否依旧能保持自身的性能，避免出现任何阻碍河流泄流的情况出现。（2）河流空闲期对拦河闸坝截流时间确定的影响。截流施工的时间应选择在河流的空闲期内。截流工作一般要在汛期到来之前结束，因此河流的空闲期也应该是在汛期到来之前的一段时间内将其确定。截流的时间不单单要以汛期为参照标准，还要考虑船只的通航时间。平堵法要求截流工程的施工过程中不得有任何船只过往，为了减少节流工作给河流通行带来的负面影响，还要将截流的时间确定在船只通航的低峰期。（3）河流附近地区的状况对截流时间确定的影响。这里的地区状况主要指的是自然方面的状况。截流工程是一项会对自然产生较大破坏影响的工程，因此，一定要在确定截流的时间时充分考虑该地区的自然特性是否稳定，是否能承担截流工程带来的负面影响。

（二）截流设计中河流流量的确定

截流的流量指的是一定时间内水断面积聚的水流总量，对截流的流量进行设计时，要从施工地区的地质条件、水文特点、设计流程等方面进行考虑，一般要借助水文气象的预测校正方法、重现的年法等方法来对截流流量的具体设计提供依据。一般情况下，还要从截流工程的施工规模上确定截流的时间段在 5 ~ 10a 有重现期的月份或者河流月流量的总量比较平均的月份。设计截流流量的方法并不是单一的，还有其他常用的设计方法，例如频率法，在确定的时间段内，以某段河流的流量变化频率作为确定截流流量的依据；实测材料分析法，在河流的水文特性比较稳定而且水文资料比较完整齐全的情况下，可以考虑实测材料分析法作为截流流量确定的方法。

（三）水断面的位置与宽度的确定

拦河闸坝的水断面位置确定要以设计的具体要求为依据，合理的对河流的泄洪总量进行调整，不能影响社会发展对水源的正常需求和使用。水断面的位置一般都是在戗堤的轴线上，而戗堤的轴线是在综合分析河流两岸与河床的地质、河流的水运状况以及河流所处的地形情况下确定的，所以水断面的位置也与河流两岸与河床的地质、河流的水运状况以及河流所处的地形情况等因素的特性有关。由于水利水电工程的截流工程建设需要大量的

施工材料，所以水断面一定要选择在地理位置相对宽阔的地带，这样水断面的宽度也就有了保障。水断面的宽度适宜有利于施工材料的运输以及泄洪量的控制。

地质条件对于水断面位置的选择影响体现在：只有覆盖层薄弱而且拥有天然的保护屏障的地带才利于水断面的形成。薄弱的覆盖层和天然的保护屏障可以大大降低水流对水断面的冲击力度，从而将水断面的使用寿命加以延长。

三、截流工程的施工难点

（一）截流工程在施工过程中要加大分流量，改善河流分流的条件

要加大河流的分流量，改善河流分流的条件首先要做的是确定导流结构的截面尺寸大小，并利用断面进行高度的标记。然后在河流的下游实施航道的开挖以及围堰结构的爆破，需要技术人员确定恰当的位置。由于在实际的操作过程中，经常会遇到河流下游的开挖难度过大而使得上下游的航道规模达不到标准要求，造成截流的落差过大。

（二）水断面水利条件的转换

在水利水电工程的截流工程施工过程中，要想将水文落差较大的情况避免，在设计时就要将水文的落差控制在 3m 以内。水文的落差一旦超过 4m，就要借助单戗堤实现河流的截流，前提是河流的载流量并不大。若河流的载流量过大，再利用单戗堤控制水文的落差只会起到反作用，但双戗堤、宽戗堤或三戗堤的建立可以有效地分散水文的较大落差，从而实现截流的目的。

（三）投抛物料稳定性的增大

投抛的物料一般是构架较大、葡萄串石类、异性人式的材料，为了将投抛物料的稳定性增强，需要在水断面的下游位置，也就是与戗堤的轴线相平行的位置设置栏石坎。

随着社会的发展，水利工程的开发和建设项目越来越多，因此社会对于水利工程质量以及存在合理性的关注度越来越大，这就要求施工单位在进行水利工程建设时一定要保质量意识放在首位，努力保证水利工程项目的质量令社会满意。其中，截流工程的施工是整个水利工程建设的重要环节，关系着整个水利工程建设的质量是否过关，但目前的中小型河流的截流施工技术还存在较多的不足之处。相关技术人员和研究人员就需要对这方面的问题加以重视，不断地对这些不足之处进行分析和设计改进方案，尽快提高中小型河流的截流施工技术，从而更进一步的提高水利工程的施工质量。

第五节 施工度汛

水利水电工程的施工度汛主要是指从工程开工到竣工期间对转堰和大坝拦洪能力和过水能力的检验，使建筑物不受洪水等威胁，保证工程顺利施工。施工度汛是保证跨年度施工的水利工程，在施工期间不受洪水侵害的预防措施。施工度汛主要根据施工区域历年洪水情况制定度汛措施，主要包括施工导流期的围堰度汛和后期坝体本身的拦洪度汛。围堰和坝体能否成功拦截洪水并安全度汛，是水利水电工程顺利施工的关键，是水利水电工程施工过程非常重要的基础环节。洪水是一种不确定的水文现象，人们目前对其认识不足，洪水的发生时间和水波运动比较复杂，难以对其进行精确预报。洪水是由洪级和洪度两方面决定的，洪级主要反应洪水的大小，洪度 程度表示洪水的影响程度。但是洪水的突发性比较大，对于洪度和洪级往往难以及时确认。如果施工过程中度汛标准高，会加大费用投入，严重时会导致工程无法按进度实行；如果施工 过程中度汛标准低，那么工程的实体遭受到洪水损毁的概率比较大，会导致工程返工，延误工期，严重时会损害下游的群众人身和财产安全。如何制定施工度汛是非常重要的，就水利 水电工程来说度汛方案主要包括建筑物、坝体度汛断面和坝体泄洪等设施的规划。度汛影响的是水利水电工程的造价、施 工安全、下游居民的人身安全。

一、施工度汛分类

（一）根据上游水库情况分类

当上游没有建立水库时，水利水电工程建设初期要依靠围堰进行洪水的抵抗和预防，即围堰挡水度汛。围堰挡水度汛使围堰建设标准提高、投资大，工期长。当上游有水库时，水利水电工程可依靠水库的拦蓄洪水消减施工期洪峰的影响，即上游控泄围堰度汛。所以，水利水电工程度汛中围堰设计的标准可低于一般标准，投资可减少。在汛期上游水库的高度可以配合下游工程施工情况，以完成下游水利水电工程施工度汛的根本。

（二）根据施工情况分类

根据施工情况可以将施工度汛分为两类，一是初期围堰度汛；二是中后期围堰度汛。初期围堰度汛是指无论是过水围堰还是非过水围堰都要设计洪水标准，并制定预防措施。当遇到洪水超过设计标准时，可采用临时度汛措施。度汛措施主要有针对不过水围堰进行的堰顶加高，目的是提高围堰的挡水能力；针对混凝土围堰，设计时一般可以允许堰顶过水；设置泄洪通道，以增加工程的泄洪能力。中后期的度汛主要是由大坝永久建筑物进行承担，要根据水利水电工程性质、建筑物的布置和水坝类型进行施工设计。

（三）根据坝型分类

根据坝型不同可以将施工度汛分为混凝土坝度汛和土石度汛。一般在坝体缺口高程较低时，对建筑物不会造成破坏实行混凝土度汛；当坝体缺口较高，对坝面会产生压力，对下游的建筑物可能造成破坏时，针对不同情况在进行不同土石度汛。土石度汛的工程量一般都比较大，在建设时采用临时断面进行拦水处理，但是有时也难以达到拦洪的高度，所以需要进行临时过水。工程度汛标准当坝体高程超过围堰高程时，在进入后期导流时需要由坝体来进行洪水拦挡，临时度汛的标准主要根据坝型进行设计。当导流建筑物被封堵后，永久建筑物又没有设计泄洪能力，那么坝体的度汛标准需要根据坝体的施工和运行质量进行设计。

二、度汛风险量化设计模型

度汛风险量化模型主要是研究水利水电工程的风险，为工程方案设计、选择和正常施工做决策依据。

（一）调洪计算原理

度汛风险计算主要目的是找出防洪的最高标准，以保证洪水进入水库后可以满足防洪的度汛高程。当洪水入库后，运动流量是不稳定的，水库沿程的水位、水速等随时会发生变化，所以要采用多种方法进行设计，按照逐段进行洪水演算，这种工作量比较大，所以实际中采用回水曲线法和近似法进行模型设计。

（二）度汛模型的发展

针对度汛风险模型比较难建立的情况，提出了风险率型，在这个模型中主要考虑洪水经过的不确定性，按照实际流量资料有限的情况下进行预测，那么结果也不理想，传导到高投资或高损失率。之后又研究出分割多目标风险法，结合分割概率得出多种函数，将这些函数运用到风险模型中以为决策做依据。这种只考虑水文情况的度汛模型因考虑的因素单一，也很难适应实际的度汛情况。这两种风险分析方法较全面的考虑了水文和水力因素，得到了导流标准风险数据，但是因其主要考虑上游建筑物高程因素，所以使整个施工过程导流方案不同。

三、研究趋势

度汛工作是水利水电工程施工过程的重要环节，在水文、水力等一些随机参数的统计和量化上要加强研究，特别是对概率小的风险定量进行预防。一是要根据洪水的洪级和洪度进行风险考虑，同时结合水文、坝体建筑和水利水电工程施工计划和进度、上游水库控洪能力进行水利水电施工度汛的设计。由于洪水的不稳定性和不确定性，洪级和洪度是对洪水进行量化的唯一标准。二是施工度汛要实现在线响应机制，因为洪水的发生时间和地点难以进行正常预测，属于随机性发生，所以要重点研究超标洪水的预防。

第六节　蓄水计划与封堵技术

一、蓄水计划

大型水电工程初期蓄水的蓄水时间、控制蓄水位、蓄水速度等可能受移民搬迁、工程形象进度、工程安全、近坝库岸稳定、下游供水等诸多因素影响，目前尚无明确的拟定蓄水方案的准则和要求。故本书在总结近年来我国大型水电工程初期蓄水经验的基础上，系统分析了大型水电站初期蓄水的影响因素，提出了工程初期蓄水设计应遵循的要求，对拟定初期蓄水方案具有指导意义。

（一）主要影响因素分析

1. 库区征地移民搬迁进度。水库蓄水前必须完成库区蓄水位以下征地移民搬迁工作，但移民征地工作的复杂性使其往往滞后于工程建设进度。例如瀑布沟水电站由于建设征地和移民搬迁未能如期完成，导致初期蓄水时间总体推迟 11 个月，且第一阶段蓄水限定在死水位 790.00m，待 790.00m 以上移民搬迁及水库清理工作完成后再蓄水至正常蓄水位 850.00m；白市、托口等水电站由于搬迁滞后，工程建成仍不能按计划蓄水发电，造成了较大的经济损失。

2. 工程形象进度。水库蓄水前需要大坝挡、泄水建筑物、渗控工程、导流建筑物封堵等施工进度满足工程蓄水要求的形象进度，即能够挡得住、泄得出库水。例如金安桥水电站原计划 2011 年汛前进行第二阶段蓄水，但由于大坝 5 扇溢流表孔只完成了 3 扇，工程度汛要求至少完成 4 扇，故抬升库水位未能按计划进行，赶工全部完成 5 扇闸门的安装后于 2011 年 7 月才进行第二阶段蓄水。

3. 大坝安全大坝挡、泄水建筑物、渗控工程中存在重大质量缺陷和安全隐患，将会对水库蓄水提出制约性要求。例如某高拱坝受到大坝安全主导因素的影响，导致水库初期蓄水历时较长；蜀河水电站由于泄洪闸闸墩预应力锚索及坝基帷幕灌浆施工质量缺陷，第一阶段蓄水限制在库水位 210m。

4. 导流建筑物封堵安全。高坝大库水电站导流建筑物下闸后，库水位快速上升，由于永久堵头施工期较长，导流洞结构安全、闸门挡水安全直接影响封堵施工的成败及人员安全，故需要对控制蓄水位、下闸时机和下闸程序等提出限制性要求。例如糯扎渡水电站在第一阶段蓄水时，为满足 4 号导流洞安全稳定运行、下闸水头要求和 1 ~ 3 号导流洞堵头施工安全要求，控制蓄水位不超过 672.5m；锦屏一级水电站左岸导流洞进口段施工期发生较大塌方，为保证封堵施工期安全，采取左岸导流洞先行下闸、完成临时堵头施工后右岸导流洞再下闸的方案；水布垭水电站要求在导流洞堵头灌浆工程达到设计强度前库水位不超过 289m。

5. 工程边坡及近坝库岸稳定。如果工程枢纽区和近坝库岸边坡存在较大规模的变形体，蓄水后可能危及工程安全，对蓄水过程构成制约性影响，导致水库初期蓄水历时较长。例如锦屏一级水电站大坝左岸边坡 1960m 高程以上变形尚未收敛，故对死水位 1800m 以上蓄水时制订了 1840、1880m 分阶段分台阶的蓄水方案，蓄水历时两年；拉西瓦、毛尔盖水电站近坝库岸存在规模较大变形体，水库蓄水后近坝库岸发生持续和较大变形，蓄水过程大大延长。

6. 下游供水要求。水库大坝蓄水短期截断水流需满足下游航运、灌溉、发电、生产生活及生态用水等综合用水需求。例如糯扎渡、溪洛渡水电站为满足下游综合用水需求，水库最小下泄流量分别不小于 650、1200m^3/s；锦屏一级、毛尔盖等电站需考虑本电站及下游梯级电站综合效益最大化，采用及早或提前蓄水方案才能满足要求。下泄生态流量要求是环保部门近年来提出的具体要求，一些近期蓄水的大型水电工程由于前期考虑不足，其初期蓄水受到较大影响。由于环保部门批复的下游生态用水流量普遍较大，致使工程初期蓄水时必须先解决下游供水问题才能开始或持续蓄水，而水电工程一般在枯水期蓄水使得其蓄水过程大大延长。

7. 工程发电目标要求。例如瀑布沟水电站若选择在 2009 在年 12 月 1 日进行 2 号导流洞下闸蓄水，由于来水量较少，蓄水至发电水位所需时间较长，发电时间将推迟至 2010 年 5 月。为满足 2009 年年底发电目标，最终确定 2 号导流洞下闸时间在 2009 年 11 月初。

8. 防汛要求。例如阿海水电站第二阶段蓄水（由死水位 1492m 至正常蓄水位 1504m）计划在 2012 年 8 月进行，由于金沙江防洪要求，7 月初至 8 月初水库限制在库水位 1493.3m 运行，故选择水库蓄水时机为 8 月上旬之后的汛期，起蓄水位 1493.3m。总结近年来我国大型水电工程初期蓄水的经验，大型水电工程初期蓄水往往受到多种制约因素的影响，一般是一种或几种因素为主导，多种因素综合影响，制约因素的影响可能是短时性的，也可能贯穿于整个初期蓄水过程。因此，在制定初期蓄水方案时，应全面考虑这些影响因素，采取相应对策。

（二）对策

根据近年来我国大型水电工程初期蓄水的经验，针对上述制约蓄水的主要影响因素提出如下对策：

1. 征地移民

目前国内大型水电工程初期蓄水受限于移民进度较为普遍，设计应根据工程防洪度汛及蓄水发电要求，及早提出各阶段工程项目区（含库区）人口搬迁、库区专项工程复建的范围及控制进度要求，以便政府部门有明确的执行目标。对导流泄水建筑物下闸后水位抬升较高的工程，也应提出下闸前的人口搬迁和复建项目进度安排。对已拟定分期蓄水但首期和后期蓄水水位差较小的工程，或首期和后期蓄水间隔时间较短的工程，最好提出首期蓄水前应完成的搬迁进度目标。对移民进度已造成较大影响的，有条件时应采取阶段性发电措施以减少工程损失。例如三峡工程分三期建设，受水库移民影响，第一次蓄水仅蓄至库水位 139m，利用围堰挡水发电。

2. 工程形象进度

形象进度特别是泄水建筑物及闸门尚未完成时，一般采取推迟蓄水或采用分阶段蓄水的对策。例如阿海水电站计划于 2011 年 12 月上旬进行导流洞下闸封堵，水库开始蓄水，按照工程施工对水位的控制要求，考虑到溢洪道及闸门安装尚未完建，蓄水方案制定为初期蓄水至 1492m 和后期蓄水至正常蓄水位 1504m。

3. 大坝安全

大坝挡、泄水建筑物存在影响工程蓄水安全隐患时，应根据大坝安全要求限定允许最高蓄水位和蓄水速度，必要时采取试验性分阶段蓄水。高坝工程制定蓄水方案时，应充分考虑蓄水速度等因素对大坝安全的影响，根据工程控制变形要求及大坝渗流安全，及大坝安全性态监测分析的要求，结合水库初期蓄水阶段划分，分阶段提出蓄水上升速度要求。高拱坝工程应开展施工期和蓄水期应力变形仿真分析，以及大坝监测成果反馈分析及安全性评价工作，及时评价和预测大坝工作性态以指导工程蓄水，确保工程安全。例如锦屏一级水电站在第二、三阶段蓄水后，均开展了枢纽工程及库岸稳定性专项案例评价，以指导下阶段蓄水工作。鉴于小浪底、三板溪、天生桥一级、水布垭、瀑布沟、泸定、毛尔盖等一批高土石坝由于蓄水加载速度较快，大坝存在较大沉降或变形导致面板或防渗体系局部损坏、工程漏水较多的情况，对高土石坝工程水库蓄水速度提出限制性要求。例如泸定水电站根据大坝变形及渗流监测等对水位上升速度和停顿时间做出要求：库水位 1345 ~ 1350m 按蓄水上升速度≤ 1.5m/d 控制；库水位 1350 ~ 1360m 按蓄水上升速度≤ 1m/d 控制；蓄水至 1360m 后维持该水位 4 ~ 7d，并进行监测和资料分析，若无异常后继续蓄水；库水位 1360m 至初期发电水位 1370m 按蓄水上升速度≤ 1m/d 控制。

4. 导流建筑物封堵安全

为保证导流建筑物封堵安全，导流洞进口段、封堵段、闸门及门槽等结构下闸前结构复核所采用的外水荷载、设计水头等应采用偏安全的设计参数。考虑到汛期下闸的可能性，闸门挡水可按全水头设计。高挡水水头导流洞封堵可在永久堵头前端设置临时堵头等附加安全措施并根据实际情况调整导流建筑物的下闸时机和下闸程序。

5. 工程边坡及近坝库岸稳定

高坝大库水电站枢纽区工程边坡存在安全隐患时宜拟定分台阶蓄水方案，并根据监测分析和逐步检验后，对蓄水方案进行动态调控。近坝库岸稳定存在影响工程蓄水安全的重大隐患时应限制蓄水速度，汛前不宜抬高水库蓄水位，必要时采取试验性分阶段蓄水。库水位骤降速度在正常工况下一般不应超过 2.0m/d，非常工况下一般不应超过 1.0 ~ 1.5m/d。库区内大型不稳定岸坡，应根据其规模大小和距离大坝的远近，分析对工程安全的影响程度。对距离大坝较近、特别是蓄水后下滑影响工程运行安全的水库岸坡，应提出治理设计，并在下闸蓄水前完成治理施工。例如雅砻江牙根二级水电站针对大坝右岸上游分布的 1 号拉裂松动体（距坝址 870m）和 2 号拉裂松动体（距坝址 130m），在可研阶段就提出了岩体稳定性及治理措施专题报告。

6. 下游供水

水电工程前期设计时就需考虑初期蓄水期下游供水通道，最低目标是满足下泄下游河道生态流量要求，避免河道断流。工程实践中有许多很好的解决方案，例如：①设置永久下泄设施。锦屏二级水电站利用导流洞改建成生态流量泄放洞，以满足下泄流量 88m3/s 的要求，不足部分通过开启泄洪闸闸门顶部预留舌瓣门下泄水流；江边、立洲水电站在坝内埋设永久钢管下泄生态流量；西藏多布水电站环保批复生态供水流量达 97.2m3/s，占多年平均月流量的 20%，由于流量较大，可研阶段将原 9 孔泄洪闸中的一孔闸改为两孔生态泄水闸。②利用坝身临时或永久孔道或永久泄水建筑物解决下游供水。金安桥、阿海水电站利用左岸冲沙底孔下泄生态流量；泸定水电站初期蓄水至发电水位 1370m 期间，通过 2 号泄洪洞进口弧形工作门控制向下游泄放生态流量；向家坝水电站为满足下游地方用水需求，在右非坝段布置供水孔口；糯扎渡水电站采用修建供水洞与 4 号、5 号导流洞结合方案解决下游大流量供水要求。③利用下游水库解决下游供水。瀑布沟水电站初期蓄水期间采取下游深溪沟工程围堰蓄水、泄洪洞闸门调控下泄流量的方案；锦屏一级水电站蓄水时利用下游提前蓄水的锦屏二级水库向下游供水以解决下闸短期断流问题；溪洛渡水电站下闸蓄水初期采取联合下游向家坝水库泄水满足下游用水需要；糯扎渡水电站初期蓄水期部分时段受泄流能力的限制不能满足下游供水要求，利用下游景洪水库补充供水。④临时泄洪管（孔）。苏洼龙、托巴、双江口等水电站在导流洞进口段或闸门一侧设临时生态泄放管（旁通洞）解决临时下放生态流量问题，后期进行闸门封堵；鲁地拉水电站在左底孔下方设置临时生态放水孔，解决导流洞下闸至大坝底孔泄水期间断流问题。⑤没有下泄通道的情况。功果桥水电站采用上下游围堰之间的基坑内存水向下游供水，满足下游生态用水要求，临时解决蓄水初期河道短期断流问题，当库水位超过上游围堰后，通过底孔敞泄下放生态流量。

二、封堵技术

（一）导流洞封堵的设计

导流洞封堵体的设计包括两个方面，即进口封闭设计和洞内堵塞体设计。对该水利工程的导流洞封堵设计必须要结合该工程的实际情况，要保证封堵体的稳定性及防渗性，根据该工程所在的地理位置及环境气候因素进行设计，在保证工程质量的前提下，设计要尽可能地降低施工费用，简化施工程序。

根据导流洞的基本情况，对工程进行支洞布置，支洞的总长度为 128.68 米，高为 6 米，宽为 7.9 米。为了保证工程质量，根据本地的地形地貌及土层情况，选择拱形堵头。堵头是封堵体工程中的重点，它要承担自身重力和摩擦力，因此必须要保证堵头的质量。在材料选取中，要选取强度较高的混凝土，如 C20，并在内放置钢管，然后对堵头进行灌浆施工，以提高堵头的承受力和安全系数。对堵头的灌浆施工包括导流洞顶部、接触、围岩固结这三个方面。在封堵体设计的过程中，除了对封堵体工程设计，还应当设计观测项目，尤其是对温度的观测。需要在堵头混凝土中埋入温度计，对温度进行实时监测。一般而言，封堵施工主要在冬天进行，因此在设计中要考虑封堵中的温度和保温。混凝土的浇筑温度可以控制在 5℃ ~ 10℃之间。

（二）导流洞封堵的施工技术

根据设计对该水利工程的导流洞封堵进行施工。在施工前期，要准备相应的施工材料。根据设计可知该工程施工需要的材料有：强度为 C20 的混凝土，根据计算准备适量的灌浆，以及钢管。然后在支好的洞内开始工程的正式施工。

在施工中，要保证进口封闭施工和洞内堵塞体施工两方面，缺一不可。首先，要对洞内和导流洞周边进行浇筑，防止渗漏；其次，要对洞内堵塞体进行浇筑。在浇筑施工前要选取合适的模板，在洞内安装模板，然后再进行浇筑。施工中室内的温度，不可过低，也不可过高，必须要根据地形地貌及土层土质、地下含水量等进行施工。对具体的情况进行分析，防止在施工中因疏忽造成人员伤亡。同时，浇筑过程中要保证工程质量，不可为了求快，而忽视了工程的质量。在浇筑完成后，要对洞内进行清理，尤其是洞内墙壁上的尘土渣滓，必须要及时清理干净。在清理后，再进行凿孔，凿的孔洞深度大约为 52 厘米，不能将孔洞完全凿穿。将孔洞凿好后，对其进行灌浆处理，然后将灌浆管的前端焊接起来，灌浆管的表面积及所造的孔道表面积一样，保证灌浆管能够进入到孔道之中，并且紧密贴合。灌浆管的表面应当为比较坚硬的铁或其他坚固的能够长期不会腐朽的材质。在灌浆管成型后，将其置入凿好的孔道内，然后在表层用水泥石沙填堵，并使之凝固，大概的厚度为 3 ~ 4 厘米。最后再对表面即灌浆管的前端进行焊接处理，使之固定在孔洞内，增加导流洞封堵工程的稳固性。

第七节 基坑排水

水利工程作为城市化建设的一个重要组成部分，合理地对其进行建设，可以加快我国城市化建设的步伐，推动我国经济快速、稳定的发展。而在水利工程建设过程中，地下水或河水会流到基坑中，不利于施工的正常进行。因此，施工过程中，会进行一定的基坑排水处理，将基坑内的水分排出，从而提高水利工程的施工质量，为之后的应用提供良好的保障。

一、基坑排水的介绍

（一）基坑的类型

根据地基土质的不同，并结合相关分类规定，可以将其分为 2 种：弱透水基坑和强透水基坑。对不同的基坑进行排水处理时，有不同的要求。因此，在进行基坑排水施工前，必须利用手摇钻和挖坑的方式，对不同深度的土质进行收集并检查，为基坑排水的进行提供良好的资料，使工作人员掌握基坑土质的详细情况，从而准确判断基坑的类型，并根据类型的不同，选择最适合的排水方法。而一些水利工程施工现场的土质分布不是很均匀，不利于工作人员分析基坑的类型。对这类基坑进行施工时，要留出一定的空间，根据实际施工情况，对其进行合理的处理，使排水效果更佳，为之后的建设打下良好的基础。

（二）基坑排水的类型

基坑排水过程中，根据其完成时间的不同，可以将其分为 2 种类型。（1）初期排水。这一排水是在基坑挖掘之前进行的，主要包括 2 部分：①对内部积水进行处理，将挖掘区域的积水全部清理干净，保证基坑挖掘的过程中不受积水的影响；②对外来水进行处理，利用相应的方式将外来水阻隔在基坑挖掘区域的外部，使其不对基坑造成影响。初期排水完成后，不仅可以增强基坑的稳定性，避免发生边坡失衡现象，还能加强基坑的渗透性能，降低渗漏问题出现的概率。（2）再次排水，这种排水是在基坑挖掘后进行的。在基坑挖掘的过程中，会受到雨水、地下水等多种因素的影响，使基坑内出现一定的积水，这些积水的存在会对之后的施工造成一定影响。因此，需要通过再次排水的方式将其排出，以避免积水对施工造成影响。

二、基坑排水的方案

（一）基坑降深要求

由于水利工程是在河水内或河流边建设的，基坑挖掘时，常常会使大量水分进入基坑内部，为基坑的挖掘与之后的施工带来了麻烦。因此，挖掘过程中，为了提高挖掘工作的安全与稳定，通常会采取相应的支护措施对流水进行阻挡，从而阻止涌水的出现。而进行该项工作环节时，要考虑支护施工降水与基坑降水，保证其在规定的要求内 >0.5m，而对于基底而言，深度要更高一些，通常要高于中心线 0.5m 以上，以使基坑更好地进行排水工作。

（二）降水方案

基坑排水施工技术作为水利工作中应用的重要技术，主要存在 2 种施工技术：明沟降排水法和管井井点降水法。这 2 种降水方法具有不同的特点，可以在不同的情况下应用。其中，前者的应用会受到严重的限制，只能应用到降深较小的施工中；而后者应用范围较广，不仅可以应用到地质条件较差的施工场所，而且对基坑的降深无太大的要求，降深大小均可，但由于前者的操作较为简便，对于降深较小的施工排水时，一般不会利用该种排水方式。因此，在实际施工过程中，工作人员根据工程的实际情况，要选择最合理的施工方案。

三、基坑排水的施工技术的应用

（一）基坑基础施工技术

在实际施工过程中，不同的施工场所土质的成分存在较大的差异，其中粉土最为常见。这种土质的塑性指数较低，颗粒较粗，比表面积较小，黏粒或亲水矿物含量较低，导致其渗水能力较强。如土质中粉土的含量较高时，再受到地下水位的影响，会提高施工中出现流沙问题的概率，增加了施工的难度。因此，对这种类型土质的基坑进行挖掘时，施工人员要重视上述问题，加强对地下水的监控，根据实际情况进行合理的控制，保证其在正常的状态下，避免地下水对土质造成影响，使施工正常地进行下去，加快施工进度。另外，基坑边坡施工时，要适当地将边坡放缓。但是，利用该方法处理基坑时，会增加工程的任务量，提高投入成本，并且会对基坑的性能造成一定影响，不利于之后的施工。因此，需要加强对这一技术的研究，将其存在的问题彻底解决。

（二）井管施工技术

利用井管施工技术进行排水时，主要通过钻井工具施工法。首先，根据基坑的实际情况，设置合理的钻井点，并根据井管的外径，选择合理的钻井工具，通常情况下，水利工程中应用的井管外径为45cm，选择的钻井工具外径不低于75cm。然后，利用选择的钻井工具完成钻井操作。在该操作过程中，为了避免出现坍塌，要用适当的水泥浆进行加固。同时，施工中发现井孔内的泥浆较高时，需降低井管的高度。钻孔完成后，将所有井管下放，这一过程中，先放混凝土底管，再放无砂混凝土管。最后，将井管外部利用玻璃丝缠好，以免遭到破坏，并用砂石将孔隙填充，增加井管的牢固性。

（三）明沟排水施工技术

利用明沟排水施工技术时，首先，施工人员应仔细地对施工场所进行勘察，详细了解施工场所地形和土质等基本情况，根据不同的情况，选择合理的施工方案；其次，在挖掘出基坑后，根据“水往低处流”的原理，使积水向着低位处流淌，如不能将积水全部排出，施工人员应在基坑内部选择相应的位置，合理挖掘排水沟，通过排水沟将余水排出。施工人员一般在相应的区域挖掘出适合的排水沟，将余水集中到该区域，利用水泵将其全部排出。而对于挖掘难度较大的位置，需利用等高线分层的原理，将基坑设置成不同的高度，再利用水泵将余水处理。

综上所述，水利工程建设过程中，会应用大量的基坑排水技术，这些技术应用的好坏，会直接影响整个工程建设的质量。因此，施工过程中，施工人员要根据工程情况的不同，在保证整个施工不受到影响的前提下，选择最合理的施工技术，从而为整个工程的质量提供保障。

第三章　爆破工程

第一节　起爆方法及起爆顺序

一、起爆方法

起爆方法，是指外界施以局部能量，而使炸药起爆的方法。

（一）炮孔法

炮孔法在介质内部钻出各种孔径的炮孔，经装药、放入起爆雷管、堵塞孔口、联线等工序起爆的，统称炮孔法爆破。如用手持式风钻钻孔的，孔径在 50 毫米以下、孔深在 4 米以下的为浅孔爆破；孔径和孔深大于上述数值的为深孔爆破；在孔底或其他部位事先用少量炸药扩出一个或多个药壶形的为药壶法爆破。炮孔法是岩土爆破技术的基本形式。

（二）药室法

药室法在山体内开挖坑道、药室，装入大量炸药的爆破方法，一次能爆下的土石方数量几乎是不受限制的，在每个药室里装入的炸药有多达千吨以上的。中国四川攀枝花市狮子山大爆破（1971）总装药量 10162.2 吨，爆破 1140 万米 3，在世界上也是最大规模的大爆破之一。药室法爆破广泛应用于露天开挖堑壕、填筑路堤、基坑等工程，特别是在露天矿的剥离工程和筑坝工程，能有效地缩短工期，节省劳动力，而且需用的机械设备少，并不受季节和地方条件的限制。

（三）微差爆破

微差爆破又称毫秒爆破，是 40 年代出现的爆破新技术。在雷管内装入适当的缓燃剂，或连接在起爆网路上的延期装置，以实现延期的时间间隔，这种系列产品间隔时间，一般以 13 ～ 25 毫秒为一段。通过不同时差组成的爆破网络，一次起爆后，可以按设计要求顺序使各炮孔内的药包依次起爆，获得良好的爆破效果。

微差爆破的特点是各药包的起爆时间相差微小，被爆破的岩块在移动过程中互相撞击，形成极其复杂的能量再分配，使岩石破碎均匀，缩短抛掷距离，减弱地震波和空气冲击波的强度，既可改善爆破质量，不致砸坏附近的设施，又能提高作业机械的使用效率，有较大经济效益，在采矿和采石工程中广泛应用。

（四）工程爆破起爆方法

在工程爆破中，常用的起爆方法有：电力起爆法、导火索起爆法、导爆索起爆法、导爆管起爆法。

1. 电力起爆法

电力起爆法是利用电能使雷管爆炸，进而起爆炸药的起爆方法。它所需的器材有：电雷管、导线和起爆电源。

电爆网路的连接形式，要根据爆破方法、爆破规模、工程的重要性、所选起爆电源及其起爆能力等进行选择，基本连接方式有：串联、并联、串并联和并串联等。

电力起爆法具有较安全、可靠、准确、高效等优点，在国内外仍占有较大比重。在大、中型爆破中，主要仍是用电力起爆。特别是在有瓦斯、矿尘爆炸的环境中，电力起爆是主要的起爆方法。但电力起爆容易受各种电信号的干扰而发生早爆，因此在有杂散电、静电、雷电、射频电、高压感应电的环境中，不能使用普通电雷管。

2. 导火索起爆法

导火索起爆法是利用导火索传递火焰点燃火雷管进而起爆炸药。这种起爆法所需的材料有：导火索、火雷管和点火材料。

导火索起爆法操作简单、灵活，使用方便，成本较低，广泛应用于小型爆破和掘进。由于导火索的速燃、缓燃等弊病，在爆破中事故所占比重最大。不能多处装药同时起爆；不能准确控制爆破时间，一次爆破规模小，爆区的有毒气体增加；在淋水工作面起爆不可靠，无法用仪器检查网路等。

3. 导爆索起爆法

用导爆索直接起爆炸药包的方法叫导爆索起爆法。先用雷管起爆导爆索，当导爆索的爆轰波传至炸药包时，将炸药引爆。在需要延时分段起爆的地方，将导爆索中接入继爆管，就能达到导爆索毫秒爆破的目的。

这种爆破法所需起爆材料有：雷管、导爆索和继爆管等。

导爆索起爆网路常用的有：串联、簇并联、单向分段并联和双向分段并联等。

4. 导爆管起爆法

导爆管起爆法是利用导爆管传递冲击波引爆雷管进而起爆炸药的方法。导爆管起爆法从根本上减少了由于各种外来电的干扰造成早爆的爆破事故，起爆网路连接简单，不需复杂的电阻平衡和网路计算；但起爆网路的质量不能用仪表检查。

导爆管起爆法所需材料有：击发元件（击发枪、击发笔、高压电火花、电引火头、火雷管、电雷管、导爆索等）、传爆元件（导爆管）、连接装置、雷管等。

导爆管起爆网路有簇联（将炮孔导爆管集成一束与连接装置相连接的网路）、簇并联（把两组或两组以上的簇联再并联到一个连接装置上的连接网路）、簇串联（把几组簇联网路串联起来）等起爆网路。

二、起爆顺序

起爆顺序是指药包之间或药包组之间起爆的先后次序。当一次用多个药包爆破时，为了提高爆破效果，必须根据具体条件和要求，将药包分成先后次序进行起爆。

（一）确定起爆顺序时应考虑的原则

确定起爆顺序时应考虑的原则是：

1. 易爆破的部位先爆破；

2. 先爆破的药包，为后爆破的药包创造新的自由面；

3. 根据后续一序的要求控制爆堆形状；

4. 根据降低爆破振动的要求控制同段起爆药量；

5. 报据抛挪爆破的要求控制岩块的抛掷方向。

井巷掘进中炮眼组的起爆顺序是先爆掏槽眼。最后爆破周边炮眼；矿层回采时，因为它有两个自由面、应根据炮孔排列方式，先爆破紧靠近自由面的那排炮孔，然后逐排顺序起爆，露天矿台阶深孔爆破时。如果一次爆破多排深孔，则必须根据微差起爆方案和后续工序的要求来确定起爆顺序。

（二）起爆器

起爆器是指能向电爆网路输送必需的电点火冲能的装置。按其结构原理不同，分为发电机式和电式两大类。发电机式起爆器实质上是一种小型手摇发电机。它的特点是构造简单，但它的起爆能力低，已很少使用。

电容式起爆器是根据电容放电原理制成的，它的主要特点是能在几毫秒之内，放出较大的电能，以满足电力起爆对电流的要求，是使用较广泛的一种起爆器。

中国生产的电容式起爆器，由电源、振荡、变压、整流和充电等部分组成。由电源（电池或蓄电池）提供的直流电，经过晶体二极管振荡后，变为脉冲低压交变电流，经变压器升压，再经二极管整流，变为高压直流电，并对电容器充电。当充电电压达到额定值时，指示灯发出红光，表示充电已达到要求，可以起爆。起爆结束后必须将电容器中剩余的电能，通过放电电阻泄漏掉，以免下次接线操作时，发生误爆的危险。使用时，起爆网路的设计必须符合起爆器的能力。

中国制造的电容式起爆器种类很多，起爆能力从数十发到数千发雷管。别国出产的电容式起爆器。最大起爆能力可达25000发雷管。

第二节 爆破基本方法

改革开放以来，我国的经济发展十分迅速，并实现了自然资源的有效开发，但是开发自然的同时也造成了环境的破坏，环境的污染现象十分严重。我们需要更加地注重我国的生态文明建设，并采取一定的保护措施来改善并治理环境的污染。环境保护和环境的治理是人类社会可持续发展的重要前提。建筑工程的爆破项目造成了环境的污染。所以，我们要以绿色施工作为前提，并保证安全施工为主要目标，保证施工质量为主要任务，并使得爆破工程的施工对环境造成零污染。

一、爆破工程施工绿色化的设计管理

设定绿色管理目标。在进行爆工程施工前需要设定施工的绿色管理目标，严格地按照此目标来执行，做到爆破工程的绿色化管理。爆破工程施工绿色化的设计管理是要进行爆破工程的组织管理，同时在施工前进行规划管理，并在施工的过程中实现实施管理，施工结束之后要进行爆破工程的绿色化施工评测。此外还要保证施工人员的人身安全和施工工程的健康管理等等。

在施工开始前，需要编制确实可行的绿色施工管理规划并同时建立好一个正确完善的爆破工程绿色施工的管理体系。参照绿色施工管理规划，确定绿色施工预算，确定绿色化施工的成本。并在此管理体系上设定绿色施工管理的部门。确定爆破施工绿色化的组织架构，由项目经理任组长，统筹协调。推选技术部部长或安环部部长负责具体事务，参照项目经理意见及绿色施工规划办理具体事务。同时，在爆破工程绿色施工时，需要节约工程中的使用材料。施工过程中，需要在确保施工安全以及施工质量达到标准的前提下进行节约材料计划方案的制定。为了更好地在施工中节约施工能源，需要制定相应的节能目标。施工的占用地也需要根据工程量的大小规划，根据爆破工程的施工标准来规划临时用地。

二、绿色施工过程中对环境的污染因素分析及技术措施

在进行爆破工程的施工过程中，需要对原材料进行装卸，并运输。这期间都免不了对环境产生一定的危害。而爆破工程对环境的危害主要为爆破中的废气的污染、爆破中所产生的粉尘的污染以及爆破结束后的固体废弃物的污染和污水废弃油的污染等等。由于爆破的过程中会产生很大的气流所以爆破工程中的粉尘和施工噪声的污染极为严重。

（一）爆破工程中的大气污染

爆破工程中的大气污染，主要是：（1）钻孔施工作业中产生的扬尘；（2）爆破作业工程中产生的扬尘；（3）爆破作业施工火工品运输产生扬尘；（4）二次破碎产生扬尘。

主要解决方法：（1）钻孔产生扬尘，主因是施工队为了赶施工进度或是为了节省施工成本而导致的问题。赶施工进度的问题，需要项目部根据施工计划合理安排施工时间，督促施工队增加人员投入与设备投入；节省施工成本的问题需要建立监管模式，安排专员进行检查，对违规作业施工队采取罚款、教育与奖励同时进行的方式，处罚产生扬尘队伍，集中被罚队伍人员进行集中教育，建立专项基金存储罚得款项奖励表现良好施工队伍。（2）爆破作业产生大量扬尘，主因是技术问题及管理问题。技术问题可以采取增加超深，加长堵塞长度，选择合适抵抗线，增加孔间距，减少孔排距，使得爆破产生能量得到合理释放，减少扬尘。管理问题可以协调洒水车在爆破施工作业前对涉爆区域进行提前洒水作业。（3）爆破作业施工火工品的运输产生扬尘，可以增加洒水车作业班次，提前洒水。（4）二次破碎参数扬尘需要对施工区域进行提前洒水作业。

（二）爆破工程中的水污染

整个爆破的工程施工中会产生很多的废水，比如施工中的废水以及施工人员的生活废水等等。此外，现场的施工车辆的冷却用水以及洗车用水的量也很大。这些废水中有很多的泥沙以及车身上的油污。而生活废水主要是工人的食堂用水等。

为了减少爆破施工中的废水。我们需要在爆破施工的现场建立一个沉淀的池子，并把废水集中到废水池中去，经过废水池的初步沉淀再进行排放。而生活上的废水则需要经过专门的处理，并达到排放的标准后再进行排放。

（三）爆破工程中的固体污染

在爆破工程的施工过程中会产生大量的包装垃圾以及施工人员的生活垃圾等等，这些都是爆破施工中固体垃圾的主要来源。此外，爆破施工的过程中还会由于爆破区域临近河流等而使得附近的土地被爆破废弃物覆盖，同时造成道路的污染和周围运输管道的破坏。爆破所产生的大量的泥土、石块以及混凝土废弃物也是爆破工程中的固体污染来源。

为了有效地避免爆破过程中的固体废弃物的污染可以在施工的现场利用混装结构的炸药包，进而减少炸药包的包装垃圾。对于爆破后所产生的大量固体废气物质要进行及时的归类处理，并从中选取可用的，在下次施工中运用。对于不能用的可以进行地基的填埋等。工程施工中的生活垃圾要及时归类，电池要统一回收，避免给土地带来污染。此外，爆破工程队伍需要按照当地环保部门的有关规定以及工程发包人的要求来处理施工中的固体废弃物，进而避免重大的污染事件的发生。同时施工弃渣的堆填要符合业主要求，及时进行施工弃渣的治理和场地清理，避免重大水土流失事件的发生。

（四）爆破工程中的光污染和噪声污染

爆破工地一般会有大量的照明工具，这些照明工具的射程以及亮度往往很大。这就需要对其照射的方向以及角度进行严格的规定，避免照射到住户，影响他人的休息和正常的生活。可以利用灯罩来控制照明灯的方向和角度。

爆破工程中最严重的污染之一便是噪声污染。爆破的过程中以及机械对建筑物和地面开凿的过程中都会产生噪声。同时，设备运行的声音也是噪声的主要来源。所以需要在施工地点设置一个隔音墙，同时进行噪声的实时监测。爆破施工队伍需要制定好爆破方案，规定合理的时间段实施爆破作业，避免噪声对周边的居民产生影响。爆破施工队伍需要积极地采取先进的爆破措施和爆破设备，对设备进行定期的维护。

爆破工程中会产生很多的环境污染，这些给人类的生活带了危害。但是我们可以根据其产生的问题进行分析，并采取有效的绿色施工的措施来改善或者避免爆破过程中的污染。爆破施工开始前对施工进行合理的布置，并确保绿色环境设施的完善，同时做出醒目的标示，派专门的人员对施工现场进行整理。同时要确保施工人员遵章守纪，行为规范。此外，施工队伍还需要注意保持施工道路平整畅通，道路排水设施完好。现场中的风、水、电管线、通信设施、照明等布置整齐，标识清晰。规范施工机械设备定点停放，并保持材料工具摆放有序，车容机貌整洁，消防器材齐备、通道畅通。管理人员需要安排好合适的施工顺序，使得施工作业有序、工完料尽场地清，努力创建“绿色施工工区”。

第三节　爆破效果因素

一、爆破工程中影响爆破效果的主要因素

（一）炸药性能

炸药性能对爆破效果影响非常大，主要是炸药的爆炸能力、粉碎能力两个方面，一般需要针对施工对象选择相应性能的炸药，如：特坚石适宜选择粉碎力大的炸药，包括TNT、胶制炸药等，这些炸药进行爆破后，岩石破碎程度高，但破坏范围小；次坚石、软石、裂缝大而多的岩石适宜选择粉碎力小、爆破力大的炸药，包括硝铵类炸药等；对于料石开采期间，可选择爆破力、粉碎力都较小的炸药，包括黑火药等。

（二）临空面的选择

在爆破工程中临空面主要是为了反射拉应力波，同时实现聚能的作用。其大小、数量

对爆破效果存在直接影响，若只有一个临空面，由于爆破受到岩层的夹制作用，并且程度较大，会造成爆破困难的情况，最终单位体积岩层的炸药消耗量会较大；若临空面超过四个，会造成爆破能力的过度分散，临空面不能起到良好的聚能效果，并且由于缺少岩层的夹制作用，会造成爆破完成后的大块率较高。

（三）爆破孔的分布方式

爆破孔的分布一般采用方形、矩形、三角形（也称为梅花形），从能量分布状况来看，等边三角形能够提供较为均匀的能量，布孔方式较为理想。但由于新型导爆管和先进起爆技术的不断应用，在方形、矩形的布孔方式下，可通过改变起爆顺序，控制起爆炮孔的密集系数，来达到三角形布孔的爆破效果，布孔方式会影响爆破效果，但在采用先进起爆技术和材料的前提下，影响基本可以消除。在同一个爆破工程工作中，若存在不同设计孔深的状况，孔距要根据实际状况进行调整，避免出现同一孔距的情况，一般孔浅时孔距较小，孔深时孔距较大。

（四）爆破孔的钻深

爆破孔的钻深若超过设计计算值，不仅会浪费钻孔工效和爆破材料，同时还会给钻孔工作造成困难；若钻深小于设计计算值，会产生根底状况，直接影响后续挖装工作，为避免此类状况的产生，可适当加深钻孔，以便克服台阶底盘岩层的夹制作用。在这个过程中，要综合多方面的因素选择超深值的大小，一般松软岩层下超深值较小、坚硬岩层下超深值较大、使用高威力炸药的情况下超深值较小、钻孔直径较大时超深值较小。

（五）封孔堵塞的效果

爆破工程中容易忽视封孔堵塞效果，很多使用炮孔附近的岩粉、块石进行填充，对堵塞长度不进行考量，质量无法保证，造成炸药爆炸后产生较强的空气冲击波、噪声，以及飞石，而下部岩层的破碎效果一般较差，根底较多。因此，在爆破工程中一定要重视封孔堵塞工作的效果，以确保炸药爆炸后产生的高压气体能对岩层进行有效加压，提升爆破能量的利用效率。

（六）地形条件方面

在爆破工程中，不同地形爆破的特性和效果不同，从爆破工程角度可以将地形分为平坦地形、倾斜地形、凸形山包、凹形垭口四种类型，其中倾斜地形根据地面自然坡角分为缓斜地形、斜坡地形、陡坡地形，坡度小于 15° 的属于平坦地形，地形越陡峭，爆破产生的方量越多，炸药使用量越低。地形平坦时，炸药向上爆破，须克服岩层自身重力影响，同时破碎后的岩石会向上抛掷，只有较少部分被抛出漏斗范围，产生的实际抛掷量较少；对于倾斜地形情况，爆破作用的方向可以跟岩层重力方向斜交，岩层自身重力阻碍问题减小，其用药量减少，同时岩石抛掷量会增加。由于爆破的原因，上方的岩层会因震动出现松动、开裂，在自身重力的影响下会自行脱离岩体，形成坍塌，有效扩大爆破漏斗的范围，增加爆破方量。

（七）起爆点的位置

起爆点位置会对爆破效果产生重要影响，在岩层性质、用药量、炮孔深度条件相同的情况下，反向起爆比起正向起爆的炮眼利用率高、岩层的夹制作用低、大块率低，在特殊环境下的爆破，如矿尘、瓦斯较危险的环境中反向爆破方式更为安全，且封孔堵塞效果影响较小。对于坚固岩层，炸药的爆速越低、孔深大反向爆破效果就会更好。

（八）非均质岩体的问题

爆破用药包在非均匀质岩体中进行爆破时，受各处岩体力学性质限制，爆破作用易从松散岩体突破，造成爆破效果不佳，如：在山脊双侧布置药包，若两侧岩体存在差异，爆破作用会趋向于岩性松散一侧，使这部分岩体破碎效果加强，另一侧坚硬岩体会因破碎不充分形成岩坎。

二、提升爆破工程爆破效果的措施

（一）选择合理的起爆位置

爆破工程实施过程中，由于炮眼爆破法需要根据起爆点装药位置、数量确定相应的起爆方式，因此需要根据岩石性质、用药量、炮孔深度进行判断。一般可分为正向起爆，反向起爆、多点起爆 3 种方式，相较于正向起爆，反向起爆可提升炮眼利用率，降低岩石夹制作用、大块率。对于炮眼较深、起爆间隔长、炮眼间距小的情况，反向起爆可消除药卷被“压死”或早爆的现象，对于相邻炮眼，可分别采用正、反起爆，以便改善岩体内部的应力分布不均情况。

（二）装药结构要合理有效

垂直孔爆破时，由于底部阻力大，可使用超深孔，将药包中心下放到坡底水平位置附近，但这种操作的缺点是容易造成台阶上部炸药过少易生产大块，因此，必须根据工程具体状况选择合理有效的装药结构，一般可采用的装药结构包括：分段装药、混合装药这两种。其中分段装药是将深孔中的炸药分成多段，使用空气或炮泥相互隔开，这种方式可以避免炸药过于集中在深孔下部，使台阶中、上部岩层也能受到破碎，减少大块率；混合装药是在深孔底部安装密度高、威力大的炸药，同时上部使用普通硝基炸药，这样既可避免台阶根部产生根底，又能减少上部大块率的产生。

（三）采用斜孔爆破方式

爆破工程中，斜孔优于垂直孔，岩层破碎均匀，出现大块、根底的概率较低，容易保持台阶坡面角，便于爆破后的坡面平整工作，为下一批次的穿孔爆破工作提供便利，并且钻机至台阶坡顶线间的距离较大，人员、设备可以处于较为安全的环境当中。

在爆破工程中，影响爆破效果的还有其他因素，为确保爆破效果必须对工程各个环节、关键点进行科学严格设计，然后确保现场施工效果，避免整个施工过程存在缺陷，保证工序操作正确，减少不利因素对爆破效果的影响，才能全面提升爆破工程施工质量，获得预期的爆破效果。

第四节　爆破工程安全监理

一、爆破工程监理的特点

与一般建筑工程相比，爆破工程具有其鲜明的自身特点，这也决定了爆破工程安全监理与一般建筑工程监理在监理方法、手段和程序上都有较大差别。分析这些差别，有助于对爆破安全监理的认识，使其应用更加切合实际。

一般建筑工程常常是一个物质组合过程，在施工现场，表现为一个建、构筑物从无到有的过程，结构和结构构件的强度逐步提高直至稳定，其成型的内在实体质量将在施工期和使用期决定施工安全和使用安全，工程安全主要决定于物质的形成过程和状态。

因爆破工程的工期短，各工序时间少，有的仅有数小时，这就要求监理必须具有较快的反应速度，监理工程师做出指令、答复时间也大大小于一般建筑工程要求。爆破安全监理工程师应具有较高的责任心和各方面的协调能力。

二、爆破安全监理的中心任务、基本方法

（一）爆破安全监理的中心任务

对爆破工程目标体系的控制是爆破安全监理的中心任务。目标体系由投资、进度、质量、安全四大目标构成，对于爆破安全监理而言，投资、进度、质量目标最终可分解成安全目标。安全管理是爆破安全监理的主要内容。

（二）爆破安全监理的基本方法

1. 目标规划

爆破工程有其整体的安全目标和其局部的安全目标，对这些安全目标进行规划，分清各阶段应达到的安全状态，才能对工程进行有效的安全管理，目标规划是目标管理控制前提，是对实现总体目标的方法、措施和过程的组织和安排，它不仅是对目标的实施，也是对目标的进一步论证。目标规划是爆破安全监理的主要方法之一。

2. 动态控制

爆破工程具有动态性强的特点。包括安全目标和计划的调整都是经常发生的事。爆破安全监理需要对爆破施工过程、活动和目标进行跟踪，对比目标和状态的差距，及时纠正偏差或调整目标。例如根据试爆的效果及时调整爆破单耗，对试爆后的结构进行安全评估，采取结构加固或增加结构弱化爆破点等措施，以确保总爆成功。随着爆破管理技术的成熟，动态控制中的主动控制应占较大比重，在各种爆破作业流程中真正做到防患于未然。

3. 组织协调

组织协调工作贯穿于整个爆破工程的管理过程。组织协调是业主获得有效工程安全信息的主要来源，也是工程顺利实施的基本保障。安全监理在业主与爆破单位之间起到一个桥梁作用，业主抽象的安全需求可转化为对爆破施工单位的安全技术或爆破参数的具体要求，工程实施的结果可转化为目标实现程度的判据。与业主的协调是安全监理的重点和难点。

4. 信息管理

爆破工程的信息管理一直是工程安全管理的薄弱之处。要及时、准确和全面的掌握工程安全信息。就必须建立安全信息管理系统，形成合理的信息管理流程。在爆破工程实施过程中不断预测或发现问题，不断地进行规划、决策、执行和检查，充分利用各种信息资源为爆破安全服务。

信息管理不仅包括工程实施过程中输出的数据、信息的管理，也包括对类似工程信息的收集和应用。如某高烟囱折叠爆破中的上下切口起爆时间间隔．在收集同类烟囱爆破的时差经验，并结合具体结构参数而确定，折叠爆破效果很好。

三、爆破安全监理手段

（一）审查技术文件、报告和报表

这是对爆破工程安全进行全面监督、检查和控制的重要手段。审核的具体内容包括：（1）审批施工单位开工申请书，检查、核实施工准备工作中的安全问题；（2）审批施工单位提交的施工方案、施工组织设计或施工计划，施工应有的安全措施保障；（3）审批施工单位提交的有关爆破器材的质量证明文件（出厂合格证、质检或试验报告等）；（4）审核反映施工安全的动态资料或管理图表，如人员变动报表、已完工序质量统计报表等；（5）审核施工单位提交的有关工序质量、安全的证明文件（检查记录、爆破器材试验报告）、工序交接检查（自检）、试爆报告、预处理检查报告等文件资料，以确保和控制施工过程的安全；（6）审批有关工程变更、修改设计等，确保设计及施工符合规范要求：（7）审批有关应用新技术、新工艺、新材料的技术鉴定书，审批其应用申请报告；（8）审批有关爆破工程安全事故或安全问题的处理报告，确保安全事故或问题的处理质量；（9）审核、签署现场有关的质量、安全技术签证、文件等。

（二）指令文件与管理文书

指令文件是表达监理工程师对施工单位提出指令或命令的书面文件，属要求强制性执行的文件，是监理工程师运用指令控制权的具体形式。

管理文书，如爆破工程监理过程中的监理工程师函、备忘录、会议纪要、发布有关信息通报等，主要是对施工方的工作状态和行为提出建议、希望和劝阻等，其不属于强制性要求执行的范围，仅供有关方自主决策参考。

（三）现场监督和检查

现场监督和检查的方式有旁站、巡视和平行检验。

（四）规定施工安全监理的监控工作程序

按事先规定的程序进行工作，是安全控制的必要手段。例如，未提交开工申请单并得到监理工程师的审查、批准不得开工；未经监理工程师签署工序质量、安全验收单并予以确认，不得进行下一道工序施工。脚手架工程、临时支撑系统、爆破器材等未经监理工程师验收、批准，不得在工程上使用。此外，还应具体规定爆破作业的钻孔验收、预处理验收和试爆工作程序，装药填塞、警戒、起爆、解除警戒验收确认程序等。通过程序化管理，使安全工作有章可循，做到科学、规范的管理和控制。

四、爆破安全监理组织

爆破安全监理组织的形式和机构必须与所监理的工程相适应，反映在监理组织方式、职责分工和人员数量、专业应根据监理的任务、范围、内容、期限以及工程规模、技术复杂程度、爆破环境等因素综合考虑。

爆破是高风险的工作，对安全监理人员的素质要求较高，监理人员投入比（监理人数与工程建设强度之比）也高于其他建筑施工工程。从安全监理实践上看，爆破安全监理的人数与施工单位的工程技术管理人数成一定的比例。

直线制组织形式具有机构简单、命令统一、职责分明、决策迅速、隶属关系明确的优点，比较适合于爆破安全监理。各监理工程师所承担的工作专业单一，其技能均能管理和控制所分配范围的工作，不需设立专门的职能部门，克服了指令可能矛盾和信息传递路线长的缺点，有利于准确、快速地做出监理反应。

五、旁站点的选择、检查与监理记录

旁站点的监理检查记录是监理成果的重要组成部分，它不仅是对爆破工程实施的真实记录，也是爆破技术和经验积累过程。通过旁站检查记录与最终爆破效果的关联对照，可以发现爆破设计的不足之处，让爆破人员更全面、准确地认识爆破规律，从而改进、发展爆破技术。

旁站点合理的施工方法应在满足安全的基础上力求简化操作、方便识别和利于记录。例如在爆破立柱上布置截面短方向的钻孔，使得炸药分布均匀，钻孔质量易于保证和检查，药包规格统一装药工作简单，易于管理和记录。爆破是破坏性过程，旁站点的记录不具可恢复性，这要求旁站点的记录必须全面、及时。某拆除爆破工程中对各爆破立柱上的装药药量和起爆段别进行标识，监理人员使用数码相机进行摄影记录并对照检查装药过程。

爆破安全监理的工程实践表明，作为独立、公正第三方的监理单位参与爆破工程管理，改变了爆破工程旧的管理模式，安全监理能提供专业化的安全管理服务，在水利水电工程中起到重要的监督和协调作用，促成爆破工程安全顺利的实施。

实践表明，水利水电工程爆破项目实施安全监理，有利于规范参与爆破工程各方的建设行为，最大限度地避免不当建设行为的发生，减少其不良后果；有利于防止爆破设计和施工的随意性，促使爆破设计和施工计划更趋标准化、程序化；有利于爆破经验的积累，促进爆破技术的发展。

在爆破工程决策阶段一开始即实施安全监理，将有利于提高爆破工程投资决策科学化水平，有利于实现爆破工程投资效益最大化。水利爆破安全监理虽然刚刚起步，但已取得了有目共睹的成绩，并且已为社会各界所认同和接受。通过程实践，爆破安全监理的理论和方法在不断地发展。新《爆破安全规程》的实施给水利水电工程爆破安全监理提供了一个良好的法制环境。在水利爆破建设工作者的共同努力下，爆破安全监理必将在水利水电工程爆破项目建设领域发挥更大的作用。

第五节 爆破质量安全控制

爆破工程在城市建设中具有非常重要的作用，能够高效对一些矿石、岩石等进行爆破，从而能够达到应有的效果。在爆破过程中，环境因素比较复杂，并且需要使用炸药等危险性质的物品，如果不注重控制和管理，很容易出现质量上的损害。因此，我们应积极分析爆破工程质量与安全管理的重要性，并探索有效措施和方法。

一、爆破工程中质量安全管理的重要性

（一）对复杂的因素进行解决

爆破工程的主要原理，就是使用炸药，在外界的作用下发生爆炸，并且能够同时释放能量，产生高热气体。在建筑工程、采矿工程等工程中，经常使用爆破工程来对一些多余的建筑物、岩石等进行去除，从而能够为施工提供方便。在爆炸的过程中，使用的都是一些易燃易爆物品，不仅在爆破当地能够引起一定的振动，对周围环境都会产生一定的影响，存在着很大的危险性，很容易对建筑物本身和人员本身产生伤害。因此，做好质量安全管理，涉及很多复杂的因素，如果能够对这些问题进行解决，能够对企业的安全效益进行保障。

（二）能够有效提高爆破工程的质量

在进行爆破的过程中，受到专业水平和实际环境的限制，需要采用不同的爆破方法，来达到相应的质量水平。但是有的爆破工程中使用的操作人员，专业技术不过硬，使得爆破没有达到应有的效果，有可能出现爆破不完全的现象，也有可能出现伤害附近建筑物、岩石群等现象，给爆破工程的质量带来影响。因此，做好质量与安全管理工作，能够实现对爆破过程的全方位管理，对其中的技术、人员、材料、进度等方面进行全方位的指导，从而有效提高爆破工程的质量。

二、爆破工程中的质量与安全管理

（一）在爆破工程中建立质量与安全管理制度

为了能够使所有与爆破工程有关的要素，能够按照爆破工程相关的规章制度来进行，我们应将国家有关消防制度的规章制度作为基础，对建设单位的实际要求和爆破工程的实际情况，制定爆破工程质量与安全管理制度体系，对各种制度和标准进行明确，让所有施工中的行为都能够参照管理制度来进行，一旦出现违反规章制度的行为，将受到严厉的惩

罚。例如，在爆破工程中，我们可以指定《某某爆破工程质量保障体系》《某某爆破工程安全管理细则》《某某工程质量管理奖惩措施》《某某爆破工程安全文明生产规定》等等，对施工中的各类行为进行规范，并对各个分部工程、各个员工的表现进行监督和管理，如果出现违规的情况要明令禁止，并进行物质上和精神上的处罚，严重的应勒令停止工程，退出爆破工程项目。

（二）做好爆破前期准备工作

前期准备工作对于爆破工程来尤为重要，能够为爆破工程的发展方向提供科学的支撑。因此，我们应格外关注爆破前期准备工作。首先，我们应对当地的具体情况进行了解，根据实际情况来编制具体的爆破方案。在很多项目建设中，都涉及石方开挖的问题，对于一些无法用人工和机械解决的石方，就会采用爆破的方法来进行。因此，应对当地的电缆、水管网、地下水、地下文物等进行研究，如果存在管线，应明确其位置，并做好标记，防止爆破工程对其产生影响。同时，应积极对周围的建筑物结构进行了解，从而科学制定爆破方案。其次，我们应注重对爆破人员的资格管理，参与到爆破工程中的人员必须是取得爆破专业资格证书的人员，不具备专业资格的人员不能够进行爆破作业。最后，我们应促进爆破的合法化，在方案确定之后，要交给上级部门进行审核，审核通过之后才能够进行爆破工作。

（三）对爆破内部结构进行安全保障

内部结构的安全性，就是通过提高结构的强度，来减弱爆破的直接冲击。我们可以在结构表面增加钢筋表层，对钢筋质量进行保护。例如，在底板的上表面、壁板的内表面，都可以设置上缓冲层，从而降低爆破冲击力对结构的作用。围栏与地下连续墙中，可以设置隔离孔，并使用多层延期雷管起爆方案，使得抵达到地下墙处的冲击波能够对得到削减。内部结构的浇筑有合影与支撑体系的分块爆破相适应，实行分块浇筑的方法，将浇筑的顺序与支撑体系的爆破顺序进行匹配，在时间上能够保证支撑爆破前相应的区域的内部结构混凝土强度不小于百分之八十，从而能够达到良好的支撑作用，发挥质量效益。

（四）加强人员的质量与安全培训

在爆破工程中，如果施工人员没有认识到质量管理和安全管理的重要性，就有可能在施工的过程中发生操作失误，使自己的身体健康遭受损害，也使得爆破工程达不到应有的质量。因此，我们应对所有爆破工程中的人员进行质量及安全知识培训，使其能够认识到自己的行为对爆破工程质量的影响，并能够掌握保护自己、提高爆破质量的办法，并学会预防和治理，从而能够提高对自我安全和对爆破工程质量和安全的保护。同时，应安置安全管理岗位，使其持证上岗，切实对施工中的各项安全事务进行管理。

总之，爆破工程的质量与安全，决定着企业的经济效益和社会效益，我们应对其进行关注，并积极思考有效的措施和方法，从而实现对爆破工程质量与安全的切实保护。

第四章　土石坝工程

第一节　土料压实

一、土料压实的作用

土料的压实是保证土石坝施工质量的关键。由于土是松散颗粒的集合体，其自然的稳定性主要取决于土粒的内摩擦力和凝聚力；而土料的内摩擦力、凝聚力和抗渗性都与土的密实性有关，密实性越大，其物理力学性能就越好。由于土体是三相体，即土体是由固相的土粒、液相的水和气相的空气所组成。通常土粒和水是不会被压缩的，土料压实的实质是将水包裹的土粒挤压填充到土粒间的空隙里，排走空气占有的空间，使土料的空隙率减少，密实度提高。所以，土料压实的过程实际上就是在外力作用下土料的三相重新组合的过程。土料的压实效果，与土料本身的性质、颗粒组成情况、级配特点、含水量大小以及压实功能等有关。一般黏性土料的黏结力较大，摩擦力较小，具有较大的压缩性，但由于其透水性小，排水困难，压缩过程慢，所以很难达到固结压实。而非黏性土料黏结力小，摩擦力大，具有较小的压缩性，但由于透水性大，排水容易，压缩过程快，能很快达到密实。土料颗粒的大小与组成也影响压实效果。颗粒愈细，孔隙比就愈大，所含矿物分散度愈高，愈不容易压实。所以黏性土的压实干表观密度低于非黏性土的压实干表观密度。颗粒不均匀的砂砾料比颗粒均匀的砂砾料达到的干表观密度要大一些。土料的含水量也是影响压实效果的重要因素之一。

当压实功能一定时，黏性土的干表观密度随含水量的增加而增大，当含水量增大到某一临界值时，干表观密度达到最大，此时如进一步增加土体含水量，干密度反而减小，此临界含水量值称为土体的最优含水量，即相同压实功能时压实效果最大的含水量。对于每一种土料，在一定的压实功能下，只有在最优含水量范围内，才能获得最大的干表观密度，且压实也较经济。非黏性土料的透水性大，排水容易，不存在最优含水量，故对含水量不作专门控制。压实功能的大小，也影响着土料干表观密度的大小。压实功能增大，干表观密度也随之增大，而最优含水量随之减小。说明同一种土料的最优含水量和最大干表观密度，随压实功能的改变而变化，一般说来，增加压实功能可增加干表观密度，这种特性对于含水量过低或过高的土料更为突出。

二、土料压实方式比选

土料不同其物理力学性质也不相同，因而使之密实的作用外力也不相同。对于黏性土来说，黏性土料的黏结力是主要的，这就要求压实作用外力能够克服其黏结力；对于砂性土料、石渣料、砾石料等非黏性土料，其内摩擦力是主要的，要求压实作用外力能克服颗料间的内摩擦力。不同的压实机械产生的压实作用外力不同，按其作用原理，大体上可以分为碾压、夯击和振动三种基本类型。碾压的作用力是静压力，其大小不随作用时间变化。夯击的作用力为瞬时动力，具有瞬时脉冲作用，其大小随时间和落高而变化。振动的作用力为周期性的重复动力，其大小随时间呈周期性变化，振动周期的长短，随振动频率的大小而变化。常用的土料压实机械有羊脚碾、气胎碾、振动碾和夯实机械等。

（一）气胎碾

气胎碾是一种拖式碾压机械，分单轴和双轴两种。是单轴气胎碾。单轴气胎碾的主要构造是由装气胎碾载荷载的金属车箱和装在轴上的 4 ～ 6 个充气轮胎组成．碾压时在金属车厢内加载同时将气胎充气至设计压力。为避免气胎损坏，停工时用千斤顶将金属车箱顶起，并把胎内的气放出一些。气胎碾的适应范围广，对黏性土和非黏性土都能压实，在多雨地区或含水量较高的土料更能突出它的优点。其与羊脚碾联合作业效果更佳。

（二）羊脚碾

羊脚碾就是在碾压滚筒表面设有交错排列的截头圆锥体，状如羊脚，仅适用于黏性土的压实。碾压时，羊脚插入土料内部，使羊脚底部土料受到正压力，羊脚四周侧面土料受到挤压力，碾筒转动时，土料受到羊脚的揉搓力，从而使土料层均匀受压。对于非黏性土料，由于土颗粒易产生竖向及侧向移动，故而碾压效果较差。进退错距法。即沿直线前进后退压实，反复行驶，达到要求后错距，重复进行。此种方式压实质量好，遍数好控制，但后退操作不便，适用于狭窄的工作面；回转套压法。即先沿填土一侧开始，逐圈错距以螺旋形开行，逐渐移动进行压实，机械始终前进开行，生产率高，适用于宽阔的工作面，并可多台羊脚碾同时前进工作。但拐角处及错距交叉处易产生重压和漏压。当转弯半径小时，容易引起土层扭曲，产生剪力破坏，在转弯的四角容易漏压质量难以保证。

（三）夯实机械

夯实机械是利用夯实机具的冲击力来压实土料的，既可以用来夯实砂砾土料，也可用来夯实黏性土料，常用的机械有挖掘机夯板和强夯机。挖掘机夯板是一种用起重机械或正向铲挖掘机改装而成的夯实机械。夯板多为圆形或方形，面积约 1m²，重量为 1 ～ 2t，提高高度为 3 ～ 4m，利用冲击作用对土体进行压实。其主要优点是压实功能大，生产率高，有利于雨期、冬期施工。当石块直径大于500mm时，工效大大降低，压实黏性土料时，表层容易发生剪切破坏。强夯机是由高架起重机和铸铁块或钢筋混凝土块做成的夯砣组成。夯砣的重量一般为10 ~ 40t，由起重机提升10 ~ 40m高后自由下落冲击土层，影响深度达4 ~ 5m。压实效果好，生产率高，用于杂土填方、软基及水下地层。

（四）振动碾：振动碾是一种具有静压和振动双重功能的复合型压实机械，它是由起振柴油机带动碾滚内的偏心轴旋转，通过连接碾面的隔板，将振动力传至碾滚表面，然后以压力波的形式传到土体内部。适用于非黏性土料和黏粒含量、含水量不高的黏性土料的压实。振动碾可以有效地压实堆石体、砂砾料和砾质土，是土坝砂壳、堆石坝碾压必不可少的工具。在振动力的作用下，土中的应力可提高4 ~ 5倍，压实层达1m以上，有的高达2m。

三、土料压实质量控制

土石料压实得越好，物理力学性能指标就越高，坝体填筑质量就越有保证。但土石料的过分压实，不仅提高了压实费用，而且会产生剪切破坏，反而达不到应有的技术经济效果。因此，应确定合理的压实标准。一般，黏性土的压实标准主要是以压实干表观密度帕和施工含水量这两个指标来控制的；非黏性土料是以相对密度来控制的；而石渣或堆石体则可用孔隙率作为压实指标。

（一）黏性土料

压实干表观密度黏性土料的压实干表观密度常用击实试验来确定。这种方法对大多数黏性土料是合理的、适用的。但是，土料的塑限含水量、黏粒含量不同，对压实度都有一定影响，非黏性土料的压实程度与颗粒级配及压实功能关系密切。

（二）施工含水量

施工含水量是由标准击实条件时的最大干表观密度确定的，但最大干表观密度对应的最优含水量是一个点值。而实际的天然含水量总是在某一范围内变化，为适应施工的要求，必须围绕最优含水量规定一个范围，即含水量的上下限。

（三）相对密度与干表观密度换算

在现场用相对密度来控制施工质量不太方便，通常将相对密度转换成对应的干表观密度来控制，其大小按非黏性土不同砾石含量，分别确定不同标准。

（四）土料压实参数的确定

在确定土料压实参数前必须对土料场进行充分调查，全面掌握各料场土料的物理力学指标，在此基础上选择具有代表性的料场进行现场试验，作为施工过程的控制参数。当所选料场土性差异较大时，应分别进行碾压试验。如试验不能完全与施工条件吻合，在确定压实标准的合格率时，应略高于设计标准。土料填筑压实参数主要包括碾压机具的重量、含水量、碾压遍数及铺土厚度等，对于振动碾还应包括振动频率及行走速率等。压实试验前，应选择具有代表性的料场，通过理论计算并参照已建类似工程的经验，初选几种碾压机械和拟定几组碾压参数，采用逐步收敛法进行试验。先以室内试验确定的最优含水量进行现场试验。

通过对水库大坝不均匀土料填筑过程的压实控制最大干密度变化范围较大的情况时应根据实据情况查明土料的干密度及组成的变化范围，在土石方填筑施工过程中不易采用一个固定的干密度值进行控制遇到土料场土料分布不均匀合理的确定出切实实际的、有利于工程进展的压实控制指标。根据施工实践经验会随着土料场开采深度的加大而增大但我们的目的是使土料最终的填筑密度均值能达到设计要求。

第二节　坝体填筑作业

近年来，随着科技水平的不断进步，基础设施建设规模日趋扩大，土石坝作为基础设施建设领域中的重要成员之一，起到了越来越重要的作用。然而，受复杂地质环境影响，使得土石坝坝体施工质量的控制效果并不理想。基于此，相关建设人员应从实践角度出发，即在明确土石坝坝体填筑施工关键技术应用要点的情况下，找出优化控制的方法策略。如此，土石坝工程项目的建设使用，才能为周边地区的经济发展提供有效助力，进而服务于当前经济建设背景下的全面发展。

一、土石坝坝体填筑施工技术的意义

土石坝作为最具简单特性的坝体，其能以高稳定性与高安全性状态服务于周边地区的经济建设。然而，在实际施工建设过程中，受复杂地质环境、坝体用料以及作业面等因素限制，使得填筑施工质量受到了影响。这种情况，会直接影响整个土石坝坝体工程项目的施工建设质量。基于此，相关建设人员应从实践角度出发，即在明确土石坝坝体填筑施工关键技术的情况下，找出实践控制的方法策略。这样一来，土石坝坝体的施工建设就能在保证质量效果的基础上，作用于工程项目。因此，相关建设人员应将其作为重点研究对象，以提高工程项目建设使用的安全稳定性。

二、坝体填筑施工方法

1. 测设坝体控制线

在坝体建设之前，需要先做好准备工作，即确定好清基开挖线。清基开挖线的确定是为了做好坝体与岩基的结合工作。对于清基开挖线，不需要太精确的测定，可以先用图解法在纸上求出放样数据，然后根据数据在现场进行放样。首先，沿坝轴线测量出需要清基场地的纵断面，绘制出断面图，再求出每个里程桩中心的填土高度和里程桩的横断面数据。最后根据以上测量数据粗略绘制出大坝的设计断面。

2. 清理坝基

在进行坝体填筑施工之前，必须清理好坝基。这样做的目的是为了保证填筑所用的材料能够与基础良好结合，另外防止渗水对坝基产生不良影响。坝基的清理工作主要是在坝基的范围内清除一切杂物，包括表层的腐殖土、草皮、乱石、杂物等影响筑坝的东西。除去表层杂物后，还要深入清理，深度在 0.3 ~ 1m 之间。对于不同的地质，清基工作也有不同的要求。如果表土含有较大量的混合物或是细砂，应对其进行细致清理，坝基与两岸山坡的结合处清理至不透水层。如果遇到岩石，清基坡度应掌握好，不应该陡于 1 ∶ 1，坝体与岩石的基础连接处必须把强风化层清除干净。如果遇到粘性土壤，清理的坡度应该按照坝体横向接缝的规定处理。

3. 坝基的开挖

在进行坝基开挖时，应该严格按照施工标准和安全准则进行施工作业。坝基的开挖顺序一般是自上而下，先开挖岸坡然后是河床。施工程序要和导流的方式相协调。坝基的挖掘标准应根据不同部位进行不同制定。在开挖截水槽时，由于需要挖掘的深度大，地下水对施工的影响较大，所以需要布置好相应的排水系统，从而保证施工时的干燥状态。截水槽的回填应该在地基处理完和完成混凝土截水墙的浇筑后进行，同时要保证混凝土截水墙能够达到需要的强度。

4. 坝面铺土

在进行铺土工作之前，如果遇到粘性土壤坝基，应该先将粘性土壤的坝基表面晾晒或者加水润湿，目的是使其达到最佳的含水率，在进行刨毛之后就可以铺筑第一层土料。当土坝料被运至施工地点后，利用推土机进行摊铺和平整。施工方式有进占法、后退法和混合法，其中最常用的是进占法。运料汽车在新填筑的松料上逐步、按照一定方向缓慢卸料，同时推土机跟踪整平，这种方法易整平而且容易控制土料的填筑厚度。铺料时应在推土机的刀片上施加压力，这有利于控制层厚。

5. 坝面压实

在铺土施工完成后，就要进行土料压实工作。土料压实是整个施工中几乎最重要的工序。在进行压实过程中，碾压的方向应与坝轴线平行。碾压工程可采用机械分段方式进行，两台振动碾的碾压塔搭接长度为：顺碾方向 1 ~ 1.5m，垂直碾压方向长度为 30 ~ 50m。当平碾压实完土料之后，应在刨毛之后再铺上层土；如果用羊角碾压实土料，其中羊角碾对表层土无须刨毛就能够保证土料良好的层间结合。在进行坝体与岸坡或者混凝土建筑物结合部位的填筑时，可以选用偏细的材料，例如垫层料。在压实过程中，如果压路机压不到细节部位，应采用打夯机或者小型振动碾来压实，同时要多洒水，确保结合部位能够良好压实。

三、土石坝坝体填筑技术应用要点

（一）填筑方式选择

对于土石坝坝体填筑的卸料与平料操作，大多由自卸车辆直接进入坝面，并按照推土机平铺设计的厚度进行卸料作业。此过程中，铺料要在平行坝轴线上进行，且控制好铺土的厚度与均匀性。对于直径超出要求的料块，要进行打碎处理，以避免对坝体填筑作业质量造成影响。而防渗体内部的铺料作业，自卸车辆应采用后退法倒退铺土方式，需保证汽车始终处于松土平面上，以避免对压实土层造成超压影响，进而导致剪力破坏现象的出现。为避免防渗土料与反滤料混杂问题出现，施工技术人员应在坝面上设置专用的“路口”，不仅能够防止不同土料发生混杂，还能防止因超压作业产生的剪切破坏。这样一来，即使发生了混杂问题，也可在“路口”处进行集中处理，进而缩小混杂的影响范围。

此外，保证铺料厚度和平整度，是土石坝坝体填筑施工质量控制的关键技术。施工技术人员需利用带式运输机或是自卸车辆进行卸料，并利用平土机与推土机将散料平铺于作业面。铺填过程中，施工技术人员要避免坝面起伏不平现象的出现，进而控制降雨积水问题的影响。对于黏性土料含水量偏低的问题，施工技术人员可通过料场加水或是坝面加水，来保证压实作业的质量效果。而非粘性土料，需将加水控制在坝面上，防止运输过程出现脱水过量现象。

（二）填筑压实技术

土石坝坝体填筑压实工作，要在坝面上进行，即通过严格按照一定的顺序流程，避免超压以及漏压现象的出现。对于防渗体土料的碾压方式，要沿着平行坝轴线方向进行操作，而不能垂直于坝轴线方向，以此来杜绝局部漏压对集中渗流带造成横穿坝体影响。对于易出现漏压的坝料分区边界，施工技术人员要注重重叠碾压作业，即采用进退错距法或是圈转套压法，来进行控制。

（三）碾压试验

在完成填筑压实施工后，要在作业区域内部进行碾压试验，即将土石坝断面划分为几个区域，即保护填充料区、保护层、阻水防渗区以及排水区等。由于不同分区的功能存在差异，施工使用的材料与控制指标也不同。施工技术人员应选择具有适用性的碾压机械设备以及科学合理的碾压参数，来保证施工与设计要求的一致性。

（四）结合部位施工技术

土石坝坝体施工的结合部位是指，防渗土料与地基、岸坡以及周边建筑物边界的结合。基于施工方法、导流以分期分段填筑等施工要求，施工技术人员可设置横向接缝与接坡，来提高结合部位的施工质量。具体来说，在填筑坝体施工中，层与层间的分段接头要错开一定距离，并通过实现分段条带与坝轴线的平行布设，来使各个分段不会超出设计极限高差。在坝身与混凝土结构的连接部位施工时，为避免对混凝土结构物的破坏，不能采用大型机械设备进行土石方的压实处理，而是采用人工夯实或是小型机械设备夯实的方法进行控制。进行填土碾压作业时，要注意填土碾压作业对混凝土结构物的影响，在施工时，混凝土结构物两侧对称下料和压实，从而避免对结构物产生过大的侧向压力，进而降低其结构作用的稳定性。

四、土石坝坝体填筑施工关键技术应用实践

以某土石坝工程项目为例：

（1）施工技术人员对坝体控制线进行了测量，即在施工坝体前，通过做好施工准备工作，来确定清基开挖线，以提高坝体与岩基结合的稳定效果。在确定开挖线时，可采用图解法得出放样数据，无须严格控制测定的精确性。这样一来，施工人员就可根据该数据信息，在现场进行放样处理。在此过程中，先要沿着坝轴线测出清基场地的纵断面，并通过绘制断面图，进而获取里程桩中心填土高度与横断面等数据。如此，就能结合上述测量数量，初步确定大坝的断面设计。

（2）坝基清理，应将保证填筑材料与基础结合的稳定性作为目标，以防止渗水问题对坝基产生负面影响。具体来说，就是在坝基范围内清除一切杂物，如草皮、腐殖土以及乱石杂物等。当除去表层杂物后，还应进行深入清理，将清理深度控制在 0.3 ~ 1m 之间。当土石坝坝体处于不同的地质情况，要对清基工作进行控制。如表土含有较大量的细砂或是混合物，要对其进行细致的清理。如施工处理过程遇到岩石，则要对清基的坡度进行控制，即将陡坡控制在 1 ： 1 左右。如坝基清理受粘性土壤的影响，要按照坝体的横向接缝进行规范处理。

（3）坝基开挖作业，严格按照施工规范标准，来进行施工作业。即按照自上而下的

顺序进行控制，先开挖岸坡，后开挖河床。对于坝基的开挖标准，要根据部位的差异进行控制。在开挖截水槽时，因施工作业内容会受到地下水以及挖掘深度的影响，因此，需要布置好相应的排水系统，来保证施工作业始终处于干燥环境中。而截水槽的回填施工，则要在地基处理完成后，进行混凝土截水墙的浇筑工作。与此同时，还要保证混凝土截水墙达到设计使用的强度要求。

（4）当坝面铺土完成后，就可对土料的压实工作进行处理。即在压实过程中，保证碾压方向与坝轴线平行。此外，碾压工作，要采用机械分段方式，并将振动碾压塔的塔接长度控制在设计要求的范围内。当完成碾压平铺土料后，就可在刨毛后摊铺上层土。如采用羊角碾碾压的土料，则无需对表层土进行刨毛处理，就能实现土料层间的良好结合。

总体而言，土石坝坝体填筑的设计与施工，应从填筑方式选择、填筑压实技术以及碾压试验等方面入手，通过控制料土摊铺、料土碾压、坝基开挖、土石坝与周边结构物结合部位填筑以及碾压作业等施工环节，确保坝体的填筑质量及安全稳定性，以此来控制复杂施工环境与技术应用局限所带来的影响。如此，土石坝坝体结构的施工质量控制就能满足设计和使用要求。

事实证明，只有在结合工程建设实际情况与使用需求的情况下，才能保证坝体填筑施工的质量效果。因此，施工或研究人员应将上述实践经验及理论结果更多地应用于实践中，并不断完善设计和施工方法，以促进土石坝应用市场环境的安全稳定性。

第三节　土石坝施工质量控制

一、土石坝的分类

土石坝主要是由土料、石料或混合料经过抛填、辗压等施工方式堆筑而成的坝型，构成材料多数可以就地取材，在施工中避免了运输工序，既节省了时间，又节省了成本，具有其他坝型无法比拟的优势。其特点为可以就地取材，另外结构相对简单，对地基要求不高，可以很好地适应地形，在施工中，技术简单，对机械要求不是很高。但土石坝也有不足之处，就是坝身不能溢流，施工导流不如混凝土坝方便，粘性土料的填筑受气候条件影响较大等。

土石坝按其组成材料的比例不同，可分为土坝、堆石坝、土石混合坝，土坝主要是以土和砂砾为主，堆石坝主要以石渣、卵石、爆破石料为主，而两类材料比例相当则构成了土石混合坝。如果按其施工方法不同，则有碾压式、冲填式、水中填土坝及爆破堆石坝等种类。土石坝按坝高度来区分，则有低坝、中坝和高坝三种。在实际施工中，碾压式土石坝最为常见，按其坝身的配置和防渗体所用的材料种类，则又有均质坝、土质心墙坝、土质斜墙坝、多种土质坝、人工材料心墙坝、人工材料面板坝等多种类的区分。

二、土石坝的主要病害

（一）渗流分析

土石坝由于其构成材料主要是土料或石料，这两种材料都为颗粒状物质，所以颗粒之间有一定的空隙，具有透水性，当水库中蓄满水后，由于水的压力作用，水流会对坝身产生一定的压力，自然会顺着坝身土料、坝基土体和坝端两岸地基中的孔隙渗向下游，就会产生一定的渗漏。渗漏可能在坝身、坝基和绕坝等部位产生。如果渗流较小，水质不含土壤颗粒，清澈透明，一般不会对坝体产生破坏，这样的渗流为正常渗流；但如果渗流较大，流速快，且夹带着坝体颗粒，水质浑浊，不透明，这样的渗流就是异常渗流，异常渗流会导致坝体或坝基产生管涌，造成土体渗透破坏，给坝身的安全造成威胁。据统计我国早期的土石坝工程因渗流而引起的破坏事故率约占31.7%，渗漏导致垮坝的占29.1%，由此可见渗漏造成的溃坝问题是相当严重的。

（二）渗流产生的原因分析

反滤层设计原因：一般在坝体填土与排水体之间都要设置反滤层，如果二者之间的层间系数太大，或者在施工中出现错断混层，或者填土的质量不过关，填压不实，这样一旦产生渗流，就会把疏松的土料颗粒带走，从而破坏反滤层，渗流量加大，影响坝体安全。

防渗体施工不到位：在土石坝施工过程中，防渗体的施工非常重要，但有时施工时却达不到设计要求，防渗体不能直达基岩或底部连续可靠的粘土层，所开挖的截水槽也达不到设计的标准，由于施工不到位，给土石坝的安全留下隐患。岸坡处理不到位：如果土石坝两岸岸坡产生台阶状，一定要进行抢平，使坡度相对平顺，尽量处理成变坡，确保变坡之间的坡角差不超15°，在处理平台时，填土高度差不要过于悬殊，防止沉陷量的突变，减少裂缝的产生，从而避免渗透破坏。

三、土石坝工程施工质量控制

（一）强化质量意识，改善人为因素控制效果

加强水利大坝工程管理人员的质量意识，培养施工人员的质量意识，才能将质量管理的重要性渗透到每个工程参与者心中。因此要加强管理人员、技术人员及施工人员的教育培训，使其真正认识到质量管理的重要性。施工管理各种专业交叉渗透、覆盖面宽，要求施工人员除了具备相当的管理理论知识及专业技术知识外，还要具备一定的法律、经济等知识，并在具备丰富的临场应变能力，以更好的解决各类突发事件。作为工程建设的直接参与者，施工人员也是质量管理的重要内容，施工企业要加强施工人员的教育培训，强化

其质量意识，特殊工程做到持证上岗，加强技术培训。

（二）施工机械选择优良的设备

要保证水利大坝工程大坝填筑工程的顺利进行，首要的条件就是要有着优良的施工机械设备，以求得高效的进行建设施工。在考虑选择施工机械设备，要因地制宜地依据施工的工程量、施工的强度，施工建设的场地以及相对应的施工道具条件，选择符合施工工程特征和技术要求以及进度速度的施工机械设备。

依据施工机械设备机型的差异，合理对维修周期进行安排。在建设施工的过程中，要随时关注机械设备的完好率和工作人员的出勤率，并且做好容易损失的相关配件的储备工作，并且对机械发生故障时及时进行机械维护和零件更换。为了实现对机械设备的统一调度、维护、保养以及管理，要专门设置相关的管理机构和人员安排。操作人员应该按照相关规范严格的实施机械设备保养和保护制度，并进行定时保养，以保障施工的机械设备时刻保持较良好的工作状态，提高水利工程大坝建设的施工过程。

（三）材料的质量管理

材料送至施工现场后，要由专门的质量管理人员对入场的材料及产品进行严格的检查、验收，针对特殊材料还要进行试验室检验，保证入场材料的质量。材料储存过程中要建立管理台账，从收货、发货、储存、运输等各个环节加强管理，保证材料应用的合理性。针对质量检验不合理或无出厂证明的材料则坚决不予应用，并在运输过程中加强保护。施工材料应用时，施工单位要填写材料报验单，将其与质量合格证、材料试验报告等送至施工质量管理单位，保证施工材料的质量。

（四）施工方法的质量控制

在确定施工方案、施工工艺时，要综合考虑技术因素、管理因素、经济因素及组织因素等各个方面的实际情况，选择科学、合理的施工方法，保证施工艺的合理性，在降低施工成本的前提下提高工程质量。确定施工方案时要注意，随着工程进度的不断推进，施工方案也要进一步细化、深化；针对主要的施工项目，要制订几个可行的方案，对比其优缺点，通过反复的论证、比较，最终确定最适用的施工方案。此外，针对施工项目的关键部位、施工难度较大的项目，则要充分考虑到其有可能发生的施工质量问题及处理方法。

（五）施工环境的质量控制

自然环境具有一定的不可控制性，故此处的施工环境质量控制主要针对管理环境进行讨论。首先要建立健全施工管理机制，建立科学、规范的管理体系，严格规范施工程序，合理管控每个施工环节，提高施工技术水平。优化企业内部管理结构，通过制度上的创新与实践优化人力资源的配置与管理，提升项目的整体管理效力。此外，施工单位还要加强与其他部门的配合与交流，实现施工经验与先进管理理论的有机融合，进一步降低施工企业的运行成本，将自身的主导作用充分发挥出来。

随着水利工程建筑行业的不断发展，会有更多先进的施工工艺融入水利大坝施工当中，相关管理部门要根据时代的发展与施工工艺的进步，加强管理措施，对施工现场中各种施工工艺进行改革与研究，确保各项施工作业都严格按照相关规章制度进行规范作业，提高整个水利大坝工程的施工质量。

第四节　面板堆石坝施工

一、石料爆破开采施工技术

石料爆破开采技术主要有两种，乳化炸药混装车和硐室爆破。

（一）乳化炸药混装车

它是一种设备，主要功能是制药和装药，这里说的药包括多种，既有化学药物也有机械药物。主要使用方法是将指定的炸药，通过科学合理的方式放在指定的运输器械当中，然后利用现代化技术使其发生爆破作业的现象。在我国的三峡水利工程当中，这项技术就得以运用，实践证明它可以完成较高的爆破率、较高质量的爆破要求，并且其成本较低，容易实践，最重要的是，它实现了绿色经济的宗旨，很大程度上减少了爆破带来的污染问题。

（二）硐室爆破

这种爆破方式建立在固定的条件之下，譬如说料场由于种种原因导致其开采能力下降，所以不得不改变原有的施工方案，这种情况就需要依靠硐室爆破。采用硐室爆破的过程中，需要格外加一下辅助性的措施，这些措施主要是为了让供料的速度更快一些。结合有关资料，我们可以发现，如果想用硐室爆破的方法进行混凝土面板堆石坝的材料开采，应该遵循下列条件：料场的地形并不平坦，无法满足传统方式开采的需要，并且周边可利用的环境较差，相关的机械设备难以执行计划中的工作；所选材料的位置处于下游，并且质量不高，在处理的过程中也要注重石料的选择，在做出适当的剔除之后，也可以将其适用于主堆石区；石料开采区域没有充沛的电力条件和先进的机械设备，但是这个区域却拥有大量可利用的劳动力和丰富的石料资源，此时就不得不趋利避害，做出有效开采。

二、挤压式混凝土边墙施工技术

混凝土面板堆石坝最主要的防渗体结构就是混凝土面板，混凝土面板需要一个强有力而又质地均匀的支撑面来支撑它，这个支撑面还要按照要求确保面板的厚度适宜，从而降低混凝土的超浇量。遇到强降雨天气，垫层坡面会因为雨水的冲刷侵蚀，遇到洪水，垫层坡面可能会因参与临时挡水而被水浪淘涮，危及坝坡甚至整个大坝的安全，为了避免这类现象的发生，就可以采用挤压式混凝土边墙。

挤压式边墙是混凝土面板堆石坝施工中的一项新技术。它是设置在面板与垫层料之间，替代了传统的固坡砂浆；简化了上游坝面的垫层料超填、机械配合人工削坡、斜坡碾压、固坡砂浆等施工工序；减少了施工干扰，以水平碾压代替了斜坡碾压，提高了施工安全性，并保证了垫层碾压质量，加快了施工进度；汛期可以较好地抵抗水流的淘刷，有利于安全度汛；渗透性能与垫层料接近，强度与固坡砂浆相同，易满足设计要求，适应沉降变形；几何尺寸调整方便，边坡易控，缺陷好处理，施工质量保障率高，且整个上游坝面平整美观。因而，在国内已有越来越多的工程采用了这项技术。

三、混凝土面板防裂技术

混凝土面板防裂技术是一项系统性工程，也是各项任务当中的重中之重，并且它与施工过程中的每一个环节都有着密不可分的关系。合理的施工工艺和审慎的工程质量管理是混凝土面板防裂技术的重点所在。

（一）合理选用外加剂

外加剂是一项辅助性材料的统称，对它的选择一定要建立在具体实践经验的基础之上。根据有关资料得知，引气剂是外加剂当中不容忽视的一种，它的掺加是极其必要的，不仅仅是为了降低施工的难度，更是借助引气减水作用增强混凝土抗冻能力，通过改善混凝土内部间隙组织结构，从而使其具有一定程度的抗裂能力，提高耐久性。

（二）实现综合温控

由于混凝土面板处于露天的环境之中，所以难免受到自然条件的干扰。譬如说在夏季高温天气，面板遭受烈日暴晒就会出现干缩龟裂痕，这时就要最好遮阳措施；遇到冬季寒冷天气时，要利用蒸汽将温度提高，避免冻伤破坏。混凝土面板的厚度是一定的，它对水化热的消散是没有太大影响的，然而混凝土面板承受不住大幅度的温度变化产生的拉应力，所以在采取具体措施时要注意温度控制问题，温差控制在 ±15℃内较为适宜。

（三）做好面板的养护

常说混凝土工程“三分建七分养”，混凝土面板也是需要养护的，由于它有自身独特的性质，所以对它的养护方法也要格外注意。一般来说，可以采用覆盖养护、滴灌养护法或覆盖＋滴灌综合养护法等，直至蓄水时才可以停止。据调查发现，很多工程当中，就是因为没有对面板做好养护工作，导致面板出现裂缝的状况，后期极难修补拯救。

四、现代管理技术

在混凝土面板堆石坝施工管理过程当中，应进行全方位的监控。除了建立健全传统的施工管理、监督控制体系，还可以借助 GPRS 移动信息技术、GPS 定位技术和视频监视技术，对工程建设的每一个环节进行及时的定位和追踪。此外，在监控的同时还应安装相应的报警系统，一旦出现问题，报警系统可以通过视频信息传递给相关负责部门。这样，不仅会减少纰漏、提高质量，还会给人身安全提供切实的保障。目前，该项技术已经在三峡大坝的二期工程当中受到重视。按照信息自动化应用技术的发展趋势，它将会出现在更多工程当中，从而得到广泛应用。

第五节　土工膜防渗体施工

一、土工膜

土工膜是一种基本不透水的材料。根据原材料不同，可分为聚合物和沥青两大类。为满足不同强度和变形需要，又有不加筋和加筋的区分。聚合物膜在工厂制造，沥青膜则大多在现场制造。制造土工膜的聚合物有热塑塑料（如聚氯乙烯）、结晶热塑塑料（如高密度聚乙烯）、热塑弹性体（如氯化聚乙烯）和橡胶（如氯丁橡胶）等。现场制造土工膜是在地面喷涂或敷一层冷或热的粘滞聚合物而成。沥青土工膜用的是沥青聚合物或合成橡胶。

二、复合土工膜

土工复合材料是两种或两种以上的土工合成材料组合在一起的制品。这类制品将各组合料的特性相结合，以满足工程的特定需要。不同的工程有不同的综合功能要求，故土工复合材料的品种繁多，可以说土工复合材料是当前和今后一段时期发展的大方向。而复合土工膜就是其中的一种。复合土工膜是将土工膜和土工织物（包括织造和非织造型）复合在一起的产品。应用较多的是非织造针刺土工织物，其单位面积质量一般为 200 ~ 600g/m。复合土工膜在工厂制造时可以有两种方法，一是将织物和膜共同压成；另外也可在织物上涂抹聚合物以形成二层（俗称一布一膜）、三层（二布一膜）、五层（三布二膜）的复合土工膜。

三、复合土工膜防渗结构设计

（一）复合土工膜规格选择

复合土工膜规格的选择与下垫层平整度、材料允许拉应力、材料弹性模量、铺设范围内的最大水头及覆盖层最大粒径等有关，土工膜厚度设计除应考虑主要由水压力要求的强度外，尚应考虑暴露、埋压、气候、使用寿命等应用条件，并按国家现行有关标准的规定确定设计厚度及实际厚度。

（二）复合土工膜材料的选择

国内外土工膜所用的原材料主要是聚乙烯（PE）和聚氯乙烯（PVC）两种。工程选料时，主要根据以下几个方面来选定合适的土工膜：

1. 力学特性

上述两种材料制成的土工膜的拉伸强度相差不大。PVC 膜与砂之间的摩擦系数明显大于 PE 膜与砂之间的摩擦系数，摩擦角平均至少大 5 ~ 6。这是一个关键性的指标，会影响到膜与土体接触面以及膜与其上保护层之间的滑动稳定性。

2. 可连接性

土工膜无论出厂时幅有多宽，在实际使用时仍需将其幅与幅之间连接起来，以成为一个整体的防渗膜体。一般 PE 膜只能用加热熔合的方式连接，而 PVC 膜除此之外，还可以采用特殊的粘合剂进行粘接。

3. 经济性

目前两种材料的价格大体相当，一般均在 10000 元 /t 左右，而 PE 的比重小于 PVC 的比重，所以同样厚度的情况下每单位面积的价格 PE 膜要少一些。另外 PVC 膜出厂时的幅宽一般为 1.5 ~ 2.0m，PE 膜幅宽可达 4 ~ 4.5m，相应地 PE 膜的接缝数量就比 PVC 膜的要少，因而搭接的用量就少一些，现场接缝的工作量也少一些。

综合这三个方面的优缺点，再结合工程实际情况，可以对膜材做出合理的选择。

（三）复合土工膜防渗体结构层设计

复合土工膜防渗结构自上而下依次为防护层、上垫层、防渗层、下垫层、支持层，由于坝体和库底土层为细粒土，整平夯实后可直接铺设土工膜，因此不再设下垫层。

（四）复合土工膜防渗结构稳定计算

土工膜以上防护层和上垫层沿土工膜表面的滑动。这种情况的抗滑稳定验算一般采用土力学中的极限平衡法。由于土坡有不同工况，验算需要按正常运行（即水位保持不变，堤坝内有稳定渗流和非常情况（通常指外水位由某水位快速下降到某一低水位）进行。对于非常情况，还有上垫层材料是透水和不透水之分，后一情况是当该层与膜的交界面处存在过高的孔隙水压力，使强度显著下降造成的，这是验算中的一种最危险的控制工况。由于土坡有不同工况，验算需要按正常运行，由于复合土工膜与土石介质间的摩擦系数及土石介质间的摩擦系数将影响防渗体的稳定，必须复核复合土工膜与坝坡、复合土工膜与保护层的抗滑稳定性。复合土工膜稳定性验算根据公式计算抗滑稳定安全系数：

$$K = f / \mathrm{tg}\alpha$$

式中　　K 为抗滑稳定安全系数；

f 为上垫层与土工膜之间的摩擦系数；

α 为坝坡坡角。

四、复合土工膜防渗斜墙的施工

（一）施工准备

（1）复合土工膜材料质量检测，使用前委托相关实验部门对产品的各项技术指标进行检测，各项指标需均符合标准规定和设计要求。（2）坡面应平整、密实、光滑，以防复合土工膜被刺破，要经监理工程师验收合格后，才可以铺设复合土工膜。（3）为了施工方便，保证拼接质量，复合土工膜应尽量采用宽幅，减少坝坡现场拼接量，施工前应根据复合土工膜幅宽、现场长度需要，在库内专用场地剪裁。

（二）复合土工膜的铺设方法

复合土工膜的铺设要求在平地先将 4m 窄幅拼接焊成 20m 宽幅，然后在坡面自上而下，垂直于坝轴线方向通幅铺设。坡面铺设在坡面验收合格后，从堤顶向堤脚沿垂直于堤轴线方向缓慢展铺到坡脚齿槽外顶处与库底土工膜丁字形相接。库底铺设在库底开挖验收合格后，从齿槽外顶向库内沿垂直于堤脚轴线方向缓慢展铺到库内 25m 处。铺设应在干燥暖和天气进行，为了便于拼接，防止应力集中，复合土工膜铺设采用波浪形松弛方式，富余度约为 1.5%，摊开后及时拉平、拉开，要求复合土工膜与坡面吻合平整，无突起褶皱，施工人员应穿平底布鞋或软胶鞋，严禁穿钉鞋，以免踩坏土工膜，施工时如发现土工膜损坏，应及时修补。

（三）复合土工膜的拼接

复合土工膜焊接质量的好坏是复合土工膜防渗性能成败的关键，所以务必做好土工膜的焊接，确保焊接质量。焊接前用电吹风吹去膜面上的砂子、泥土等脏物，保证膜面干净，在焊接部分的底下垫一条长木板，以便焊机在平整的基面上行走，保证焊接质量，正式焊接前，根据施工气温进行试焊，确定行走速度和施焊温度，一般掌握行走速度 1.5 ~ 2.5m/s，施焊温度为 220 ~ 300 C。拼接焊缝两条，每条宽 10mm，两条焊缝间留有 10mm 的空腔，用此空腔检查其焊缝质量。

（四）复合土工膜的锚固

复合土工膜的锚固分上部与坝顶的锚固，库底与防渗铺盖的锚固，铺设复合土工膜时将复合土工膜紧贴在沟内侧，在沟槽内夯填土。

第五章　混凝土坝工程

第一节　骨料源的选择及加工技术

一、骨料源的选择

水利水电工程一般混凝土工程量巨大，混凝土骨料料源的选择对工程质量和投资有直接影响。特别是水利水电工程的坝体属永久性工程，对混凝土质量要求极高，因此，混凝土骨料料源的选择也关系到工程质量和大坝安全。根据国内近年有关水利水电工程的经验教训，骨料料源选择研究工作是否充分，直接关系到工程建设能否顺利进行。料源选择的关键就是料源生产的骨料是否满足工程混凝土的要求。

（一）混凝土骨料的分类

用以拌制混凝土的砂、砾石或碎石称骨料，骨料在混凝土中起骨架作用。骨料按来源分为天然骨料和人工骨料，按粒径分为粗骨料和细骨料。粗骨料通常分为 4 个粒径级：5 ~ 20mm（小石）；20 ~ 40mm（中石）；40 ~ 80mm（大石）；80 ~ 120 或 150mm（特大石）。细骨料的粒径为 0.15 ~ 5mm，其粗细程度常用细度模数表示。

（二）骨料源选择的一般原则

1. 做好施工组织设计

在施工组织设计中，料场的选择往往是至关重要的一个章节，其选择合理与否直接关系到施工过程中的用料供应的及时性与可靠性，从而影响到工程的质量与投资，更影响到施工的总体布置方案所要考虑的物料运输问题及骨料加工厂的设置，因此，料场的选择必须因地制宜，依照不同的料源特点周密进行设计。

2. 做好料源的普查工作

对大、中型河川水利枢纽工程，一般情况在规划阶段就应该做好粗略的料源普查工作，在预可研阶段需进行初查，在可研阶段进行评查。如上所述，根据料源的分类，可以选择天然砂砾料源，也可选择由人工开采的原石料和加工的商品料及所开挖的渣石料。大、中型水利枢纽工程对骨料源普查要求在方圆 20km 范围进行，超过这一范围的天然砂石料价格将变得昂贵，专家普遍认为，骨料源宜在5km范围内甚为经济，而人工加工的商品料源则可扩大到50km方园。选择料源时，规划设计人员应充分听取勘测人员的意见，均要争取在不同设计阶段应满足设计要求，又不至投入更多的勘探工作量，而且其结论又基本满足要求。

3. 做好料源分析比较工作

（1）料源储量分析

为了满足工程所需的混凝土骨料及其他方面的安全需量，在预可研中，设计骨料源不应低于所需量的3倍，初设阶段不应少于需量的2倍。

（2）料源级配分析

对于料源场地距离较近，开采条件相对优越、质量甚佳、贮量相当需量60%以上的料场，均可直接用于料场选择比较，骨料级配是骨料中各大小粒径的含量组合比率。骨料级配是否合理，直接影响到水泥的用量和混凝土的性能。良好的级配要求骨料的孔隙率小，总表面积小。骨料级配不好时，需进行筛选或用人工骨料进行调配，再经试验进行确定。

（3）骨料的质量

混凝土的砂料需质地坚硬、清洁、级配良好、含泥量小于3%，细度模数以2.4 ～ 2.8为宜，含水量不大于6%。各级骨料的超逊径含量，以原孔筛检验，超径要小于5%，逊径要小于10%；容量大于2.55tm^3；吸水率小于2.5%；有机质含量浅于标准色，有碱性的骨料不宜使用。

（三）母岩的力学性能

一般来说，母岩的力学性能决定了骨料的力学性能。骨料的强度可用母岩的抗压强度和骨料的压碎指标表示。对制备骨料的母岩在《建筑用砂、石》（GB/T14685—93）中规定，采用直径与高均为50mm的圆柱体或长、宽、高均为50mm的立方体岩石样品进行试验，在水饱和状态下，其抗压强度应不小于45MPa，其极限抗压强度与所浇注混凝土强度之比不应小于1.5倍。在《建筑用卵石、碎石》（GB/T14685—2001）中规定在水饱和状态下，变质岩应不少于60MPa。由此，国家相应规范中似乎有提高岩石抗压强度的要求。《普通混凝土用碎石或卵石质量标准及检验方法》（JGJ53-92）要求骨料所起的骨架作用计算骨料的强度，一般要求相应的骨料母岩强度应大于混凝土强度的1.5倍以上，同时要求变质岩岩石抗压强度大于60MPa；但在《普通混凝土用砂石质量标准及检验方法》（JGJ53-2006）中认为岩石的立方体抗压强度应比所配制的混凝土强度高20%以上；而《水利水电工程天然建筑材料勘测规程》（SL251-2000）要求岩石抗压强度大于40MPa。有关岩石强度的要求，均没有找到相应的解释说明。国外对混凝土骨料的品质要求经过查阅美国的Standard Specificationfor Concrete Aggreagates（C33-01）和欧洲的Aggregatesfor concrete（BS EN12620：2002）规范，对岩石强度也没有提出明确具体的要求。

（四）压碎指标

《建筑用卵石、碎石》（GB/T14685—20012001）中将骨料分为三类，II 类宜用于强度等级 C30-60 及抗冻、抗渗或其他要求的混凝土，III 类宜用于强度等级小于 C30 的混凝土；不同类的骨料，其压碎指标不一样，II 类压碎指标要求小于 20%，而 III 类压碎指标要求小于 30%。例如，从锦屏工程混凝土标号 C18035 来看，宜使用 II 类骨料，从目前查到的规范来看，要求不大于 20%，而试验结果三滩 31# 为 27.3% 和三滩 5# 为 24.7%，骨料压碎指标均超出规范要求，但满足作为 III 类合格品骨料压碎指标 <30% 的要求。美国和欧洲规范中对压碎指标没有规定。

在我国的公路混凝土中对骨料还有一项指标“跌落损失”，也是一项比较重要的指标。

（五）骨料的坚固性

骨料的坚固性是反映骨料在外力、环境或其他物理因素作用下抵抗崩解的能力。《水工混凝土施工规范》（DL/T5144-2001）中规定配制有抗冻要求的混凝土的骨料坚固性不应大于 5%，无抗冻要求的混凝土的骨料坚固性不应大于 12%；在 2006 版《普通混凝土用砂石质量标准及检验方法》中认为，在严寒及寒冷地区使用，并经常处于潮湿或干湿交替的状态下的混凝土，其骨料的坚固性指标质量损失不应大于 8%，有腐蚀性介质作用或经常处于水位变化区的地下结构或有抗疲劳、耐磨、抗冲击等要求的混凝土用碎石或卵石，其质量损失也不应大于 8%。美国 C33-01 中对细骨料的抗硫酸盐测试采用五次循环法：侵蚀介质为 Na_2SO_4 时，平均质量损失不能大于 10%；采用 $MgSO_4$ 时，平均质量损失不大于 15%。如果细骨料供应方能够向买方或专家提供资料证实：当采用同一料场相似特性的细骨料拌制的混凝土应用于相似气候环境时，可以表现出满意的结果，这种情况下细骨料虽不能满足以上的要求，但仍可以使用。如果细骨料没有相关的使用记录，且不满足以上的要求，但满足以下要求时仍可使用：在混凝土的冻融循环试验（见试验方法 ASTMC666）中表现出较高的抗冻性。粗骨料也应适用这一说法。如，锦屏工程地处我国西南，一般常年温度应该在 0℃以上，在其耐久性要求中提出了混凝土抗冻指标要达到 F200。如骨料配制的混凝土性能满足 F200 的情况下，其坚固性指标可考虑采用≤ 12%。

（六）骨料品质中有不合格项的处理

从目前查阅的国内外规范来看，对骨料的品质指标都做出了比较明确的规定，但这些指标是否是必须全部满足才能用呢？在规范中基本没有给出强制性规定，一般在文字表述中采用“宜”、“应当”等。从不同的规范来看，这些指标值是不一样的。从骨料的实际检测工作来看，在不同的工程中使用的骨料其某些指标相差往往也是很大的。如美国对于骨料品质检验有不合格项的骨料，美国 C33-01 规范中有明确的说明，当粗骨料的检测值超出所限定的最大值，但满足以下要求时仍可以使用：供应方能够向买方或专家提供资料证实，在相同的气候和使用环境下，同一料场提供的粗骨料所拌制的混凝土能够达到预期的要求；有记录证实，由该骨料拌制的混凝土的相关性能可以达到设计要求。因此，从混凝土的性能来最终判断骨料是否可用是一个基本的常识。

（七）骨料的碱活性

水利水电工程骨料碱活性的检测依据《水工混凝土砂石骨料试验规程》（DL/T5151-2001）进行（同 ASTMC1293-1997）。根据该规程规定：当 1 年龄期时（40℃、100%RH 条件下）混凝土棱柱体的膨胀大于 0.040% 时，集料将被判定为碱活性的。另外还有一种方法——中国压蒸快速法，该方法是我国唐明述教授等提出的一种鉴定碱骨料反应的快速法。该法包括两个部分：一是针对碱硅酸反应的“小砂浆棒快速测长法”，该方法已被列为中国工程建设标准化协会标准，编号为 CECS48：93，并已被列为法国国家标准 NFP18--588；另一种是针对碱碳酸盐反应的“小混凝土柱快速测长法”。中国压蒸法的特点是在两天内就能得到试验结果。也有观点认为，该方法试验条件较苛刻，易产生过分的反应，但“只会错判，不会漏判”。虽然混凝土中的碱活性反应被称为混凝土的“癌症”，有点谈虎色变，实际上至今在我国发现确证由于碱活性反应引起的混凝土破坏的工程案例，尚没有看到。在试验研究中发现混凝土中粉煤灰的掺量达到 15% 或 20% 以上就可以有效的抑制骨料的碱活性。而我国无论过去还是现在，水工混凝土中粉煤灰的掺量一般都很高，现在常态混凝土一般在 30% 以上，碾压混凝土一般在 50% 以上，因此在这么高的粉煤灰掺量的情况下，要发生碱骨料反应也是很难的。因此，从这个角度来看，具有碱活性的骨料在水工混凝土中并不是一定不能用，必须结合工程实际情况进行综合考虑。实际上骨料的碱活性反应在混凝土中并不是没有好处的，如些微的碱骨料反应可改善混凝土中骨料和水泥浆体过渡区的性能，有益于混凝土性能的提高。

（八）混凝土性能对骨料品质的要求

选用骨料的一个重要因素就是用其配制的混凝土必须满足工程混凝土的设计要求，这也是对骨料的基本要求。在满足工程混凝土设计要求的基础之上，我们要考虑的混凝土性能，一般来说，应着重于以下 3 个方面：

（1）混凝土的抗裂性能，目前对混凝土抗裂性能的评价，有不同的评价方式，采用不同的评价方式可能结果有些差异。总的来说，通过混凝土的抗裂性能综合评价混凝土的质量，从而来判断骨料的品质，不失为一种好的方法。

（2）水工混凝土由于其体积巨大，又叫大体积混凝土，对混凝土的温度裂缝控制是一个重要议程。因此，混凝土的热学性能也是应考虑的一个重要因素。一般来说，灰岩配制的混凝土线胀系数比较小，白云岩配制的混凝土线胀系数较大。线胀系数小有利于混凝土的温度裂缝的控制。

（3）混凝土的耐久性，前面论述的骨料坚固性实际上也是评价骨料耐久性的一种方法，而混凝土的耐久性也有其耐久性的特有评价方法，如常用的抗冻性、抗渗性等。

实际工作中，对于料源的选择不能用简单的几句话就能够说清楚的。对于水利水电工程来说，这也是一项系统工程。前面只是从工程材料的角度以及工程混凝土的设计角度对骨料品质要求进行了简要的阐述，实际上，料源的选择还要考虑的因素很多，如料源骨料的储量、加工性能、运输、经济性核算等等，而加工性能又包括成品的粒形、加工的能耗以及破形机器的选择等等许多方面的内容，限于篇幅，在此不做阐述。总之，骨料料源的选择是水利水电工程中一项非常重要的工作，其直接关系到工程混凝土的质量以及大坝的安全，同时也是工程能否按计划和设计要求建设完成的一项重要保证。

二、骨料的加工技术

（一）再生骨料的概念

再生骨料的概念是随着社会的发展而发展的。随着人们可持续发展观念的增强与科学技术的发展，越来越多的固体垃圾能被循环利用，其中绝大部分成为再生骨料。这些用于生产再生骨料的材料除废弃混凝土外，还有碎砖、瓦、玻璃、陶瓷、炉渣、矿物垃圾、石膏，此外还有废弃塑料、废弃橡胶、轮胎、木材、废纸等。可见，经特定处理、破碎、分级并按一定的比例混合后，形成的以满足不同使用要求的骨料就是再生骨料（recycled aggregate）。而以再生骨料配制的混凝土称为再生骨料混凝土（recycled aggregate concrete），简称再生混凝土（recycled concrete）。相对于再生混凝土而言，用天然骨料配制的混凝土叫天然骨料混凝土（raw aggregate concrete），简称混凝土（concrete）；而将用来生产再生骨料的混凝土称为基体混凝土（original concrete），也有人称之为原生混凝土。

（二）再生骨料的分类

1. 再生骨料的来源及按来源分类

废弃混凝土和废砖石块是建筑垃圾的主要组分，共约占建筑垃圾的 80%（以质量计）以上。因此，可按来源把再生骨料分为三大类：废弃混凝土骨料、碎砖骨料和其他骨料（主要指轻质再生骨料）。

（1）废弃混凝土骨料。废弃混凝土骨料是废弃的混凝土块经破碎、分级并按一定的比例混合后形成的骨料。废弃混凝土骨料是目前研究和应用最多的再生骨料，主要用于再生混凝土制备。

（2）碎砖骨料。过烧砖、坏砖和建筑物建造或拆除中产生的碎砖块，可以作为地基处理、地坪垫层等的材料，也可制备粗骨料用以拌制混凝土。试验表明，当用人工破碎、质量良好的碎砖块作为粗骨料，砖的平均抗压强度为 36.7MPa。水灰比 W/C=0.54 ~ 0.88

时，碎砖混凝土的抗压强度达 22 ~ 42MPa；与相同强度等级的普通混凝土相比，其抗拉强度约大于 11%，密度约小于 17%，弹性模量约小于 30%。碎砖骨料（recycled brick aggregate）配制强度较低的混凝土（recycled brick aggregate concrete）已经用于承重和非承重结构中。

（3）其他再生骨料。竹木材、塑料、橡胶等物质经处理后，可以在混凝土构件中部分代替细骨料使用。人们已用废弃的塑料、玻璃、玻璃纤维等颗粒状材料替代部分砂用于混凝土构件。有人把由木材等轻质再生骨料生产的混凝土骨料称之为轻质再生骨料（light recycled aggregate），用这种骨料配制的混凝土称之为轻质再生骨料混凝土（1ight recycled aggregate concrete）。

2. 再生骨料的粒度及按粒度分类

利用建筑垃圾制备再生骨料的关键在于再生骨料的粒度特征。粒度不同的再生骨料有着不同的性质，也有着不同的用途。参照普通混凝土骨料的分类方法，根据 JGJ52—92《普通混凝土用砂质量标准及检验方法》和 JGJ53—92《普通混凝土用碎石和卵石质量标准及检验方法》规定，可以把再生骨料分为粗骨料、细骨料和微粉。

（1）再生粗骨料。粒径大于 5mm 的颗粒为再生粗骨料，一般为表面包裹着部分水泥砂浆的石子，小部分是与砂浆完全脱离的石子，还有极少一部分为水泥石颗粒。

（2）再生细骨料。再生细骨料的粒径尺寸范围为 0.08 ~ 5mm，主要包括砂浆体破碎后形成的表面附着水泥浆的砂粒、表面无水泥浆的砂粒、水泥石颗粒及少量破碎石块。

（3）再生微粉。即粒度小于 0.08mm 的再生微细颗粒（也有人认为小于 0.15mm 的微细颗粒为微粉），主要是在破碎过程中，由水泥浆等易粉碎物料所产生。

3. 再生骨料按用途分类

按照再生骨料的用途可分为制备混凝土再生骨料、制备砖和砌块等墙材再生骨料、制备水泥再生骨料。

（1）制备混凝土再生骨料：这是目前再生骨料应用研究最深入的方面。美国、日本和欧洲等发达国家在利用废弃混凝土制备再生骨料和再生混凝土研究方面走在世界的前列，并取得一些成功的应用。并且，还对再生混凝土的性能做了系统性的研究和试验。

（2）制备砖和砌块等墙材再生骨料：目前，我国已研究出利用再生骨料制备了新型高利废墙体砖，其合理配合比为：建筑垃圾粉料 20% ~ 30%、再生骨料 45% ~ 55%、电石渣 10% ~ 15%、石灰 5%、改性剂 5%。其中，建筑垃圾粉料、再生骨料总用量可达到 70% ~ 80%，具有较好的实际效益。

（3）制备水泥再生骨料：韩国已成功开发出从废弃混凝土中分离水泥，并使这种水泥能再生利用的技术。据称每 100t 废弃混凝土就能够获得 30t 左右的再生水泥，这种再生水泥的强度与普通水泥几乎一样，有些甚至更好，符合施工标准。

4. 再生骨料按质量等级分类

日本以吸水率和坚固性作为再生骨料的指标，把再生粗骨料分为 3 类，再生细骨料分为 2 类（不考虑冻融耐久性）。

5. 再生混凝土骨料的性能

通过将废弃混凝土破碎、分级并按照一定的比例进行混合而形成的骨料被称为再生骨料或再生混凝土骨料。采取某种工艺对部分或全部再生骨料加以利用而形成的混凝土，称为再生骨料混凝土，简称再生混凝土。从再生混凝土方面来说，其用来生产再生骨料的原始混凝土通常称为基体混凝土，也可称为原生混凝土。可以通过对再生混凝土骨料采取特殊处理后进行分级，按照一定的混合比例来配制满足不同性能和使用要求的混凝土骨料。

（1）堆积密度和表观密度

再生混凝土骨料由于来源于母体混凝土，在其表面存有一定数量的水泥砂浆，表面一般比较粗糙，且存在棱角。因此其水泥砂浆的孔隙率大、吸水率较高，再加上混凝土在解体、破碎时会造成再生骨料内部大量的裂纹出现，最终导致再生骨料的堆积密度和表观密度比普通混凝土骨料低、吸水率高。由此可知，再生混凝土骨料的堆积密度、表观密度及吸水率主要与母体混凝土的强度等级、配合比、使用时间等因素有重要的关系。

（2）压碎指标

再生骨料的压碎指标是表示再生骨料强度的一个重要参数。再生粗骨料由于受到本身特性的影响，导致再生骨料的压碎指标高于天然骨料的压碎指标。再生骨料的特性与母体混凝土有关，因此，其强度和加工破碎方法与压碎指标具有密切的关系。母体混凝土强度越高，混凝土再生骨料的压碎指标也就越高；水泥浆体和砂浆在加工过程中脱落的越多，压碎指标越小。

（3）吸水率

再生骨料中的水泥砂浆含量及机械破碎造成的损伤程度对再生骨料的吸水率有很大的影响。砂浆含量越高、内部的微裂纹越多，则再生骨料的孔隙率高、吸水性大。同时，母体材料强度、组成及气候条件在一定的程度上对吸水率也有影响，此外，再生细骨料比再生粗骨料的吸水率高。

6. 几种再生混凝凝土骨料的加工方法

混凝土再生骨料加工方法一般有机械破碎法，近年来随着科学技术的进步，其他方法也随之产生。

（1）常规加热法

将适度大小的混凝土废料块加热到 50℃左右约 2h。通过热膨胀所产生的热应力，使混凝土废料发生断裂，进而使用机械破碎方法除去砂浆，获取再生混凝土骨料。这一方法的缺点是耗时长，而且由于混凝土废料受到均匀的缓慢加热，粗细骨料温度也一并上升很高，从而改变了骨料的力学性质，导致获得的再生混凝土骨料品质降低，影响由此生产的出的再生混凝土性能。

（2）机械破碎法

这种技术是使用机械力碾压破碎混凝土废料，去除砂浆获得再生混凝土骨料的方法。在国外，这种方法使用了两种碾压设备：转子偏心轴和机械研磨。但是使用这种方法碾压获得的骨料除去旧砂浆不彻底，而且耗能大，破碎过程中会使骨料内部的微裂纹增加，严重影响再生骨料的品质和后续生产出的再生混凝土质量。

（3）酸浸破碎法

这是近年来国外学者提出的一种新方法。将混凝土废块预浸在0.1M酸性溶液中24h，通过化学反应除去粗骨料周围的砂浆体。用这种方法获得的再生混凝土骨料的吸水率较低，范围在7.27%～12.17%之间，有较好的质量。主要缺点是经盐酸和硫酸处理后的再生骨料中氯化物和硫酸盐含量的增加可能会导致耐久性下降，并且处理后的酸液污染环境，难以处理。

（4）化学机械加工法

这也是国外学者建议的方法，实质是使用组合化学降解，将混凝土废料块接触硫酸钠溶液，并使用机械应力使砂浆通过冻结与解冻剥离，进而获得再生混凝土骨料。这一方法多用于再生骨料分类，不适合于大规模再生骨料的生产。

为了满足基础建设事业的健康持续发展，人们经过研究提出并发展了从拆除建筑物产生的混凝土体中加工再生骨料，生产再生混凝土，从而有效保护自然环境的方法。目前再生混凝土已在一定程度上取代了原生混凝土，产生了良好的经济和社会效益。

在推广使用再生混凝土的过程中，人们也发现了一些需要研究解决的问题，其中主要有改善再生混凝土的性能、寻求高效快速的混凝土再生骨料加工技术，以及利用混凝土加工再生骨料的速度和效率。再生骨料的质量是制约再生混凝土应用的关键因素，因而研究快速高效的混凝土骨料加工技术与方法具有重要的工程意义。

第二节　钢筋与模板工程

一、钢筋工程

如今，随着我国城乡一体化进程的不断发展，建筑业的辉煌时期也逐步地到来，在建筑工程施工的过程中，钢筋质量对工程质量的影响占到了很大的比例，也给工程造成了很大的质量安全隐患，因此必须对钢筋混凝土工程中的钢筋工程进行控制和管理。要想保证钢筋工程的施工质量，首先必须确保钢筋工程的原材质量，杜绝使用各种不合格钢材以及瘦身钢筋等等，与此同时，钢筋工程的绑扎、焊接、机械连接的各种连接质量必须进行有效的控制，避免在这些部位出现薄弱区，钢筋工程施工过程中容易受到各种因素的影响，因此对钢筋工程必须统筹考虑，规范各种施工行为，确保工程质量。

（一）钢筋工程概述

钢筋混凝土工程中的重要组成部分就是钢筋工程，钢筋工程主要的作用是抗拉和抗剪切，避免混凝土结构拉裂破坏。钢筋工程作为隐蔽工程中的重要组成部分，一旦浇筑完毕混凝土，就无法再进行处理和修补，因此事前对钢筋工程的施工质量进行控制具有十分重要的现实意义。整个钢筋工程主要包含原材的下料、钢筋的加工、钢筋的绑扎和安装等等，因此在施工质量控制中必须对每一个环节进行细致周全的控制，只有这样才能够保证工程的建设质量。

1. 钢筋工程的特点

影响钢筋工程质量的因素很多，这主要与钢筋工程的特点密切相关，钢筋工程由于大都在室外露天的环境中进行且其施工的过程复杂，因此在施工的过程中稍不注意就会产生质量隐患。在钢筋工程施工的过程中，钢筋绑扎，钢筋原材处理、钢筋加工、钢筋的隐蔽及保护等环节都会对钢筋工程的质量产生影响；如果算上设计的原因，设计的尺寸偏差等也会造成严重的质量隐患。由于钢筋工程施工主要是在露天的环境中进行，因此容易受到天气的影响，同时钢筋工程操作人员的流动性也较大，使得钢筋工程的质量控制难度加大。在钢筋工程隐蔽验收的过程中，如果验收人员把关不严，将存在质量安全隐患的钢筋工程判为合格，同意其隐蔽，那么在接下来的施工中会存在严重的隐患，使得工程的整体质量存在隐患。

2. 钢筋工程质量管理现状

当前，很多施工单位喜欢将箍筋等零碎钢筋加工的工作承包给施工场外的加工厂，这主要是因为以下两种原因：

（1）施工现场的场地不足，不能够搭设有效的箍筋和拉结筋的加工场地。

（2）将箍筋、拉结筋等钢筋制作外包给外面的钢筋加工场可以减少工程成本，如果在现场进行箍筋的加工和制作，需要支付额外的钢筋加工费用，如果外包，则直接支付钢筋的费用即可。

因此，出于以上两个考虑，施工单位一般原来把箍筋、拉结筋等钢筋制作外包给外面的钢筋加工场。但是这样做容易留下安全隐患，钢筋加工厂之所以降低造价进行生产和加工，必然会对箍筋的质量有所控制，一类是钢筋加工厂通过低价赢得加工的任务，转而使用低价的劣质钢筋进行生产和加工，这样他们才能盈利。另一类是钢筋加工厂非但不收取施工单位的钢筋加工费，还向施工单位缴纳一定的加工费用，这样做的话加工厂主要是采用提高钢筋的冷拉率，缩小箍筋的弯钩长度来减少钢筋的用量。

（二）钢筋工程施工

1. 柱钢筋施工操作要点

在框架柱的主筋连接之前，先将柱箍筋套在插筋上，主筋连接完毕后，在主筋上标注分档线将箍筋就位绑扎。

在框架柱钢筋绑扎过程中，采用四次定位：第一次：浇筑柱子混凝土前，在柱模上口，套上钢筋定位框，进行第一次定位，此框在混凝土浇筑完后取下。

第二次：在浇筑梁板混凝土前，用粗铁丝将短钢筋头与梁、柱主筋绑牢，以此对柱主筋进行第二次定位，此短钢筋浇筑在混凝土内。

第三次：在梁板上方约 50mm 处，用钢筋定位框对柱筋进行第三次定位。

第四次：在板上放线后，检查每根柱筋，若有位移应按 1 ∶ 6 比例进行调整到位。

2. 梁、楼板（楼梯）钢筋绑扎

（1）施工顺序

主梁钢筋→次梁钢筋→短向楼板下筋→长向楼板下筋→楼板负弯距筋→楼板分布筋（架马凳）→绑扎楼梯钢筋→检查。板上筋为通长钢筋时，绑扎完下筋后，先绑扎长向楼板上筋，再绑扎短向楼板上筋。

（2）操作要点

楼板模板支好后，在顶板上按图纸间距要求弹出楼板钢筋纵横向位置线。绑扎主次梁钢筋，并入模就位。

楼板钢筋保护层控制采用细石混凝土垫块，间距≤ 1000mm，呈梅花型布置。

楼板马凳采用准 12 钢筋制作，间距 1500mm。钢筋绑扎成型后搭设人行走道，防止直接在钢筋上面行走造成板筋塌陷，并派专人在混凝土浇筑时检修。

梁上预留套管时需实施补强措施，即在洞口上下增加 2 准 16 钢筋，钢筋长度为 L=D+80d（其中 D 为预留套管的直径，d 为钢筋直径），此加强钢筋按平行与梁的长度方向放置。

双向板的短跨主筋应设在长跨主筋的外皮。楼板钢筋在洞口尺寸≤ 300mm × 300mm 时洞口处不宜断开，待管道安装完成后井道内楼板用比板高一强度等级的微膨胀细石混凝土灌实。

（三）钢筋工程质量控制流程

钢筋工程在钢筋混凝土工程中主要起到抗拉和抗剪的作用，而混凝土结构抗压强度高但是抗拉强度很低，需要与钢筋协同工作才能发挥其优势，因此钢筋工程的质量控制具有十分现实的意义，在钢筋工程加工的过程中，主要包括钢筋加工准备、技术交底、钢筋下料、钢筋绑扎安、钢筋工程评定、钢筋工程资料整理等。

1. 钢筋施工的准备工作

（1）对钢筋加工的图纸进行交底和学习

施工现场的项目管理人员必须对钢筋工程的内容进行交底，并且组织相关人员学习有关的规范、规程或规定，在指导施工过程中做到有据可依，详细查阅结构图纸，并与建筑及水电等专业图纸对比，做深入细致的研究，提前分析确定施工中的难点及需要着重注意的部分。

（2）对钢筋原材的检验报告等资料进行收集

钢筋入场是必须提供钢筋生产合格证，质量检测报告等相关的证明文件，并且在监理工程师的见证下进行取样送检，取样的数量符合法定的要求，即：每 60t 为一批，经过复检合格后才可以使用。

2. 认真的落实技术交底

在钢筋加工之前必须进行技术交底，技术交底一般由施工单位技术负责人进行交底，主要是技术负责人对现场的技术人员进行交底，现场技术人员对负责钢筋工程的班组进行交底，交底的内容必须有针对性，确保交底完成后，操作工人能够明白钢筋如何进行加工、钢筋加工和安装过程中质量控制的重点在哪里等。

3. 钢筋下料成型

（1）钢筋下料的准备工作

在钢筋工程下料前，必须按照图纸的相关要求，对钢筋的各种构配件的尺寸，洞口位置等进行明确，然后根据钢筋工程图纸的配料图示画出各种下料简图，并填写钢筋配料单，配料单上要标明分项工程名称、构件型号、简图、注明尺寸、钢筋级别等。

（2）钢筋加工

钢筋的加工主要包括两大部分：

①刚进的额除锈，在钢筋工程加工前必须对钢筋上面的锈蚀进行清除，除锈的方法主要有钢筋调直除锈、钢筋除锈机除锈、酸洗除锈等。

②对钢筋进行调直，钢筋调直的作用主要是节约钢材，同时提高钢筋的抗拉强度和屈服强度，钢筋调直合格的基本要求就是钢筋平直无弯曲，同时钢筋的表面没有损伤裂纹出现。

4. 现场绑扎安装

（1）现场绑扎的准备工作

钢筋的绑扎主要是根据部位的不同划分不同的绑扎标准，在梁、板、墙等钢筋处必须按照不同的要求进行绑扎。一般来说，钢筋绑扎必须首先核对成品钢筋的级别、直径、形状、尺寸和数量等应与料单相符；配备合适的铁丝以及保护层垫块等工具；在进行绑扎前，必须对模板中的杂乱物件进行清理，并且弹出钢筋的位置线；柱的钢筋在两根对角线主筋上划点；梁的主筋应在架立筋上划点，基础的钢筋，在两向各取一根钢筋划点或垫层上画线。钢筋绑扎的接头必须分开布置。

（2）现场绑扎

钢筋的现场绑扎主要分为墙筋、梁板、柱的钢筋绑扎。绑扎墙筋时，钢筋有90鬌弯钩时，弯钩应朝向混凝土内；采用双层钢筋网时，在两层钢筋之间，应设置撑铁以固定钢筋的间距；墙筋绑扎时应掉线控制垂直度，并严格控制钢筋间距。应注意板上部的负钢筋要防止被踩下，特别是雨棚、挑檐、阳台等悬臂板，要严格控制负筋位置及高度；板、次梁与主梁交叉处，板的钢筋在上，次梁钢筋在中层，主梁的钢筋在下，有圈梁时，主梁钢筋在上。

5. 资料整理

由于钢筋工程属于隐蔽工程，因此在进行隐蔽之前必须进行隐蔽检查，检查形成的各种资料必须认真的留存，只有这样才能在事后的检查中留有依据，否则无法实现各种资料的闭合。同时施工资料整理的过程中必须注意留存各种钢筋原材进场的合格证及证明文件，需要进行复检的需要将各种复检的报告张贴在后面，并配有良好的钢材复检台账。通过这一系列资料的留存，可以在建筑工程出现问题的时候有资料可查，直接找出问题的原因所在。

（四）钢筋工程质量控制要点

1. 钢筋的检查

钢筋工程的检查主要包含两大部分，一部分就是在钢筋原材进场时，必须检查钢筋的出厂质量证明、出厂合格证以及各种检验报告。同时钢筋目测后应没有过大的弯曲，其表面不能出现裂纹和油污。符合进场要求的钢筋赢按照规范规定的抽检批次进行钢筋性能的抽检，主要有机械性能以及力学性能两部分，只有这两部分检测报告俊合格才能真正用于工程施工之中。

2. 钢筋的保管

由于钢筋在空气中容易产生锈蚀，因此对于钢筋必须进行妥善的保管，一般来说进场的钢筋必须安放在制定的钢筋棚中，钢筋下方必须通过木垫块加高，加高的高度在200mm左右，同时在钢筋的四周不能存在积水，因此必须在周边设置排水明沟，做完上述任务后，必须将钢筋规格、钢筋的批次以及钢筋的使用部位等用木板标记树立在钢筋前面，以便钢筋工人能够清除的识别各种部位的钢筋。

3. 钢筋加工的质量控制

钢筋工程质量控制中最重要的一部分就是钢筋加工质量的控制，钢筋的加工主要包括钢筋的下料、钢筋的绑扎、焊接、机械连接等方面，规范对钢筋加工的要求都有详细的论述，因此在加工的过程中必须按照图纸和规范进行施工。

钢筋工程作为钢筋混凝土结构中的重要组成部分，其质量控制的好坏将直接的关系到工程最终的质量，目前我国建筑工程质量存在很大的偏差，既有质量十分好的工程，也存在一些质量差的工程，加强对钢筋工程的管理与控制是提高钢筋混凝土工程质量的重要途径之一。钢筋工程由于群体性、固定性、单一性、协作性、隐蔽性、复合性和露天性等特点，其工程的质量控制难度较大，因此必须在事前对钢筋的原材质量进行控制，同时在加工过程中对操作人员进行认真地交底和培训，最后在隐蔽验收的时候对工程进行认真的检查和把关，只有这样，才能真正提高钢筋工程的建设质量。

（五）钢筋工程施工质量监理

1. 钢筋工程施工质量监理的重要性

当前建筑基本都是钢筋混凝土结构，混凝土具有较强的抗压强度和粘结力，而钢筋混凝土结构具有较强的抗拉、抗压强度，将它们结合起来就能有效提高性能以共同承载外部的载荷。其中钢筋结构主要承担外部拉力，如果其质量出现问题，将严重影响建筑工程的外部弯矩，导致整栋建筑的承载能力下降，从而影响整个建筑工程的质量。因此，在钢筋工程施工过程中应当提高重视度，加强对钢筋工程施工质量的监理，创新施工工艺和技术，为建筑工程施工质量提供基础保证。

2. 钢筋工程施工质量的监理要点

（1）原材料质量监理的分析

钢筋原材料的进场必须具备产品合格证书和出厂检验报告。首先要认真核查产地、批号、规格是否与合格证相符，品种、级别、数量以及物理和化学性能指标是否在出厂检验报告上填写完整；其次检查钢筋的外观质量，钢筋外观应平直、无损伤，不得有裂纹、片状、油污、颗粒状或片状老锈等；钢筋进场之后必须按照抽样检验方案的标准进行复验，经复核合格后方可使用。同时应当在钢筋运输和储存时，做混凝土地坪、砖砌钢筋堆放墩墙，不得损坏标志，用木牌标明钢筋直径、级别、产地，堆放整齐，避免锈蚀或油污，设专人管理并建立完善的出入库管理制度。这样才能从源头上保证建筑的施工质量。

（2）钢筋加工质量监理要点的分析

主要表现为：①钢筋调直。一般采用冷拉方法与机械方法。当采用冷拉方法时，HPB235 级钢筋不能大于 4%。对 HPB235 级钢筋成型的箍筋随机取样检查箍筋内径尺寸，误差应当控制在 5mm 的范围以内。②钢筋除锈。施工单位可根据设备条件选择：钢筋除锈机除锈、钢筋调直中除锈、人工除锈和酸洗除锈等。钢筋表面应洁净、无损伤，油渍、湖污和铁锈等应在使用前清除干净。如果锈是深褐色或者黑色的，钢筋表面有颗粒状或者片状的现象，钢筋除锈后仍有麻点状，这样的钢筋不能使用。如果铁锈是红褐色的，并且在钢筋的表面有粉末状的铁锈，这样就会严重影响到钢筋与混凝土的粘结力，清洗干净即可使用。③吊筋弯曲角度控制。施工人员需要在水泥地面上弹出该梁吊筋处的实际尺寸墨线，先制作成型一根样品，然后放在墨线上进行对比检查，检查吊筋和相邻钢筋的位置关系是否合适，检查吊筋的弯起角度有没有达到设计的要求等。最后，按照吊筋样品进行加工。在施工中对楼梯踏步段的主筋也要作一样的要求。④机械接头。施工开始时及施工中应当对每批钢筋进行接头工艺检验：每种规格钢筋需要有取自同一根钢筋的接头试件和母材试件，并且均不得少于 3 个。外露丝扣两端相等并且不大于一个丝扣，接头的质量也必须符合 JGJ107 钢筋机械连接通用技术规程的规定范围。⑤工艺质量要求以及外观检查。直套筒挤压接头：在进行挤压后，套筒长度应当是原长的 1.1 ~ 1.15 倍的大小；压痕处套筒的外径的大小范围应该是原来外径的 0.8 ~ 0.9 倍。⑥钢筋焊接。先对所用焊剂、焊条等焊接工具进行检查，这就需要承包方提供质量保证书、产品合格证、出厂检测报告等相关质保文件，焊接所用的材料要符合设计要求。在成批焊接旌工前先要做好样品，这样可以参照施工。焊接时需要注意检查焊接电压、电流、熔锻时间等，每批钢筋焊接完成后应当根据规范要求进行严格检查，逐根检查每个对焊接头的外观和质量。

（3）钢筋绑扎安装质量监理要点的分析

主要表现为：①钢筋绑扎分为三个阶段进行，即：准备阶段、操作阶段和检验阶段。钢筋安装绑扎时，需要保证钢筋的级别、尺寸、规格、数量、间距、位置、节点构造、锚固长度、连接接头和保护层的厚度等达到要求。在准备阶段需要先熟悉施工图和配筋图，同时明确各部位的做法，还要进行核对规格直径、形状、数量和尺寸。清扫干净绑扎的地点，弹出构件的中线、边线、预留洞口线以及钢筋的位置线。②钢筋安装施工质量的监理。在安装的时候，要首先保证安装钢筋的级别、规格和建筑的标准相同。但在实际工作中，还会有各种各样的问题存在，这就需要工程管理人员及时的调节和处理。如钢筋的安装顺序与穿插顺序，在主梁和次梁相交时，应该将次梁钢筋放置在主梁钢筋的上面，主梁钢筋要放置在支柱主筋的内部，相交处需要加设吊筋和加密箍筋，从而提高钢筋的力学性能。具体来看：在连接的接头处需要连接区域内通过纵向的受力钢筋面积率小于或等于 50%，绑扎钢筋的链接区段纵向受力钢筋的面积率则要小于 25%，其内不能有对接的焊头，而且还应当相互的错开；要确保基础钢筋的箍筋直径小于支柱钢筋直径：在插筋的过程当中需要确保位置规范，并使它保持稳定，当有梁垫或圈梁的时候，主梁钢筋需要在梁垫和圈梁的上面。

钢筋工程施工质量监理对于整个项目工程施工具有重要影响，因此在钢筋工程实际施工中应该严格按照技术要求实行操作，加强对其质量监理。并且只有加强对其事前预控、过程检查、强化验收，并准确运用科学的检查手段和方法，从而保证钢筋工程质量。

二、模板工程

（一）模板工程概述

1. 模板工程主要作用分析

建筑工程混凝土结构施工离不了模板工程，可以说模板工程是建筑主体结构施工质量的保证，对混凝土施工质量、进度、成本等都具有直接的影响。模板工程是建筑主体结构施工中工期最长、施工成本较高的项目之一，模板工程主要包括模板设计、制作、安装、质量控制以及拆除等几个方面，需要综合考虑模板质量、施工进度、施工成本、安全简易度等方面，确保模板配料方案的合理性。

在确保施工质量与安全的基础上，尽可能地降低模板材料等资源投入，控制施工成本。

2. 模板工程施工技术要求

建筑混凝土主体结构施工过程中，基于模板工程对施工质量的重要作用，为了保证施工工期、质量、安全以及成本，对模板工程施工技术提出了以下几个方面的要求：（1）保证混凝土结构及其构件的位置，也就是严格控制模板的标高、平面位置、截面尺寸以及形状，严格地按照设计图纸进行相关参数的配置；（2）保证模板具有一定的稳定性，其刚度、强度等必须满足工程施工要求，确保模板能够承受混凝土结构施加的侧压力以及结构自身重量，同时模板还需要能够承受施工过程中，由于施工操作、设备振动等引起的荷载力，特别是混凝土振捣施工中，需要确保模板承受极限大于振捣施工荷载；（3）模板工程需要具备结构简单、操作性强等特点，保证模板安装与拆卸的简易性，同时又必须要能够满足混凝土浇筑、养护等各个方面的要求。理论上来说，结构越简单，模板自重也就相对越少，这对节约模板材料，推动模板大规模机械化操作创造条件，是保证施工进度的有效措施。（4）对于模板接缝，应该保证接缝的严密性，及时的处理不符合要求的接缝，处理的方式包括薄铁皮、塑料布、油毡等，确保模板接缝位置不会在混凝土浇筑中发生漏浆现象。

（1）模板工程技术的重要性

水利工程施工中模板工程的系统包含了模板与支撑这两大部分。让混凝土与模板直接地接触，可以使混凝土与结构构件设计的尺寸、空间位置和形状的要求相符合。而支撑系统是用来支撑模板的，它能够有效保证模板的位置正确，而且能够承受钢筋混凝土、模板和施工的荷载。如若模板的本身并不牢固，其接缝也不严密，就很容易使得混凝土发生漏浆的现象，从而造成混凝土的蜂窝麻面，甚至减弱混凝土强度。而假如支撑不牢固的话，在混凝土的浇捣过程中就容易使得模板产生错位、变形，使得结构构件的位置和尺寸发生偏差，更严重的话甚至会导致倒塌事故的发生。所以，施工模板的制作和安装有着极其重要的地位，必须保证其达到规定的质量要求。

（2）模板工程的相关材料

模板有着足够的刚度、强度以及稳定性，能够可靠地承受所规定的各种施工的荷载，而且保证模板的变形是在允许的范围之内。模板的表面要求必须平整光洁、接缝密合，不会漏浆。所以应该要选用和混凝土的结构特征、浇筑方法以及施工条件等各方面都相适应，并且结构面较大的模板和模板支架。除此之外，内倾模板和竖向模板都应该设置选购的外部栏杆与内部撑杆，从而保证模板的稳定性。而且支架立桩必须在两个相互垂直的方向上加以固定和审实。

（3）模板工程安装时的基本要素

模板以及它的支撑都必须要有足够的刚度、强度与稳定性，而且支撑部分也必须要有一定的支撑面积。假如模板安装在基土之上，那么基土就必须要坚实，还要加垫支撑板，这样才能保证模板的接缝处不会漏浆。假如有预埋件，就必须要安装牢固，其位置也必须要正确。如果在雨季施工，就必须要有排水的措施。在浇筑混凝土之前，必须清理干净模板里的泥土和杂物。模板的截面尺寸和位置也必须要符合相关的设计要求。

（二）钢筋模板工程的施工技术

1. 钢筋材料及其存放

（1）严格控制钢筋的原材料质量

钢筋在进场之前必须要有产品的出厂合格证，而且要经过复检试验，并提出试验的报告，只有证明了钢筋的技术数据与我国现行的技术标准相符合，才可以进行验收。假如产品没有出厂合格证或者是抄件的手续不符合规定，又或者材料和证明不相符合，批量也不清楚，那么这些钢筋都不能进行验收，更是严格禁止使用。

（2）钢筋材料的存储要求

钢筋作为原材料需要堆放在料棚或者仓库里面。如果不具备仓库和料棚，就应该要堆放在较为平坦、土质坚实、地势较高的露天场地内，而且在四周要挖掘排水沟或者形成一定的排水坡，从而有利于泄水。在钢筋垛下则要垫枕木，使得钢筋离地不小于 20cm，又或者用堆放架来堆放钢筋，还有利于来区别钢筋不同的牌号和等级，也有助于存取。

2. 钢筋的连结

钢筋的连结可以分为机械连接、焊接或者绑扎搭接。机械连接和焊接的接头类型与质量都需要符合国家现行的有关规定。而受力钢筋接头应该设置在受力比较小的地方。同一根钢筋之上应该少设一些接头。

3. 严格地控制混凝土的原材料质量

用于工程之中的水泥，必须要有所生产厂家出示的品质试验报告与出厂合格证明，而且使用单位也要再次进行验收的检验，在必要的时候，复检也是在所难免的。除此之外，水泥还应该按照标明的生产厂家的出厂批号与品种强度等级来分门别类，整齐摆放，不能混放。钢筋混凝土的原材料只有在检验合格之后才可以投入使用，而且用于混凝土搅拌的计量器必须要计量准确。在每次计量之前，对计量的设置进行零点的效核都是必要的，而且只有取得了开仓证明之后才可以浇筑混凝土。

4. 加强混凝土的施工质量的控制

（1）聚合物水泥砂浆类材料

水泥砂浆在混凝土建筑的修补工程中有着广泛的应用，它是建筑物防腐、防冻、防渗的重要材料，也是施工方便、性能可靠而且经济的修补材料。由于水泥砂浆的化学性能与机械性能都远远优于其他的胶乳，如今已经被列入相关的施工规程与设计规范，并在提高施工的速度和质量方面有着重要作用。

（2）新型灌浆材料

目前，我国新型的化学灌浆材料主要是利用聚氨酯与环氧树脂在充分的条件之下制备出来的。这种化学灌浆材料具备了聚氨酯与环氧树脂两种化学物质的性能和优点，不仅凝结时间可以调控、变形性好、强度高、可灌性好，而且适合水下灌浆。总的来说，它就是一款适用性强、性能优良的多功能灌浆材料。

5. 混凝土裂缝注浆技术

环氧树脂这类高分子的材料自从被应用在混凝土建筑物的裂缝修补工程中之后，它已然成了如今仅次于水泥与钢材的存在。过去传统的方法是依靠人工的控制把树脂浆液注入裂缝里。然而，当环氧树脂的浆液黏度较大，而裂缝的宽度又相对较小时，这种传统的修补方法就不一定能成功了。如今，有一种叫作“壁可”的注浆技术，它是利用橡胶管能够弹性收缩压力这一特点来自动完成注浆的任务。这种方法可以均匀缓慢地将缝隙里的空气给压进混凝土的毛细管之中，并且通过混凝土自然的呼吸作用来排出，这样就能有效避免气阻现象的发生，进而保证灌浆的质量。

6. 钢板及碳纤维补强加固新技术

在20世纪60年代，混凝土结构的外面粘贴钢板的补强加固技术才开始发展，然而如今它已然成了国内外都适用的加固技术，而且适用面较广。钢板能够通过黏结剂强大的黏结力来与结构结合成一体，从而共同承担工程的荷载，并对结构的抗剪、抗拉、抗弯等能力补强，从而提高结构的韧性与强度，恢复其承载的能力，延长其使用的寿命。而且钢板的贴合地方的混凝土会受到约束，所以能够有效地控制已有裂缝进行扩展，并防止产生新的裂缝。所以，黏结剂性能和粘贴工艺成了工程能否成功的关键。

7. 模板的拆除

拆除模板时，混凝土的强度应该能够保证它的棱角和表面不会受到损伤。而拆除后的模板与支架应该要分散地堆放，而且要及时地进行清运。在拆除模板的过程中，应该要根据锚固的情况，分批地拆除连接件，以防大片的模板掉落，并且要使用专门的工具，这样才能减少对模板还有混凝土的损坏。至于拆下来的模板和支架机构件，需要及时地清理和维修，而暂时用不到的模板则要分类整齐摆放。

（三）模板工程材料和工艺的改进

提高和改进模板材料及模板施工工艺，与它在混凝土施工中的重要性是分不开的。它既是加快进度、降低工程成本的需要，也是节能减排、降低能耗和木材消耗的需要。

由于木材的易加工等优点，长期以来建筑施工模板多以木模为主要材料。近期由于木材的缺乏和使用的限制，木模逐渐被复合模板、钢模板及预制混凝土模板所代替。本书重点介绍一下用于永久模板的压型钢板模板和冷轧扭钢筋混凝土薄板模板的使用及其优缺点。

1. 压型钢板模板

压型钢板模板使用压型薄钢板作为面板，配以支撑体系来达到充当混凝土成型模具的作用。主要特点是施工速度快，面板强度高，面板作为永久天棚不拆除，施工时作为模板面板，加载后可作为板的受拉构件。当然压型钢板的厚度要经过设计计算，板底面要做防腐处理。多用于钢结构多层和高层建筑中。

（1）压型钢板模板的构造

1）压型钢板原材料

压型钢板型材多为厚 0.5mm ~ 1.2mm，宽 900mm ~ 1200mm，高 54mm. 的镀锌薄板，楼面压型钢板与钢筋混凝土结构共同作用，系复合结构，栓钉穿透压型钢板，与钢梁熔透焊接。

2）型材连接方法

压型钢板铺设与钢梁连接，板端头与钢梁熔透点焊，中间采用栓钉与钢梁穿透熔焊；压型钢板间用专用夹紧钳咬合压孔连接；堵头用专用镀锌堵头板与压型钢板及钢梁点焊。弧形区压型钢板异型裁切采用等离子切割机切割，其切口光滑，表面镀锌层完整。

3）楼层标高的调整方法

在楼面层结构标高变化不一致时，采取加焊型钢措施，使水平结构呈台阶过渡。①降低标高时工字梁腹板加焊角钢；②抬升标高时工字梁翼缘加焊槽钢。

4）楼面留洞处理

混凝土楼面板预留孔洞，尺寸大于 500mm × 500mm 者采用先开洞措施，即在钢梁上加焊型钢托梁分隔，增加洞口刚度，网片钢筋在洞口断开，并与型钢焊接；洞口尺寸小于 500mm × 500mm 者采取后开洞措施，即在压型钢板上增加堵头分割板，网片钢筋贯通，混凝土浇筑成型后可剪断钢筋。

5）强度复验

钢结构柱网间距因工程而异，可通过调整次梁间距来控制压型钢板的跨度。压型钢板系薄壁板结构，最大跨度 3m，对混凝土结构施工中是否需要增加水平模板支撑，需经强度验算，可按单跨简支梁计算。

2. 安装工艺

（1）工艺流程

弹线→清板→吊运→布板→切割→压合→侧焊→端焊→留洞→封堵→验收→栓钉→布筋→埋件→浇筑→养护。

（2）主要施工方法

①先在铺板区弹出钢梁的中心线，主梁的中心线是铺设压型钢板固定位置的控制线。由主梁的中心线控制压型钢板搭接钢梁的搭接宽度，并决定压型钢板与钢梁熔透焊接的焊点位置。次梁的中心线将决定熔透焊栓钉的焊接位置。因压型钢板铺设后难以观测次梁翼缘的具体位置，故将次梁的中心线及次梁翼缘宽度返弹在主梁的中心线上，固定栓钉时应将次梁的中心线及次梁翼缘宽度再返弹到次梁面上的压型钢板上。②在堆料场地将压型钢板分层分区按料单清理出，并注明编号，区分清楚层、区、号，用记号笔标明，并准确无误地运至施工指定部位。③吊运时采用专用软吊索，以保证压型钢板板材整体不变形、局部不卷边。④采用等离子切割机或剪板钳裁剪边角，裁切放线时富余量应控制在 5mm 范围内，浇筑混凝土时应采取措施，防止漏浆。⑤压型钢板与压型钢板侧板间连接采用咬口钳压合，使单片压型钢板间连成整板。先点焊压型钢板侧边，再固定两端头，最后采用栓钉固定。⑥增加混凝土中钢筋网片与压型钢板间的连接，连接件采用下与压型钢板焊接上与钢筋网片锚接的方法，连接件的规格间距按设计要求。

3. 冷轧扭钢筋混凝土薄板模板

冷轧扭钢筋混凝土薄板，是通过在预制构件工厂或现场的生产台座，配以冷轧扭钢筋制作成的一种非预应力混凝土薄板构件。构件内配置的冷轧扭钢筋，是采用直径 8mm ~ 10mm 热轧圆盘条，经过冷拉、冷轧、冷扭成具有扁平螺旋状的钢筋，它不但具有较高的强度，而且与混凝土之间的握裹力有明显提高。

冷轧扭钢筋混凝土薄板本身既是现浇楼板的永久性模板，当与现浇混凝土层叠合后便构成双向受力的组合楼板，薄板的冷轧扭钢筋就是组合楼板的主筋。这种组合板与普通非预应力楼板相比，不但改善了构件弹塑性阶段的性能，提高了构件的承载力和刚度，而且使钢筋的强度得到充分发挥。由于冷轧扭钢筋与混凝土有较强的握裹力，当将单块薄板横向伸出的冷轧扭钢筋，通过较简便的构造连接并与现浇混凝土层叠合后，可组成大跨间双向受力的组合楼板。冷轧扭钢筋混凝土薄板，适用于抗震设防烈度为 7 度、8 度、9 度地震区和非地震区跨度在 6m 以内的多层和高层承受静力荷载的现浇钢筋混凝土楼板或屋面板工程。尤其适用于顶棚不设置吊顶，为普通装修标准的现浇楼板工程，可以大量减少顶棚装修的抹灰作业。

（1）配筋构造

板的纵横向冷轧扭主筋，一般配置在板断面的 1/2 高度位置或稍偏于板底方向的位置，其混凝土保护层不得少于 20mm（从钢筋的外边缘算起）。冷轧扭受力钢筋的间距，当叠合后模板的厚度 h ≤ 150mm 时，不应大于 200mm；当板厚 h>150mm 时，不应大于 150mm，且板的每米宽度亦不少于 3 根。冷轧扭钢筋网片一律采用绑扎，不准焊接，凡交叉点应用钢丝绑牢。

冷轧扭钢筋接头一律为搭接接头，搭接长度末端不做弯钩。

受力钢筋的绑扎接头位置应互相错开，在任一 500mm 搭接长度区段内，绑扎接头钢筋截面积，不得超过受力钢筋总截面的 25%。

（2）板面构造

为保证薄板与现浇混凝土层组合后在叠合面的抗剪能力，其板面构造如下。

1）当要求叠合面承受的抗剪能力较小时，可在板的上表面加工成具有粗糙、划毛或小凹坑的表面，或用网状滚轮滚压出深 4mm ～ 6mm 成网状分布的压痕。

2）当要求叠合面承受的抗剪能力较大时（剪应力大于 0.4MPa），薄板表面除要求粗糙、划毛外，还要增设抗剪钢筋，其规格和间距由设计计算确定。抗剪钢筋一般做成具有三角形断面的肋筋。

（3）薄板规格

1）冷轧扭钢筋混凝土叠合楼板的经济跨度一般为 4m ～ 6m。多块薄板经横向拼接后的最大跨间可达 5400mm × 6000mm。薄板的厚度，依据跨度由设计确定，在一般荷载下叠合后楼板的厚度取（1/35 ～ 1/40）L（L 为板的跨度）时，其薄板厚度取（L/100+100）mm。

2）由多块薄板横向拼接成双向叠合楼板，单块薄板宽度尺寸的确定，既要满足制作、运输、堆放和安装等工艺的要求，又要能使板的拼缝置于楼板受力最小的位置（一般置于楼板弯矩最小的四分点处）。

（4）拼接构造

利用冷轧扭钢筋握裹力较强的特点，可以将单块预制薄板的横向冷轧扭钢筋的预留筋，按一定锚固长度搭接起来，使横向钢筋连续贯通，加上现浇叠合层，则可达到双向板受力的效果。

大块叠合楼板预制薄板拼接的原则及构造做法如下。

1）预制薄板拼接缝的位置，原则上应选择在楼板受力较小的部位。对于单向叠合楼板薄板的拼缝位置，应设置在短跨上。

2）对于双向叠合楼板拼缝位置应选择在长跨上，并布置在受力最小处。

（5）安装顺序

支撑体系安装→薄板支撑龙骨水平标高校核→在龙骨上划薄板安装位置线→标出板的型号→运输安装→板缝勾缝处理→整理板端钢筋→绑扎叠合层钢筋→浇混凝土→养护混凝

土到设计强度后拆除支撑体系。

（6）安装工艺要点

1）薄板支撑系统，可采用立柱式、桁架式、和台架式的支撑体系。支撑体系的设计按《混凝土结构工程施工质量验收规范》中模板设计有关规定执行。

2）硬架支撑支柱高度超过 3m 时，支柱之间必须加设纵、横向水平拉杆系统。

3）吊装薄板时，应钩挂薄板上预留的吊环，采用 8 点（或 6 点）平衡吊挂的单块吊装方法吊装。

4）薄板调整好后，将板端和板侧面伸出的冷轧扭钢筋调整到设计要求的角度，伸入到相邻板的混凝土叠合层内。伸出钢筋不得煨死弯。不得将伸出钢筋往回弯入板的自身混凝土叠合层内。薄板从出厂至就位的过程，伸出钢筋的重复弯曲次数不得超过 2 次。

第三节　混凝土制备与运输

一、混凝土制备

混凝土制备过程包括制备方式选择、配合比设计、基本搅拌工艺和开盘鉴定等。配合比设计除应遵守施工规范规定外，尚应遵守《普通混凝土配合比设计规程》JGJ55—2011 的规定，另行学习。

（一）制备方式

我国建筑施工中目前主要有 3 种混凝土制备方式：搅拌站生产、施工现场集中搅拌和施工现场零星少量混凝土搅拌。施工规范给出这 3 种制备方式选择的顺序如下。

1. 优先选用预拌混凝土由搅拌站按照《预拌混凝土》GB14902—2003 的规定生产。由于搅拌站属于专业化工厂生产，具备资质，生产工艺成熟，且生产条件符合环保、节能等要求，其制备的混凝土质量比较稳定。目前我国大中城市均已建立起数量众多的搅拌站，是建筑工程结构混凝土的主要制备方法。

2. 施工现场集中搅拌如果受到条件限制或由于其他原因不能采用预拌混凝土，施工规范允许在施工现场搅拌混凝土，但宜首选现场集中搅拌的方式。所谓集中搅拌，是指采用具有自动计量装置的搅拌设备在施工现场搅拌。集中搅拌由于采用的搅拌、计量设备以及混凝土的生产方式均与搅拌站相同，故能够较好地控制混凝土拌合物质量，达到和预拌混凝土基本相同的水平。

3. 施工现场零星少量搅拌当上述条件均不具备时，才允许采用第 3 种方式，即在施工现场采用人工计量、机械搅拌的方式制备混凝土。这种由各个施工现场小规模分散制备混凝土的方式，所制备的混凝土质量稳定性和保证率显然不如前两种方式，但考虑到我国各地区、各个工程项目施工条件不同，故施工规范从实际条件出发，仍允许采用这种方式。

考虑到影响混凝土拌合质量的主要因素是计量装置和搅拌机，故规定采用现场零星少量搅拌的方法时，搅拌机应符合《混凝土搅拌机》GB/T9142—2000 的要求，即应采用强制式搅拌机进行搅拌；对计量装置，可以采用人工计量设备如磅秤、地中衡等，但应经检定、校准，并应在使用中及时检查，使其符合相关要求。

（二）混凝土基本搅拌工艺

1. 计量

对计量器具设备、计量精度和计量操作有 5 项要求：①应满足施工规范、《混凝土搅拌站（楼）技术条件》GB10172—88 以及相关标准的规定；②应定期检定或校准；③每次使用前应归零；④应按重量计量，但水和外加剂溶液可按体积计量；⑤每盘计量偏差和累计计量偏差应符合施工规范给出的限值。

2. 投料

混凝土搅拌时应分次投料。投料顺序、数量及分段搅拌的时间等属于工艺参数，随材料、设备和生产条件的不同而不同，故应通过试验确定。施工规范对投料顺序的基本要求是：掺和料宜与水泥同步投料，液体外加剂宜滞后于水和水泥投料，粉状外加剂宜溶解后投料。

通常有 4 种投料顺序可供选择：①先拌水泥净浆法先将水泥和水充分搅拌成均匀的水泥净浆后，再加入砂和石子，搅拌成混凝土；②先拌砂浆法先将水泥、砂和水投入搅拌筒内进行搅拌，成为均匀的水泥砂浆后，再加入石子搅拌成均匀的混凝土；③水泥裹砂法先将全部砂投入搅拌机中，并加入总拌合水量 70% 左右的水（包括砂的含水量），搅拌 10 ~ 15s，再投入水泥搅拌 30 ~ 50s，最后投入全部石子、剩余水及外加剂，再搅拌 50 ~ 70s 后出罐；④水泥裹砂石法先将全部的石子、砂和 70% 拌合水投入搅拌机，拌合 15s，使骨料湿润，再投入全部水泥搅拌 30s 左右，然后加入 30% 拌合水再搅拌 60s 左右，成为均匀的混凝土。

3. 搅拌设备

（1）搅拌站应采用符合《混凝土搅拌机》规定的固定式搅拌机。计量设备应能连续计量不同配合比混凝土的各种材料，并应具有对实际计量结果逐盘记录和贮存的功能。计量设备应按有关规定进行计量检定，使用期间应定期进行校准。

（2）现场搅拌混凝土，有条件时宜采用具有自动计量装置的设备集中搅拌，搅拌设备的功能和要求应与混凝土搅拌站相同。

（3）现场零星少量搅拌混凝土，应采用符合《混凝土搅拌机》的搅拌机进行搅拌。此时计量多由人工操作，计量装置仍应按上述要求进行计量检定，使用前应进行校准或调零。应当将配合比和各种材料的每盘用量明确标示在搅拌机旁，对每盘材料的投料量应准确计量，并应及时进行调整，按实做好记录。

（4）搅拌时间为保证混凝土搅拌均匀，施工规范规定了混凝土搅拌的最短时间。考虑到材料的多样性和搅拌设备的差别，允许根据具体情况对搅拌时间作适当调整，调整应以获得搅拌均匀、工作性能良好的混凝土拌合物为准。

（三）开盘鉴定

1. 目的

施工规范要求对首次使用的混凝土配合比应进行开盘鉴定，目的是验证配合比和生产工艺的正确性。在大批量生产混凝土之前这种验证是必要的。

2. 开盘鉴定内容

（1）混凝土的原材料与配合比设计所采用原材料的一致性。

（2）出机混凝土工作性与配合比设计要求的一致性。

（3）混凝土强度是否满足设计要求。

（4）混凝土凝结时间。

（5）工程有要求时，还应包括混凝土耐久性能。

3. 开盘鉴定的组织实施

施工规范规定，无论是预拌混凝土还是施工现场搅拌混凝土，均应组织开盘鉴定，但可采取不同的组织方式，由不同人员参加。

（1）施工现场拌制的混凝土，其开盘鉴定由监理工程师组织，施工单位项目部技术负责人、混凝土专业工长和实验室代表等共同参加。

（2）预拌混凝土搅拌站的开盘鉴定，由预拌混凝土搅拌站总工程师组织，搅拌站技术、质量负责人和实验室代表等参加。

（3）当有合同约定时，开盘鉴定的组织实施除应遵守上述要求外，还应符合合同约定。

施工规范的上述规定，主要考虑搅拌站和施工现场的具体情况，方便实施。开盘鉴定的目的是对配合比和出机混凝土拌合物质量的验证，故只宜对首次使用的配合比进行，只要原材料和生产工艺未变，不必重复进行。

搅拌站的开盘鉴定由搅拌站总工程师组织，施工单位和监理单位的代表不必参加，是因为预拌混凝土是一种产品，搅拌站是具有独立法人资格的产品生产单位，应对混凝土拌合物的质量承担责任。施工单位和监理单位即使参加开盘鉴定，也不应承担拌合物的质量责任。加之搅拌站作为专业化工厂，其配合比往往针对不同工程项目连续使用，对其是否属于“首次使用”施工单位和监理单位难以判断。

二、混凝土拌合物运输

混凝土拌合物运输是指将预拌混凝土由搅拌站运送至施工地点的过程。运输环节对混凝土拌合物的质量有重要影响，但往往被认为比较简单而未引起足够重视。混凝土运输过程既脱离搅拌站也脱离施工现场，途中可能发生拌合物离析，坍落度损失过大甚至违规向混凝土内加水等现象，不可忽视。

（一）运输工具

混凝土运输大多采用搅拌运输车（俗称罐车），其旋转拌合功能可防止运输途中混凝土离析，保证混凝土拌合物在运输过程中的匀质性和工作性。混凝土搅拌运输车技术性能应符合《混凝土搅拌运输车》GB/T26408—2011 的规定。

在特殊情况下，也采用翻斗车运输混凝土拌合物。翻斗车虽然运输速度和机动性可以满足要求，但是不密封，也不具备途中搅拌功能，不易保证拌合物的匀质性，故通常仅限用于运送坍落度＜ 80mm 的混凝土拌合物，或运输距离较近，或其他受条件限制难以采用搅拌运输车时方可采用。采用翻斗车运输时应注意预防拌合物的匀质性和工作性变坏。例如，应保证运送容器不漏浆，内壁光滑平整，有条件的应加以覆盖。

（二）连续供应问题

混凝土连续施工是保证混凝土结构整体性和某些重要功能（例如防水功能）的重要条件。施工规范对混凝土结构施工的基本要求是混凝土拌合物应“保证连续供应”并“满足施工需要”。这就要求施工单位在混凝土制备、运输过程中应根据混凝土浇筑量大小、现场浇筑速度、运输距离和道路状况等，采取可靠措施保证混凝土能够连续不间断地运输到施工现场。这些措施应具有针对性和预见性，并应写入施工方案和预拌混凝土订货合同中。这些措施可能包括：应具备充足的生产能力、配备足够的运输工具、选择可靠的运输线路以及制定应急预案等。

（三）混凝土的均匀性和工作性

施工规范对混凝土运输提出了 2 项基本要求：应防止混凝土在运输途中均匀性和工作性变坏。对混凝土均匀性和工作性的要求，主要是针对运输中通常容易出现的 2 种不利情况：拌合物发生离析，或拌合物的坍落度损失过大。搅拌运输车的旋转拌合功能能够在一定程度上预防这 2 种情况发生，翻斗车等敞开式工具则由于不具备运输途中的拌合功能，更为不利。

预防的措施应因地制宜，即根据具体条件采取某些措施。例如，在设计配合比时考虑坍落度的经时损失值，实际运输中尽可能缩短运输时间，途中和卸料时罐车不得停止旋转，必要时允许向罐车内加入适量减水剂等。

为了保持运输途中混凝土的品质，施工规范对采用罐车运输混凝土从工艺角度提出以下规定。

1. 接料前，应排净罐内积水。为了防止干燥的罐壁吸水及混凝土附着罐壁，接料之前一般应用水湿润罐体，但用水量不宜太多，并应在接料前排净罐内积水。

2. 运输途中及等候卸料时，应保持罐体正常转速，不得停转。罐体的正常运转一般为 3 ~ 5r/min，能够防止混凝土产生沉淀、离析导致改变施工性能。

3. 卸料前，罐体宜快速旋转搅拌 20s 以上，方可卸料。这种快速旋转可使混凝土拌合物保持均匀。

（四）现场卸料

预拌混凝土的卸料、交货是混凝土运输中一个重要环节，同时也是运输过程的终结。采用罐车运输混凝土到达施工现场时，施工现场的车辆出入口及场内运输车通行的道路、临时停车场地等应进行专门布置，并应根据工程实际条件制定专门的安全措施。

对此施工规范给出了通常采取的 7 条主要措施：①现场出入口处应设置交通安全指挥人员；②根据现场条件应留有一定的临时停车、等候场地；③施工现场的道路应顺畅、坚实；④有条件时宜设置循环车道；⑤危险区域应设警戒标志；⑥基坑周边如果需要设置运输车通道，必须采取可靠的安全措施；⑦夜间施工应有良好的照明等。

（五）罐车加减水剂问题

为了解决采用搅拌运输车运送混凝土出现坍落度损失较大不能满足施工要求的问题，施工规范允许在运输途中向运输车罐内加入适量的与原配合比相同成分的减水剂，以改善混凝土的工作性能。具体有 3 个要求：①减水剂加入量应事先由试验确定；②加入减水剂后应做出记录；③加入减水剂后，运输车应快速旋转搅拌均匀，使罐内混凝土达到要求的工作性能后方可泵送或浇筑。

施工规范的上述规定，是为了解决发生意外情况（如道路突然堵塞）时，由于运输时间延长，造成罐车内的混凝土坍落度损失过大的一种临时补救措施。该措施只应在必要时采取，不应作为一种常规做法。当大批量、多车次混凝土连续发生坍落度损失过大不满足施工要求时，应分析原因，采取适当的措施解决，不允许采取向运输车内加减水剂的方法来调节混凝土坍落度。

调查显示，向运输车罐内加入适量减水剂，在一定程度上改善混凝土的工作性，已成为部分地区实际采用的一种做法。根据工程实践检验，当减水剂的加入量受控时，对混凝土的其他性能未发现明显影响。

近年来，部分地区在预拌混凝土运输时已经采取了上述做法，北京等地在地方标准中也已做出相应规定。采取这种做法当减水剂加入量适当时，不会显著影响结构混凝土质量，故施工规范采纳该方法作为混凝土坍落度损失过大时的一种补救措施。为了使该方法严格受控，施工规范明确规定采取该种做法时，应事先获得批准、加入后做出记录，对减水剂加入量应经试验确定并加以控制，加入后应搅拌均匀。施工规范的这项规定与《预拌混凝土》中第 7.6.3 条的规定相一致。该条规定是：当需要在卸料前掺入外加剂时，外加剂掺入后搅拌运输车应快速搅拌，搅拌的时间应由试验确定。

第四节 混凝土的浇筑与养护

一、混凝土浇筑工艺

（一）浇筑前准备工作

浇筑前对仓面必须进行检查，不合格，不能开仓浇筑。对于砂砾地基，应清除杂物，整平建基面，再浇 10cm ~ 20cm 低标号混凝土作垫层，以防漏浆；对于土基，应先铺碎石，盖上湿砂，压实后再浇混凝土。仓面如是岩石基础，首先检查基坑边线模板尺寸是否符合图纸要求，地质断层、破碎带处理，岩基上杂物清除情况。检查钢筋模板是否符合设计，埋件、管道等隐蔽工程是否已安装，所有安装物是否妨碍浇筑，有碍于平仓振捣。仓面如果是易风化的岩基及软基，力求避免破坏或扰动原状土壤，在立模绑筋以前，最好做素混凝土的临时保护层，以免破坏地基，也便于施工。仓面如是老混凝土，应先检查混凝土面的凿毛和清洗工作，再检查钢筋、埋件、模板是否符合设计要求。仓面如是板、梁或立柱，应检查好受力钢筋根数，钢筋的接头位置，钢筋与模板之间的保护层是否满足。

（二）入仓铺料

1. 基岩面和新老混凝土施工缝面在浇筑第一层混凝土前，第一层应铺 2cm ~ 3cm 厚的水泥砂浆。砂浆的水灰比应比浇混凝土的水灰比减少 0.03 ~ 0.05。铺设工艺应保证新混凝土与老混凝土或岩基很好地结合。

2. 混凝土入仓后，混凝土的浇筑应按厚度、次序、方向，分层进行，且浇筑层面平整。每一个下料点，下料的数量要定量，并按一定的次序循环进行。混凝土的浇筑厚度每次通常为 20cm ~ 30cm，浇筑次序和方向，应从一头开始，逐渐向前推进。如混凝土较厚，可分几层斜坡台阶式推进。在倾斜面浇筑时，应从低处开始，浇筑面保持水平。混凝土浇筑坯层厚度，应根据拌和能力、运输能力、浇筑速度、气温及振捣能力等因素确定，一般为 30cm ~ 50cm。

3. 为保证浇筑块内的各浇筑层能够形成一个整体，在下层混凝土未初凝之前，覆盖上层混凝土，否则，已初凝的混凝土表面将产生乳皮，在振捣中无法消失，上、下层混凝土间形成薄弱结合面。在浇筑过程中，混凝土浇筑应保持连续性，若层间间歇时间超过混凝土初凝时间，则会出现冷缝。

4. 混凝土浇筑允许间歇时间通过试验确定。如因故中止，并且超过允许间歇时间，用振捣器振 30s，周围 10cm 内能泛浆，不留孔洞，仍可继续浇筑。如不能继续浇筑，则应立即封仓，停止浇筑，待混凝土强度达 2.5MPa 后，可用压力水、风砂枪等将表面混凝土刷成毛面，清晰干净，再继续浇筑。

5. 混凝土浇到结构物顶面，如属永久表面，应立即抹平压光，可以再撒一点水泥压光，不能等混凝土凝固了，再做表面处理。如是临时表面，刮平即可，不必抹光。

6. 若混凝土浇筑分块尺寸和铺料层厚度已定，为了避免出现冷缝，应采取措施增大运浇能力。若运浇能力难以增加，则考虑改变浇筑方法，采用斜层浇筑法，倾斜角不宜大于 100；台阶法的层数不宜超过 3 ～ 5；台阶宽度宜大于 1.0m；浇筑块高度不宜超过 1.5m。

（三）平仓与振捣

入仓的混凝土应及时平仓振捣，不得堆积。混凝土的浇筑应先平仓后振捣，严禁以振捣代替平仓。

1. 平仓

浇入仓内的混凝土随浇随平仓，不能堆积，一成堆，骨料容易分离。浇混凝土时，严禁在仓内加水，如发现混凝土和易性差时，必须加强振捣，如不能扭转和易性，则应检查坍落度是否偏小。浇筑期间，混凝土表面泌水较多时，应及时排除泌水，但严禁在模板上开孔放水，带走灰浆，并及时找出原因。当仓面较稀而不泌水，人踩上去陷得很深，应检查是否砂料多，而骨料少。浇筑速度要调整好，不能局部过于集中下料，下料要均匀有序。

2. 振捣

振捣是混凝土施工中的关键作业。振捣混凝土时，每一位置的振捣时间一般为 20s ～ 30s，以混凝土不再显著下沉，不出现气泡，并开始返浆为准。振捣棒要垂直插入混凝土，按顺序振捣，中间不要偏振。振捣棒两次插入的间距，不超过振捣棒有效半径的 1.5 倍，不能触动钢筋及预埋件。振捣棒距模板的垂直距离，不应小于振捣棒有效半径的二分之一。

振捣设备的振捣能力应与浇筑机械和仓位的客观条件相适应。混凝土振捣常用振捣器进行，对于少数零星工程或振捣器施工不便时可采用人工振捣，对于大型机械（如塔带机）浇筑的大仓位宜采用振捣机振捣。混凝土振捣器按振捣方式的不同，插入式适用于大体积混凝土的振捣；外部式只适用于柱、墙等结构尺寸小且钢筋较密的构件；表面式只适用于薄层混凝土的振捣。

当使用手持式振捣器时应遵守下列规定：①振捣器插入混凝土的间距，根据试验确定并不超过振捣器有效半径的 1.5 倍。②振捣器宜垂直按顺序插入混凝土。如略有倾斜，则倾斜方向应保持一致，以免漏振。③振捣时，应将振捣器插入下层混凝土 5cm 左右。④严禁振捣器直接碰撞模板、钢筋及埋件。⑤在预埋件特别是止水片、止浆片周围，应细心振捣，必要时铺以人工捣固密实。⑥浇筑块第一层、卸料接触带和台阶边坡的混凝土应加强振捣。

当使用振捣机等其他振捣设备时同样应注意插点间距、距离模板等的距离、插入下层混凝土的深度等有关施工规定。振捣时间以混凝土粗骨料不再显著下沉，无气泡产生，并开始泛浆为准，应避免欠振或过振。

二、混凝土养护

混凝土浇筑完毕后，在一定的时间内保持适宜的温度和湿度，以利于混凝土强度的增长。水工混凝土养护是混凝土生产中周期最长的工艺过程，养护时间视当地气候条件及水泥品种而定，一般养护从混凝土浇筑完毕 12h ~ 18h 开始，并持续 21d ~ 28d，有特殊要求的部位宜适当延长养护时间。

常温下，水平面混凝土的养护，可用水覆盖，也可用湿麻袋、草袋、锯末、湿砂等覆盖；垂直方向的养护可以进行人工洒水，或用带孔的水管进行定时洒水。

永久暴露面采用长期流水养护。坝块左右侧面使用小流量的水喷洒或人工洒水养护，特别是低块浇筑时，既要养护好侧面又不能将水流到仓内；水平仓面养护当新浇混凝土初凝后，表面即可进行人工洒水养护，对较大的仓位连续浇筑在两个班以上的，对先浇的部位进行洒水，但不能将水流到未初凝的混凝土面上。在浇筑层面养护时，严禁借洒水养护进行压力水冲毛。

混凝土的浇筑与养护是保证工程质量的两个重要的程序和环节。要有好的设计和施工，并且每一环节的质量控制都应落到实处，为水工施工不断提高质量、缩短工期、降低造价，改善结构性能，保证水工建筑物的永久使用性。

第五节　混凝土坝施工

一、混凝土坝施工质量管理的常见问题

（一）随着社会经济的发展，我国的混凝土坝施工体系不断健全，但是目前来说，我国的混凝土坝施工质量管理技术依旧是不成熟的，在实践过程中，依旧存在诸多的问题，该文从施工准备环节及施工环节进行质量管理工作方案的具体分析，从而满足现阶段施工

质量管理工作的需要。在实践过程中，为了确保施工任务的定时完成，需要做好施工质量整体进度方案的控制工作。但在实际过程中，有的混凝土坝的施工单位并没有做好充足的前期准备，施工单位在中标后，重视现场施工工作的开展，却十分轻视工程质量管理制度的健全及应用，不能根据本次施工项目的特点，进行相关质量管理体系的建立，其内部管理程序比较空洞，质量管理体系形同虚设。

为了保证混凝土坝整体施工质量的提升，必须落实好质量管理环节，强化项目管理体系的各个步骤，进行质量管理体系的严格落实。但在实际工作中，很多施工单位缺乏对质量管理工作的资金投入。在混凝土坝施工过程中，有的施工单位的现场质量管理环节薄弱，导致一系列低效率的施工现场质量管理状况。在混凝土坝的工程应用中，有的施工单位为了缩减成本，不能购置充足的试验设备。

（二）在混凝土坝施工过程中，专业性的施工队伍、先进性的施工设备是取得良好施工质量的关键。在实践施工中，有些施工单位的施工队伍素质低下，其整体质量控制意识差，施工技术比较薄弱。施工人员因素影响到混凝土坝施工质量管理工作的开展。如果施工人员不具备良好的素质，就容易导致施工过程中一系列的质量问题、安全问题的出现，从而不利于混凝土坝施工质量管理工作的正常开展。

有的施工管理者缺乏质量管理意识，缺乏良好的监督管理理念，不能针对施工队伍的人员应用、施工质量、施工安全等进行有效的监管控制，由于缺乏强有力的施工工艺技术，导致施工过程中的一系列的管理质量问题。

二、混凝土坝施工质量管理方案的优化

（一）为了保证混凝土坝施工质量管理工作的有效开展，必须实现施工质量管理体系的健全，这需要全体施工人员的共同努力。为了提升混凝土坝的施工管理质量，相关人员进行了质量管理方案的认真设计，按照项目工程量的大小，根据工程工期的特点，进行质量管理机构的建立，建立起了质量管理方案设计小组，针对本次工程项目的工作要求，进行质量管理方案的策划及应用，实行了质量管理制度体系的健全。通过对质量管理方案的优化，可以实现对质量管理资金及工作人员的有效配置，有利于提升工程的整体质量。

（二）为了提升该大坝的整体施工效益，需要进行工程项目关键环节的施工分析，做好施工步骤的提前规划环节。施工单位需要根据工程图纸，进行工程量、施工环节、施工能力、施工技术、施工设备、安全性施工等的技术性分析。针对施工时期的气候条件，采取了相关的施工措施。

该单位实现了施工方案的优化，确保了施工工序的协调性，做了一系列的关键线路策划工作，在确保混凝土坝的施工质量前提下，实现了施工导流环节、基础开挖环节、灌浆处理环节的协调，避免了该地气候的不良影响。该单位进行了塔吊、搅拌站、混凝土输送泵的增加，有效提升了混凝土的生产及运输能力，有利于混凝土坝浇筑环节的有效开展。

由于该项目的施工季节为夏季，为了避免高温天气的负面影响，该单位针对原材料进行了一系列的降温处理，避免其出现高温下的暴晒状况，通过对混凝土配合比的合理设计，有利于降低混凝土的水化热，有利于提升混凝土坝的整体施工质量管理效益。

（三）在施工过程中，一旦出现高温状况，施工单位就会进行降温水管的增设，进行流水降温工作的开展，实现仓内混凝土测温的加强，满足混凝土温度的实际工作要求。该单位也进行了管理架构的完善，落实好相关的施工责任制度，确保各个工程步骤满足工程建设的质量管理指标要求。在工程管理过程中，针对其施工质量进行了严格的控制及优化。在施工过程中，进行了工程施工的细节化管理。通过对工程质量责任制度的健全，满足了现阶段的工程质量管理工作的要求，提升了工程质量管理的效益。

在该水库的混凝土坝施工过程中，项目工程设立了项目经理、总工管理、生产副经理三个职位，这三人负责工程的进度控制模块、技术管理模块、质量控制模块，做好对工程的指导、协调、指挥等工作。为了满足实际工作的要求，该单位进行了财务部门、物资管理部门等结构的监理，实现对该工程整体施工质量的管理。通过对这一系列的质量管理制度的应用，混凝土坝的施工管理质量得到有效提升，取得了良好的施工建设效益。

（四）为了提升该工程的整体质量监督水平，该单位进行了工地试验制度的监理，强化对现场施工的质量管理工作，提升了施工过程中的质量检测能力。该水库在施工场地建立了五间试验室，分别是试验设备间、资料间、测温间、试块养护间、原材料检验间，里面配置了各种各样的试验设备，有效提升了混凝土的施工质量。该单位进行了工地中心试验室的建立，工程技术人员按照施工标准，进行了施工工作整体方案的更新，针对原材料取样环节、混凝土配置环节、养护环节、送检环节等进行了试验强化，满足了工程质量的工作要求。

通过对施工质量管理的强化监督，可以有效提升混凝土坝的整体施工质量，这需要引起相关工作人员的重视，做好工程管理及其施工环节，针对水利工程的内在原因展开分析，做好前期管理的设计工作，提升工程质量管理的整体效益，实现我国水利工程质量管理体系的健全，确保满足我国现阶段水利工程的工作要求。

第六节　混凝土生产系统

一、混凝土生产系统

水利水电工程混凝土生产系统由混凝土搅拌楼（站），骨料储运设施，水泥和掺合料储运以及外加剂储运设施、骨料预、冷预热设施，其他辅助系统和设施组成；其中水泥和掺合料都属于粉料，可以把水泥储运设施和掺合料储运设施都归结为粉料储运设施；外加剂储运设施比较简单；骨料预冷、预热设施作为一种特殊的骨料预处理设备，需要较强的专业知识，一般作为独立单元，单独设计和控制。

（一）混凝土搅拌楼（站）

混凝土搅拌楼（站）是一种生产预制混凝土的大型机械设备，它能将组成混凝土的粗骨料、细骨料、胶凝材料（水泥等）、水、外加剂以及掺合料等原材料，按一定的配合比，搅拌成工程所需的各类混凝土（如碾压混凝土、常态混凝土等），该设备包括储料仓、配料装置、计量装置、搅拌装置、出料装置及电气控制等系统及机构部件。

1. 搅拌楼（站）分类及比较

混凝土搅拌楼（站）分类方式比较多，按作业形式可分为周期式和连续式，周期式是指混凝土生产的配料、搅拌、出料都是按周期进行循环作业的方式；连续式是指连续进行配料、搅拌、和出料等工序进行混凝土生产的搅拌楼（站）。

连续式搅拌楼（站）的主要的优点是效率高、重量轻、外形尺寸小、便于运输和布置、性价比高等，其主要应用于桥隧工程、道路工程、喷锚支护工程、回填工程等。连续式搅拌楼（站）最主要优点就是效率高，但也正是因为连续配料、连续出料的特点，带来了计量上的难度，虽然采用了电子皮带秤、减量法计量等各种技术但始终没能解决初始段和结尾段混凝土均匀性的问题，无法解决少掺量添加剂的均匀性问题，所以连续式搅拌楼（站）多适用于所生产混凝土批量较大、配比变化较少的工况，不能满足混凝土品种多，变化快的水利水电混凝土使用要求。在水利水电工程主体工程中，连续式混凝土搅拌楼（站）应用较少，本书描述的混凝土搅拌楼（站）均指的是周期式混凝土搅拌楼（站）。混凝土搅拌楼（站）按其布置形式可分为单阶式（垂直式或塔式）和双阶式（水平式）。单阶式是指在混凝土生产流程中，骨料只提升了一次，然后靠自重下落至后续工序，命名为混凝土搅拌楼。这种布置形式占地面积小，自上而下分为：储料层，配料层，搅拌层，出料层；搅拌效率高，可以对所有物料实现分批卸料控制，易于混凝土质量控制，缺点是建设难度大，拆迁不便，投资成本高。

双阶式是指在混凝土生产流程中，骨料需要经过二次提升，它是先将骨料提升到储料仓，经过称量后，再次提升至搅拌部分完成后续工序，命名为混凝土搅拌站。这种布置形式的优点是结构简单、投资少、建筑物高度低。缺点是骨料需要二次提升，影响效率，同时由于骨料在二次提升时会出现混料的情况，将无法满足部分生产工艺。

混凝土搅拌站和混凝土搅拌楼的设备组成基本相似，除了增加了二次提升的设备，控制原理相同，总的来说，搅拌楼的生产效率要比搅拌站生产效率高一些。金沙江观音岩水电站要求混凝土效率高，因此采用混凝土搅拌楼的形式。

混凝土搅拌楼（站）按移动性可分为移动式和固定式。移动式混凝土搅拌站是将物料储料、称量、输送、搅拌、卸料及控制系统整体集中于一个拖挂单元的混凝土生产设备，具备移动灵活、拆装迅捷简便、存放管理简单等独有的特点，是公铁路、桥梁、港口等工程移动施工中的最佳选择。它的缺点是受道路运输条件的限制，生产能力有限，不能适应大型水利水电工程的需要。它与固定式全自动搅拌楼（站）的所有动作过程、操作方式、维修保养完全相同。本书实施工程采用固定式混凝土搅拌楼。

混凝土搅拌楼（站）可以按混凝土搅拌主机的不同分类，搅拌机的种类主要有：双锥倾翻自落式、单卧轴强制式、双卧轴强制式、行星式和反转出料自落式等；在水利水电工程中主要使用的搅拌机为双锥倾翻自落式（简称为：自落式）和双卧轴强制式（简称为：强制式）。自落式搅拌机，搅拌桶内壁上有径向布置的搅拌叶片；工作时，搅拌筒上仰一定角度并以适当的速度旋转，加入拌筒内的物料，被叶片提升至一定高度后，在自重作用下离开叶片自由坠落下来，这样周而复始的运动，达到均匀搅拌的效果。强制式搅拌机，搅拌筒内的转轴臂架上装有搅拌叶片，工作时加入拌筒内的物料，在搅拌叶片的强力搅动下，形成交叉的物流，在自重作用下离开叶片自由坠落下来，这样周而复始的运动，达到均匀搅拌的效果。

强制式搅拌机和自落式搅拌机由于搅拌物料的原理不同，所以各有优缺点，强制式搅拌机是一种主动型搅拌系统，生产效率高，但对大骨料的抗冲击能力较弱，耗能较高，适合搅拌干硬性混凝土；自落式搅拌机结构简单，适合四级配混凝土（最大骨料粒径150mm）生产。两者从控制角度来看主要的区别在于混凝土的出料方式，强制式搅拌机设置有一套卸料门装置，通过开门的方式出料，自落式搅拌机通过整体倾翻的方式出料。由于实施工程以生产碾压混凝土（RCC）为主，配置了强制式搅拌机，下文叙述中所涉及的搅拌机均指双卧轴强制式搅拌机。

混凝土搅拌楼（站）按配置的搅拌主机数量不同，可分为单机站、双机站和多机站。每个搅拌楼（站）的配置和混凝土生产系统的规模有关，在设计过程中需要平衡配料能力和搅拌能力的关系。搅拌主机数量的不同，需要配置不同的搅拌机进料装置。由于实施工程浇筑产量较高，每个搅拌楼配置了 2 台 4.5m^3 的强制式搅拌机。

2. 搅拌楼主要设备及工艺

本节详细介绍 HL320-2S4500L 型混凝土搅拌楼主要设备组成和工作原理。该搅拌楼自上而下分为进料、储料、配料检修、配料、搅拌及出料等六层。进料层布置有粗、细骨料进料皮带机的机头、回转漏斗、砂进仓胶带机、粗骨料入仓接口、砂进料溜槽、料位指示装置、进料控制室和屋顶排尘风机。该部分设备由原料运输系统集中控制。配料检修及配料层设置有所有物料的配料、称量及卸料装置，是搅拌楼的核心部分之一，根据物料种类的不同，配料的工作原理分别如下：

（1）骨料配料过程：储料仓中的骨料由配料弧门依次卸入称量斗中，分别计量，计量好后，打开卸料弧门通过骨料分料装置后进入搅拌机，配料和卸料弧门均采用气动控制。

（2）粉料仓中的粉料由螺旋输送机送往各自称量斗，分别或累积计量，计量好后，打开卸料蝶阀通过粉料分料装置后进入搅拌机。螺旋输送机采用电机驱动，卸料蝶阀采用气动控制。

（3）液态物料通过水泵和配料蝶阀配合工作，实现计量，计量完成后通过阀门和加压泵输送至搅拌机。

所有称量装置均安装有高精度称重传感器，用于信号采集。

搅拌层主要设置搅拌站主机及搅拌机进料装置，搅拌机是搅拌楼的重要部件，完成物料的搅拌混合工作，主要包括主机驱动，卸料装置控制和润滑系统控制。进料装置根据生产任务及搅拌机的运行状态，通过控制翻板门位置，实现相应搅拌机的进料，进料装置通过气动控制。

出料层设置有成品混凝土出料斗和出砼弧门，出料斗侧壁装有振动电机，当混凝土卸料有困难时可打开振动电机进行卸料，出砼弧门由气缸驱动。出弧门的开度可调整，并能在中间任意位置保持开度。

混凝土的生产工艺流程是指按设定的配方将各物料分别称量，并按设定的顺序卸入搅拌机搅拌，搅拌规定的时间后，卸入混凝土输送车中，完成一罐搅拌。根据输送车容量的大小，需要做多次循环才能完成一车混凝土的生产。为了提高生产效率，在称量斗完成卸料后，马上开始第二次拌料的称量，达到平行作业的效果。

3. 搅拌楼生产控制系统及要求

搅拌楼生产控制系统是搅拌楼的中心，主要完成按照预定的混凝土配比控制搅拌楼的全部工作过程。控制系统的核心是物料的称重控制，物料称量的精度决定了混凝土生产质量，物料称量的速度决定了搅拌楼的生产效率。

随着搅拌楼应用范围的扩大，工程质量要求的提高，控制技术的发展，对搅拌楼生产控制系统从使用性能、可靠性、质量控制等各方面提出了更高的要求。具体要求如下：

（1）实现进料、计量、卸料、搅拌、出砼等过程的全自动控制；可实现各种混凝土生产工艺，能实现手动干预功能和安全操作控制，各相关部件或操作机构按生产过程的要求实现联锁、互锁及锁定，保障生产安全；应有防止误操作功能。

（2）具有良好的人机界面，操作简单。生产过程中，阀门、秤斗的开闭状态变化和秤斗内料位的变化均可动态模拟显示，各种物料的设定值、称量值、误差、车方量、完成方量等参数动态实时显示。

（3）配料精度高，称量显示的零点应稳定，不应有零点漂移现象，机电设备及操作机构应工作可靠、稳定，称量精度的检测应达到SL242-2009《周期式混凝土搅拌楼（站）》技术标准的要求。

（4）数据管理便捷，能实现所有的数据自动检测、记录，用户能对数据进行管理，并能很方便地按用户的要求统计和打印各种报表。

（5）系统应运行可靠，具有较强的抗干扰能力，能在恶劣的环境条件下长期稳定地工作。

（二）原料输送设施

原料输送系统是保证混凝土系统正常运转的基础。原料存储量的大小和输送能力需要参考工程实际情况来设计，如砂石骨料系统的位置、粉料来源情况、系统的生产能力等要求。一般可参照以下公式计算。

$$R=Vmax*q*n/M$$

其中，R 是原料的存储量，单位 t；Vmax 是混凝土最高月浇筑产量，单位 m^3；q 是每立方米混凝土中该原料的平均用量，单位 t/m^3；n 是储备原料的天数，单位天；M 是系统的月工作时间，一般取 25 天。

原料输送系统主要分为骨料输送系统、粉料输送系统（根据粉料种类不同又可分为水泥输送系统和掺合料输送系统）、水外加剂系统和冰系统等。由于水外加剂系统和冰系统设备组成简单，控制也简单，本书主要叙述骨料和粉料存储输送系统。

1. 系统主要设备及工艺

根据物料特性的不同，输送系统的设备和工艺各不相同，骨料的输送主要依靠皮带机，而粉料输送一般采用气力输送方式，下面将详细叙述。

骨料输送系统主要包括成品料仓、中间料仓（或风冷料仓）、二次筛分系统、搅拌楼料仓及皮带输送系统。系统设置有成品料堆 6 个，分别为砂 1 仓、砂 2 仓、小石仓、中石仓、大石仓和特大石仓；中间料仓 8 个，小石风冷料仓、中石风冷料仓、大石风冷料仓和特大石风冷料仓各 2 个；筛分系统 1 套；皮带机 23 条；料仓出料给料装置 32 套；搅拌楼料仓 12 个。中间料仓和搅拌楼料仓设有料位检测装置，每条皮带均设有紧急停止保护装置。

以 2 号搅拌楼大石上料为例，具体的上料流程为：大石从成品料仓的震动给料器中掉落到 J3 皮带上，经过皮带 J5 到达筛分系统，经过筛分机筛选合格的大石掉落到 J8 皮带，来到中间料仓顶部，通过 J12 皮带的正反选择，掉落到 2 号大石风冷料仓；经过冷却的大石通过弧门给料器掉落到 J24 皮带机来到 2 号搅拌楼，根据回转给料器的定位，最终输送到搅拌楼的大石仓内，完成骨料的上料流程。特大石、中石和小石的上料流程和大石的一样，砂 1、砂 2 上料流程更为直接，从成品料仓出来后经过皮带和分料装置，直接到搅拌楼上。

粉料输送系统主要由大型储料仓群及输送系统组成，粉料仓一般采用 1000 吨（或 1500 吨）的利浦筒仓或钢板仓，输送系统一般采用气力输送。传统粉料输送系统的粉料输送设备一般采用仓式泵，它是在高压下（0.7MPa 左右）输送粉状物料的一种比较可靠的密相动压气力输送装置；在目前的工程实践中采用了一种利用罗茨鼓风机的低压连续粉料输送设备，该方式结构简单、维护方便、投资少，但其输送能力和可靠性有待进一步验证。目前多数的水利水电工程粉料输送系统还是采用密相动压气力输送装置 --- 仓式泵。所以，粉料存储输送系统可以看作是一个料仓、仓式泵和输送管路组成的综合体。

系统共有 1000 吨粉料料仓 9 只，配套仓式泵 9 只，通过多个阀门的切换，实现搅拌楼内粉料的上料。水泥从运输车进入水泥料仓中储存，收到搅拌楼的要料信号后，启动空压机系统，打开料仓下料开关，通过仓泵，间歇式往搅拌楼料仓供料，直到完成供料。该系统的核心设备为仓式泵，仓式泵主要由仓体、进料阀、出料阀、流化阀、平衡阀、输送阀、压力传感器和料位传感器（或称重传感器）等组成，其工作原理是根据固气两相流的气力输送原理，利用压缩空气的静压和动压高浓度、高效率输送物料。粉料在仓泵内边流化边输送。仓泵输送过程是一个周期式工作过程，每输送一仓物料为一个工作循环，每个循环分四个阶段。

（1）进料阶段：打开进料阀和平衡阀，关闭输送阀、流化阀和出料阀，仓泵上部与灰斗连接，物料借助重力自由或经回转给料器落入仓泵内，当物料达到一定数量后，料位计发出料满信号（或达到系统设定的进料时间，或检测到规定的重量），关闭进料阀和平衡阀，进料状态结束。

（2）加压流化阶段：进料阶段完成后，系统自动打开流化阀，经过处理的压缩空气经过流量调节阀进入仓泵底部的流化锥，穿过流化锥后使空气均匀包围在每一粒粉料周围，同时仓泵内压力升高，当压力高致使压力传感器发出信号时，系统自动打开出料阀，加压流化阶段结束。

（3）输送阶段：打开输送阀、流化阀和出料阀，此时，仓泵一边继续进气，一边物料通过出料阀进入输灰管，粉料始终处于边流化边输送，当仓泵内物料输送完后，管路压力下降，仓泵内压力降低，压力传感器检测到压力达到设定值后，输送阶段结束，保持输送阀、流化阀和出料阀开启状态，进入吹扫阶段。

（4）吹扫阶段：输送阀、流化阀和出料阀保持开启状态，压缩空气吹扫仓泵和输灰管道，定时一段时间后，吹扫结束，关闭输送阀和流化阀，待仓泵内压力降至常压时，关闭出料阀，打开进料阀，进入进料阶段。至此，系统完成一个输送循环，自动进入下一个输送循环。

2. 原料输送控制系统要求

原料输送系统自动化是混凝土生产系统自动化的一个重要组成部分，对于多搅拌设备、多料仓、有温控要求、工艺复杂的系统显得尤为必要。它既能保证搅拌楼内料仓保持一定的料位，不会产生空仓状态，又为混凝土稳定生产，保证混凝土出机口温度提供了条件。

系统通过采集安装在骨料成品料仓、一次风冷料仓、搅拌楼内料仓的料位计信号，由PLC控制自动完成各料仓的进料工作，保证料仓储料满足生产需求。

控制系统需要以料位信号为基础，实现对所有输送设备（如给料装置、胶带输送机、粉料装置、筛分设备等）的工作进行逻辑判断、数字处理及顺序控制，搅拌楼内料仓达到“少吃多餐，及时供料”的目的。对系统的基本要求是结构简单、维护方便、功能完善、高效可靠。具体要求如下：

（1）集成性：系统功能模块化，包括硬件、软件都具有相对的独立性，某一功能模块的故障不会影响其他功能模块的使用。任何一个现地PLC控制单元故障不会影响上级或其他单元控制功能。

（2）可靠性：系统采用分层分布式控制结构，各种监控和管理等功能分别由各个主控制设备完成，它们分别具有独立完成所辖范围监测和控制任务的功能；设备的启动和停止符合工艺要求顺序控制；设备在运行中出现故障时，进行故障设备的联锁安全控制；实现故障设备的报警；统计运行参数，输出各种生产报表。皮带机切换输送各骨料及砂石确保不混料且保持较高的皮带利用率。

（3）实时性：控制指令能及时下达，现场动作信号能及时响应。

（4）安全性：系统控制信息中的一个错误不会导致整个系统的故障；系统对每个功能操作提供安全检查和权限审核；任何自动或手动操作，提供事件操作记录，对涉及安全的操作进行二次确认操作；在人机对话中，系统设置不同级别的操作口令，分别设置系统维护权口令、系统操作控制权口令等；系统设备具有自检和诊断功能，设备故障能自动切换或切除，并发出故障报警信号；系统对外通信具有保障本系统运行数据及数据库安全的措施。

（5）可维修性：系统设备尽可能采用同型号、同结构的商用化的标准产品以及标准的成熟的软件及操作平台，以保证系统的长期可用性；系统具有自诊断和故障点查找、定位、记录程序；系统出现故障时，能立即找出故障点和故障原因并尽快排除故障，恢复系统正常工作；具有便于试验和隔离故障的断开点功能。

（6）开放性：控制系统具有良好的开放性，硬件、软件平台、系统互联接口及数据库结构均采用计算机开放系统的标准，保证系统选用不同计算机和控制设备时的兼容性，系统扩展和设备更新时的软件可移植性。

该自动化供料要保证系统的高效可靠，关键是物料料位检测和控制方法。本书在原料储运控制系统中的主要优化措施就是设计了一种可靠的物料料位检测方法和一种新型的进料控制方法，实现及时快速供料，满足混凝土生产的要求。

（三）混凝土运输管理

混凝土运输系统主要是指混凝土自搅拌楼出料后，经水平和垂直运输及时输送到浇筑地点的过程，混凝土运输是混凝土搅拌与混凝土浇筑的中间环节，直接影响混凝土的浇筑质量，应根据环境条件、浇筑位置、运输距离等，选用合适的运输工具和运输线路，以最短的时间、最少的转运次数，将混凝土运送到浇筑部位。混凝土运输管理主要指依靠技术方法实现运输的最优化管理，提高整个混凝土系统的生产效率。

1. 系统主要设备

混凝土运输设备工具种类繁多，运输方式也有所不同。以高效率、少转运为基本原则，根据水电工程实际进行选择。水利水电工程中混凝土运输方式主要有：自卸汽车运输、皮带运输、塔式起重机运输、缆式起重机运输、负压溜槽等，以及采用多种运输设备的组合运输方式。混凝土在运输过程中应满足下列基本要求：

（1）运输设备应不吸水、不漏浆，运输过程中不会发生混凝土分层离析、泌水以及坍落度变化。

（2）运输多种级配或强度等级的混凝土时，不能混装，应在运输设备上设置明显区分标志。

（3）尽量缩短运输时间、减少转运次数。运输时间不得超过规定时间。

（4）混凝土运输设备，在必要时需设置遮盖或保温设施，以避免日晒、雨淋、受冻等原因影响混凝土的质量。

（5）混凝土自由下落高度以不大于 2m 为宜，超过此界限时应采用缓降措施。

由于车辆运输具有方便灵活，适用性广等原因，是目前水利水电工程最主要的混凝土运输方式；即使在不能采用直接车辆入仓的情况下，也往往和其他运输设备（如塔机、缆机、混凝土泵等）联合使用。混凝土运输方式主要采用自卸汽车运输和缆机结合入仓的方式。具体工艺是：混凝土从搅拌楼出来后，均通过车辆运输，部分混凝土直接通过车辆入仓浇筑，部分运输到缆机平台，通过缆机入仓浇筑。

2. 运输管理系统及要求

混凝土运输管理系统顾名思义就是对运输设备的管理，由于水利水电工程中混凝土具有品种级配多、施工队伍多、施工部位多、强度大等特点，现有车辆运输方式管理上存在以下不足：

（1）由于施工、道路等原因，运输时间不能确定，因此车辆的进场生产时间不能确定，只有等车辆到达搅拌楼下，操作人员看到后，才能下达生产指令，生产效率低。

（2）由于同时施工部位多、品种多、车辆多等原因，调度管理混乱，会出现少发料、发错料等情况，导致产品质量不稳定。

（3）混凝土运输和生产调度联系不紧密。

（4）结算不方便，目前采用的按方量结算方式，即采用理论配合比计算重量，由于配料过程中有偏差，设计方量和实际使用方量会有一定的误差。

为了适应水电工程的实际需要，对管理系统提出了更高的要求。本书主要讨论车辆识别优化调度管理方法，既能监控混凝土质量，又能提高混凝土生产效率。具体要求是：

（1）实现车辆自动识别，智能调度，改善运输车辆管理。

（2）实现与搅拌楼的联动和数据共享，提高混凝土生产效率。

（3）实现混凝土精确结算，记录每车混凝土数量、品种、重量等信息，为结算和质量控制部门追溯质量问题提供手段。

二、搅拌楼控制系统

（一）搅拌楼控制系统组成

搅拌楼混凝土控制系统，主要由硬件和软件两部分组成，硬件设备包括控制主机（工业控制计算机）、信号采集单元、控制驱动单元以及其他辅助设施。控制主机（工控机）为系统的核心，包含控制软件、数据库等，完成混凝土搅拌楼的物料存储系统、计量系统、物料输送系统、搅拌系统控制，完成整个搅拌过程的实时监控，完成对生产数据的管理；信号采集单元主要包括 I/O 信号采集模块、称重信号采集模块、电流信号采集模块、流量采集模块、湿度信号采集模块以及信号的传输模块；控制驱动单元包括操作台的弱电控制设备和配电柜中的强电控制设备；其他辅助设施包括人机界面、键盘鼠标、打印机、视频监控设备等。

在搅拌楼骨料仓中安装有骨料湿度信号采集模块，在混凝土生产过程中，可实时测量骨料湿度的变化，控制系统根据这一变化自动调节骨料用量和水的用量，例如骨料含水量增大，就减少水的用量，从而保证混凝土的质量。

骨料秤、粉料秤、水秤、外加剂秤、合料斗中安装有称重信号采集模块，在配料过程中，控制系统实时采集称重信号的变化，当秤斗物料重量内达到设定范围时，停止配料，控制配料阀门或螺旋机关闭，以粉料配料为例：粉料配料开始后，控制系统根据传感器特性及秤斗皮重计算目标值，启动螺旋机开始往粉料秤进料，系统根据称重信号实时监控粉料秤内物料的重量，当粉料达到设定目标值和称量落差的差值时，停止配料，等待稳定时间后，根据称重信号再次判读秤斗内的粉料是否达到误差允许范围，如果没有达到，则再次开启螺旋机进行点动补料，等待稳定时间后再次判断，重复上述过程，直到到达称量要求，结束粉料配料过程。

骨料仓、粉料仓、水箱、外加剂箱、骨料秤、粉料秤、水秤、外加剂秤、合料斗、搅拌机的 I/O 信号以及操作台、配电柜中的 I/O 信号，均通过 I/O 信号采集模块进入控制系统中，用于工艺流程的手动干预、互锁、保护、报警控制等，如骨料秤的秤门没有关闭时，骨料仓的配料弧门不能动作，搅拌机没有开启或者卸料弧门没有关闭时，物料不能往搅拌机进料并输出报警等。

软件系统主要有控制软件和数据库两部分组成，控制软件采用 BCB 编制，数据库采用 SQLServer 数据库。控制软件安装完成后，先进行数据库的设置，并对所有的采样信号进行检测，完成调零、校秤、在线检测、参数设置等准备工作；再根据实验室工艺要求，输入配合比；根据生产调度合理安排任务单，作好生产前的准备；启动生产后，进入生产配料过程，系统将根据车方量、主机容量和秤的最大值进行自动分罐；当物料称量完成后，根据卸料参数，开始卸料，在卸料过程中将根据卸料提前量自动扣秤；所有物料投入搅拌机后，根据搅拌参数开始搅拌，搅拌完成后，可根据工艺控制出砼弧门出料；搅拌机出料完成，重新关闭搅拌机门，完成搅拌的一个周期；同时生产数据保存在数据库中，可随时统计、查询和打印。

混凝土搅拌楼控制系统的核心为配料精度的控制，从控制角度研究影响混凝土质量的首要因素就是称量过程的精度控制。本书从影响配料精度的硬件和软件两个方面展开研究，提出优化方法。

（二）存在的问题

影响计量精度因素很多，如物料特性、配料方式、料流状态、环境情况等，要控制上解决精度问题，主要需要从称重信号采集和控制器设计两方面着手。混凝土搅拌楼配料系统多采用料斗秤方式，通过称重传感器信号来判断物料的变化，因此称重信号采集处理是保证配料精度的基础，当前缺乏对搅拌楼称重传感器选型、安装、接线的系统研究，经常会出现“大秤称小东西”、信号衰减太大、传输不稳定等情况。

在控制器设计上面，影响配料的因素也很多，如配料弧门开启太大引起的物料冲击、环境变化引起的料流变化、机械动作滞后引起的物料落差等；同时配料过程需要较高的效率，保证生产效率。目前控制器设计中一般多采用点动控制方式，即配料过程分为两部分，一开始快速配料，在达到一定的范围后，如目标值的 90%，该数值根据物料秤的不同可进行调整设定，关闭给料装置，等待物料完全落入到秤斗后，进行判断，点动进行补料，每补料一次，重新判断一次，逐渐接近目标值。该方法的缺点是影响生产效率，同时对机械设备提出了很高的要求。另一种常用的方法是通过 PID 控制，主要通过调节给料机的转速或阀门的大小来控制物理的流量，这种方式的缺点是混凝土搅拌楼的配料系统是一个大滞后过程，而且实时性要求高，所以实现比较困难；另外搅拌楼的给料装置，处理粉料采用螺旋机外，其他设备均采用气动控制，实现连续的开度控制比较困难。

因此针对一个含有振荡、时变、非线性、不确定性以及随机干扰等因素的配料过程，用常规的优化控制方法来实现高精度、高效率的控制要求比较困难，在提升信号采集的基础上，必须要有一种适应复杂系统的控制新方法。

三、原料输送控制系统

（一）原料输送控制系统组成

混凝土搅拌楼原料输送系统虽然设备众多，但随着控制技术的不断发展，已经有较为成熟的控制方式，已经由过去的分散控制逐渐形成 PLC+ 上位机集中控制的模式。控制系统采用“集中控制为主，现地控制为辅，多重保护”的控制模式。采用计算机集中控制技术可以有效地提高设备的生产效率，减少设备故障，减少工人劳动强度，实现系统资源的合理配置，降低运行成本；系统一般分为管理层、控制层和设备层三级网络体系。集中控制室设有上位机、操作台以及视频监控等设备，生产工艺流程内的所有设备，正常生产时根据实际情况既可在集控室操作（有操作权限），也可在现场就地操作设备。系统主要由上位机、PLC 控制台、现场控制箱、传感器、检测开关、急停开关、报警指示灯及电线电缆等设备组成。

管理层：通过上位机集中控制调度管理系统，负责整个系统运行的集中监控和调度管理，进行总体显示及控制、数据存储及处理分析、纪录和打印报表、和设备运行管理等；对整个系统的生产过程进行辐射控制、管理和统一决策，实现整个系统的综合保护和集中监控。系统具有与上级管理系统的数据接口，可实现数据共享。

控制层：主要以可编程逻辑控制器 PLC 为核心的控制台组成。发挥 PLC 强大的数据处理能力，该层负责采集设备运行状态、各传感器数据、指令操作、故障保护信号等，根据生产工艺流程，通过储存的程序指令进行条件判断，实现整个过程自动控制，是这个控制系统的核心。根据实际情况，这个 PLC 系统不一定是集中的单个 PLC 单元，可以是多个 PLC 子系统组成的离散控制系统，如分为砂石骨料控制 PLC 子系统、粉料上料控制 PLC 子系统、空压机控制 PLC 子系统等，多个系统之间通过通讯线连接，实现数据共享。

设备层：即保护系统的各类传感器与相关执行设备。其主要是针对系统的运行动作、故障点等进行针对性的信号采集与状态反馈，将系统的料位、管道压力、设备动作状态、皮带跑偏、堵料故障、料流情况、声光报警等动作进行采集，并实时反馈给控制层以及管理层。其中，管理层、控制层和设备层的功能核心分别是上位机软件、可编程逻辑控制器 PLC 和信号采集装置。

上位机软件的实现方式有很多，现在已经有很多成熟的方法，既可以采用 C++ 编程语言进行编制，也可以通过组态软件来实现，如西门子 WINCC、Intellution 公司 iFIX、力控 ForceControl、组态王、昆仑通态 MCGS 等。可编程逻辑控制器 PLC 是目前控制系统中主流的控制元件，在原料储运系统中经常使用的品牌有 AB、Siemens、Omron、Telemecanique、GE 等品牌。

信号采集装置是设备层的核心，是整个控制系统的基础，可以说整个原料储运控制系统是建立在信号采集的基础上，系统通过各个料仓的料位检测装置进行料位检测，当达到设定的料浅信号时，自动启动供料输送系统向缺料料仓进料，并将检测情况反馈到控制层和管理层。控制层通过采集料仓的料位信号，对这些信息进行分析，随时了解各处料仓的料位情况，实现各料仓的及时补料，使料位经常保持在满足生产需要的范围内，来保障生产的连续性；通过检测料流信号、堵料信号、跑偏信号等来判断设备运行情况，对故障情况进行及时处理，保证系统运行的可靠性。通过设备运行信号的反馈，实现原料系统“逆料流开机、顺料流停机”的工艺要求。料位检测是原料储运控制系统信号采集的基础和核心。

（二）存在的问题

原料输送设备的 PLC 控制问题已经有很多学者进行了研究，对系统的信号采集、模拟仿真、设备监控、工艺流程控制等都做了深入的研究。目前原料储运控制系统中主要存在的问题是：

（1）料位检测装置可靠性不高，引起的整个控制系统可靠性不高，很多系统按全自动进行设计，但是在实际使用中往往是半自动，物料的要料信号由人工给出后再实现设备的顺序启停控制；

（2）控制系统过度的注重可靠性，影响了系统的输送效率。解决料位检测可靠性问题，在分析比较了现有常用的料位计的优缺点基础上，提出了一种新型的可靠的料位检测方法，同时从效率优先的角度对控制程序进行了优化设计。

四、混凝土运输管理系统

（一）混凝土运输管理系统组成

本节主要讨论的是混凝土车辆运输方式管理。目前对车辆的管理多采用人工管理和刷卡排队两种模式。人工管理的模式主要依靠调度人员人工记录的方式确定车辆的回场顺序，再根据工地的需求等情况，安排混凝土的生产。刷卡排队管理模式，主要是利用无线射频识别技术，又分为近距离刷卡技术和不停车远距离识别刷卡两种，原理都是车辆返回到场地后进行刷卡识别，卡中记录有车辆、生产任务等信息，根据刷卡的时间对车辆进行排序管理。

（二）存在的问题

人工管理的模式，由于人为的原因容易出现车辆插队，任务分配不均匀的情况，从而影响生产效率。采用刷卡排队模式能很好地解决车辆有序生产的问题，并对车辆的调度模型进行了研究，当前已经在混凝土生产系统中广泛应用，并取得了较好的运行效果。但系统还有 3 个问题需要解决：

（1）当前的车辆识别系统中，均需要在车上增加额外的设施，增加设备的成本和维护，识别效率有待提高；

（2）均不能判断车辆出场时所运输的混凝土是否符合计量误差允许范围和车辆进场时车辆是否有余料。如果出场时混凝土的计量出了问题，将影响混凝土的质量，容易造成质量事故；如果没有及时掌握回场车辆中余料的情况，在下一次生产过程中会出现满罐而造成浪费；

（3）不能准确计算车载混凝土的重量，在与使用单位结算的时候容易现纠纷。

第七节 常态混凝土施工

一、混凝土浇筑技术

根据设计时对仓面提出的要求，在混凝土浇筑过程中一般都会选择台阶浇筑法，同时对分层厚度及其宽度也提出了一定的要求，即分别为50cm以及2.4 ～ 2.5m，通常在浇筑仓面的过程中要求应尽可能与坝轴线保持平行，首先应考虑下游然后才是上游，可以让浇筑以及加高操作同步开展。在大坝混凝土浇筑过程中要尽可能多下料，混凝土应遵守由低到高的顺序来保证入仓工序。在浇筑仓中混凝土的过程中，要注意做好整平以及振捣工作，以使混凝土浇筑的尽可能更为密实从而达到工程质量标准。混凝土下料的过程中要注意对高度进行控制，具体要求不能超过2.0m。最后，不管是混凝土接头还是条带都务必要采取相关保温措施以保证其温度，比如保温被的铺设。

二、混凝土平仓振捣技术

何为平仓？即平摊卸入仓中的全部混凝土，在此需要注意的是，摊平时各部位厚度应该保持一致和均匀。若平仓厚度未能达到一定的标准就会导致混凝土离析情况的发生，同时还会伴随泌水和漏振等现象，严重时还会引发内部空洞问题，进而降低混凝土质量。若仓面占据很大的土地面积，则可选择借助铺料的方式在进行平仓时合理使用振捣机并联合平仓机等来实现摊平。浇筑层大约2m厚，在平仓的过程中选择振捣器来完成平仓是一个不错的选择，首先应该倾斜振捣器并使之保持此状，然后在混凝土料堆下面部位将其插入，确保混凝土可以朝着工作人员处发生移动，然后再于混凝土料堆上面部位将振捣器插入，直到混凝土料摊平后才可以结束。在摊平时若与模板或者是存在很多钢筋的地方非常接近的话，要记得实施人工送料。

在混凝土浇筑的所有环节中，最为关键的一个环节就是振捣操作，该环节施工是否良好有效对混凝土浇筑质量起着决定作用，既不能过振也不能漏振，因为不管是过振还是漏振，都会大大降低混凝土浇筑质量。水库大坝在振捣时一般都选择大频率振捣器，比如ϕ100或者是ϕ150频率的振捣器，在实施振捣操作时因为具备了密实塑性以及较弱的流态，因此可以增强混凝土密实度，减少气泡量，再加之较好的抗渗透性，因此常见于大体积混凝土浇筑工程中，对施工质量有较为可靠的保障。

三、混凝土缝面的处理办法

为了使大坝新老混凝土结合的更加密切，在对混凝土缝面进行处理时务必要实施严格的监督，一切都按照规定的要求进行，只有这样才能保证混凝土缝面得到有效的处理，不会发生乳皮情况，不存在水锈或者是青苔等杂质。若混凝土缝面没有得到正确的处理，那么不仅会严重影响混凝土层结合，严重时还会引发渗漏通道问题。

在对混凝土缝面进行处理时可以采取的施工办法主要有：风砂枪，人工凿毛以及压力水等。一般情况下都会采取高压水冲毛技术来解决混凝土缝面问题，该工程中使用了GCHJ 型的高压冲毛机。此类冲毛机尤其适用于抗压强度在 45MPa 以下的混凝土，此时冲毛机的工作效率非常高，具体冲毛效率可以达到 50 ~ 100m2/h，因此质量上非常有保障。

在实施高压水冲毛操作时务必要选择合理的冲毛时间，既不能太早也不能太迟，如果冲毛时间太早的话，则有可能导致浇筑混凝土面受损，进而造成混凝土浪费；若冲毛时间太迟的话，则会加强混凝土本身的硬度，这样就使施工过程难度得以增加，进而影响到施工质量，使施工质量无法得到保证。混凝土收仓后，它的冲毛时机一般都和本地区的气候，温度以及混凝土初凝时间密切相关，无法分开，与此同时还要考虑具体的施工情况，受具体施工要求的制约。就三峡工程而言，在选择冲毛时机时一般都是收仓结束后的 24 ~ 36h 这一时间段内，同理水库大坝的高压水冲毛时间也应该遵循这样的规定，即选择同样的时间进行高压水冲毛。该水库大坝在整个施工中都要求出露粗骨料，不过要记住，一定不能影响到内部骨料。最后冲毛的时间应该控制在开仓前 24h 中，以防引发二次水锈问题。

四、选择球面键槽技术开展接缝灌浆工作

裂缝一直都是水库大坝常见但同时也是较为严重的一个问题，为了预防裂缝出现，在进行混凝土大坝浇筑时一般都是分块开展的，只有不同坝块温度均达到预设温度后，才能接着对缝面开展接缝灌浆工作，其最终是要达到这样一种状态，即整个大坝成为一个紧密联系，不可分割的有机整体。为了保证大坝的整体性，使不同坝块的连接更加紧密，应该将有关键槽安装在缝面上。在接缝灌浆时通常都采取球面键槽技术来加快浆液扩散速度，这是因为球面键槽的全部面分布都很均匀，发生棱角分明现象的可能性较小，因此缝面通常不会受阻，相对来说都比较通畅。在不同灌浆部位的下端处安装进浆槽（也可以是进浆管），在上段部位安装排气槽（也可以是排气管），关于接缝灌浆系统，其不管是设计还是布局，都比较容易进行，不存在太大的难度。

可以通过对钢板实施压制来选择键槽，压制时应该遵循一定的原则借助螺栓在平面模板上的铺设（均匀铺设），来促成键槽模版的最终形成。就球面键槽模版而言，其不管是

立模还是拆模都和别的模板具有相同的工序，这样的话有利于降低立模难度。根据工程应用的具体情况可以得出，球面键槽不仅在立模上具有很大的优势，还能够将收缩缝有效的张开，具有非常不错的应力条件。球面键槽模版不仅有利于加快大坝施工进步，而且对接缝灌浆系统的具体实施以及完成均非常有利。

五、仓面混凝土使用的温度控制办法

（一）混凝土浇筑的施工工艺

在这过程中首先需要确保入仓的速度达到工程施工的要求，进行缩短入仓所花费的时间，在入仓完成之后要及时地对混凝土进行平摊和振捣工作，在拌合到下料的过程中，一般时间都会控制在 6 ~ 7min 之间；其次还需要对仓面进行喷雾工作，确保老混凝土面能够和接头位置保持湿润，进行将仓面的温度降到最低；由于大坝所在地区的温度比较高，所以仓面会进行喷雾降温；在浇筑过程中尽量地减少振捣混凝土表面的暴露，缩短暴露的时间，及时的覆盖已经完成振捣混凝土表面。通常选择的覆盖材料为保温被。

（二）通水冷却的施工过程

按照设计的相关规定，要求在每层浇筑面上都设置相应的冷却水管，并且将各个浇筑水管的间隔距离保持在 1 ~ 1.5m 之间。在混凝土浇筑完成之后需要连续不断地进行通水冷却，要求通水流量保持在 12L/min 以上，保证坝体达到的最高温度没有超出设计的规定。

（三）混凝土养护

需要在白天对仓面及其附近部位开展不间断的喷淋养护操作，其最终目的是将上层混凝土彻底覆盖。这一操作应该安排专人负责。

第六节　碾压混凝土坝施工

碾压混凝土坝融合了常态混凝土坝和碾压土石坝的长处，具有节约水泥用量，简化施工工艺，机械化程度高，施工速度快和工程造价低等优点，因而在国内外得到了广泛的应用。

碾压混凝土最早由美国加州大学的 Raphael 教授于 20 世纪 70 年代提出的。1975 年，巴基斯坦在塔贝拉坝的紧急加固和保护处理工程中首次采用了碾压混凝土。1981 年日本建成了世界上第一座“金包银”式的碾压混凝土重力坝—岛地川坝。1982 年美国建成了世界上第一座全碾压混凝土重力坝—柳溪坝。此后，碾压混凝土筑坝技术在世界范围内得到了长足的发展。

我国的碾压混凝土筑坝技术是从1980年起步的。20多年来，经过广大科研工作者和设计、施工专业人员的不懈努力，碾压混凝土筑坝技术在我国已经非常成熟，截至2004年，已建成的碾压混凝土坝64座，还有不少的碾压混凝土围堰工程。目前，我国的碾压混凝土筑坝技术已达到世界领先水平。

一、施工技术的优点

碾压混凝土作为一种干硬性混合料，无塌落度，施工方法接近于土石坝的填筑方法，采用通仓薄层铺料，振动碾压压实。与常规混凝土相比，无论在材料消耗、施工效率，还是其本身性能等方面都有明显的优越性。

（一）施工速度较快

碾压混凝土坝的断面尺寸与常态混凝土坝相似，但混凝土的水泥用量少、坝体结构简单、不设纵缝、不以横板形成横缝、使用土石坝施工机械，所以浇筑速度比常态混凝土坝快。日本的玉川坝采用自卸卡车运输混凝土至坝址附近，经斜坡道入仓，用21个月的时间浇筑了100万 m^3 的混凝土，比用吊罐入仓缩短工期5 ~ 7个月。该坝冬季5个月不施工，因此实际缩短工期约1年左右。我国岩滩水电站主坝于1989年11月10日创造了 $10681m^3/d$ 的最高浇筑强度。

碾压混凝土坝和土石坝相比，具有断面小、工程量少，又采用与土石坝相同的施工机械，所以碾压混凝土坝比土石坝工期短。美国芒克斯维勒坝设计比较了4种坝型，认为碾压混凝土坝的工期只有土石坝的一半。

（二）工程造价较低

和常态混凝土相比，碾压混凝土坝节约了模板工程量。根据玉川坝的估算，碾压混凝土坝可节约模板费用30%，同时节省了冷却、接缝灌浆费用。玉川坝节省水泥11%，混凝土单价降低10%左右。坑口坝碾压混凝土单价为同标号常态混凝土单价的88%。天生桥二级碾压混凝土单价为常态混凝土单价的77%。

和土石坝相比，碾压混凝土坝体积小、坝基宽度小，减少了开挖和基础处理范围，缩短了施工导流及泄洪建筑物的长度。而且把泄洪建筑物布置在河床内，不必像土石坝那样在河床外另设溢洪道。由于中小型碾压混凝土坝可在几个月内碾压完毕，大大降低施工导流标准。另外，碾压混凝土坝施工期间如遇洪水漫顶，造成的损失也相对较小，如澳大利亚克赖格本坝，施工期洪水漫过正在施工的碾压混凝土坝体，洪水过后见到只有2d龄期的混凝土表面遭到损坏，只花了5d时间又恢复了施工。岩滩围堰和隔河岩围堰都曾在建成当年漫顶过水，均未发现明显破坏。

二、施工中应注意的问题

（一）层面处理

层面处理是影响碾压混凝土坝安全稳定的一个重要问题，尤其是高坝尤为重要。解决此问题除了处理好骨料离析问题和改善层面条件以外（如保持层面湿润、清除层面上浮浆皮、松散物和过量集水及污物），要求着重控制好碾压混凝土的初凝时间。初凝时间是根据实测时间并考虑铺筑环境温度、日晒、表面保护等因素确定。我国不少碾压混凝土坝参考国外经验，用成熟度（即表面温度与暴露时间的乘积）来控制初凝时间。坑口碾压混凝土重力坝对层面处理的经验是：当气温在 13℃以下、层面间隔时间在 16h 以内时，不做任何处理直接在碾压混凝土层面上铺筑上层混凝土；当层面间隔时间超过 16h，且在 24h 以内时，在层面铺筑 1.5cm 厚的水泥砂浆再铺筑上层碾压混凝土；当层面间隔时间超过 24h，则用低压水冲洗混凝土层面，并铺筑 1.5cm 厚的水泥砂浆后再铺筑上层碾压混凝土。

（二）防渗

1. 采用斜层铺筑法提高层间抗渗能力

根据对国内外已建碾压混凝土坝的运行观测，总体来说碾压混凝土筑坝技术是成功的，但普遍都存在渗漏问题。形成坝体渗漏的一个主要原因是，碾压混凝土坝是采用大面积薄层碾压而成的层状结构，层面抗剪强度及抗渗能力均低于混凝土本体，是影响坝体渗漏的关键因素。

碾压混凝土斜层铺筑法是相对传统的铺筑方法而言的，即将传统的水平摊铺碾压层改为 1 ∶ 10 ~ 1 ∶ 20 的斜层。1996 年在江垭工程中，经过坝内外几次试验和测试，于 1997 年 11 月份在较大仓面正式采用斜层铺筑法施工，层间间隔时间由平层铺筑法的 6 ~ 7h 缩短为 2 ~ 4h，混凝土质量达到或超过传统的平层铺筑法，最大单仓混凝土量达 3.5 万 m^3。江垭工程采用斜层铺筑法浇筑碾压混凝土 45.5 万 m^3，占碾压混凝土总量的 41.1%。目前，斜层铺筑法的优点已被广泛认可，该法可以利用有限的资源实施大仓面的施工，并可缩短层间间隔时间，特别是高温多雨条件下。采用斜层坡度合理、平推方向合适的斜层平推铺筑法施工的碾压混凝土，其层面抗渗能力可以达到或接近碾压混凝土本体的抗渗性能，使碾压混凝土本身即可承担起坝体防渗的任务，不再需要其他的辅助防渗措施。

2. 自防渗技术

碾压混凝土的防渗形式主要有以下 3 种类型：“金包银”模式、碾压混凝土自防渗、在坝的上游面另做防渗层等。自普定拱坝成功采用二级配碾压混凝土自防渗技术以来，当前在我国已普遍采用第二种模式，即采用三级配碾压混凝土做大坝主体，其上游采用二级配碾压混凝土作防渗结构，在坝体上游面采用二级配富胶凝材料碾压混凝土自身防渗。如大朝山、大花水等百米高坝，均没有在坝上游面另做防渗层。

近年来，水电八局在昆明红坡碾压混凝土重力拱坝施工实践中，通过优化混凝土配合比设计，加强层间结合处理和施工工艺控制等，实现了全断面三级配碾压混凝土的自防渗。这是碾压混凝土施工技术的一个新突破。红坡碾压混凝土重力拱坝自1999年竣工以来正常运行至今，防渗效果良好。此后，水电八局在世界上最高碾压混凝土拱坝沙牌大坝的上部也成功地采用了这一技术。

（三）完善和拓展变态混凝土

坝体结构物周边及坝基（肩）部位受钢筋、模板拉筋或基岩的限制，实施碾压混凝土非常困难，一般需配备小型碾压设备处理，这就大大降低了碾压混凝土整体施工效率。1989年岩滩碾压混凝土围堰施工时，将一定浓度的水泥浆洒入靠近模板的碾压混凝土中，用插入式振捣器振捣，这便是变态混凝土的初级阶段。在江垭大坝工程施工中，进一步完善了变态混凝土的浆液浓度和掺入比例。同时，变态混凝土应用范围扩大，除基岩面以外的碾压混凝土，包围的结构物周边及模板边缘均采用了变态混凝土。由于变态混凝土的“变”是在仓面最终完成，拌和楼不必频繁变换混凝土类型，做到了与碾压混凝土同步上升，使得碾压混凝土施工更加简洁流畅。江垭大坝工程采用制浆站集中制浆，通过管道输送到仓面，浆液水灰比为0.7，浆液与碾压混凝土的比例为1 ： 9。

（四）温控措施

碾压混凝土坝综合了混凝土坝的安全性和土石坝的高效率施工特性，但在许多已建工程中却不同程度地存在裂缝，严寒地区的碾压混凝土坝裂缝尤为严重。裂缝降低了碾压混凝土的完整性、抗渗性和耐久性，降低了大坝的安全度。研究表明，碾压混凝土坝的温度应力是导致坝体裂缝的主要因素，因此，施工期对温度应力和温度进行控制是预防混凝土裂缝、保证大坝安全的重要措施。

高碾压混凝土重力坝和高碾压混凝土拱坝在施工期和运行期的坝体温度场、徐变应力场、温度应力场的分布规律和随时间的分布规律也有别于一般的碾压混凝土重力坝，特别是在严寒干旱地区，冬季长间歇施工及恶劣的气候条件，使高碾压混凝土坝具有独特的温度应力时空分布规律，温控防裂难度更大，因此，高碾压混凝土坝温控防裂是当前迫切需要研究解决的课题。

在温度控制方面，彭水、龙滩等工程均采用了高效空气冷却器及两次风冷技术、辅以片冰机制冰、少量掺冰的预冷碾压混凝土生产工艺。已建的中低碾压混凝土坝基本上依靠低温季节多浇混凝土（特别是基础约束部位）夏季浇筑上部混凝土通常辅助以仓面喷雾、保湿、成品料堆防晒等常规措施，并普遍采用初期通水冷却降温措施。混凝土的侧面永久保温已由过去的挂草席、布帘改为粘贴聚乙烯保温板或覆盖PEP保温被等具有良好保温性能的化工产品。在仓面施工中，新型仓面喷雾机的研制应用，有利于形成仓面小气候。

预冷碾压混凝土和预埋聚乙烯冷却水管初期通水冷却降温施工工艺先后在大朝山、沙牌、索风营、大花水、龙滩等碾压混凝土工程施工中得到了广泛应用，促进了碾压混凝土夏季施工这一重大课题的解决。

三、待探索问题

（一）寒冷地区高碾压混凝土坝的控温防裂

针对寒冷干旱地区的气候条件及该地区碾压混凝土坝特殊的施工方法，研究其温度场及温度应力的时空分布变化规律，就干旱条件下水分散失理论进行深入的研究，以确定现场碾压混凝土的各项指标（VC值、水胶比及单位用浆量等）是否满足设计要求。针对目前碾压混凝土坝温度徐变应力仿真计算尚待解决的问题进行研究。研究有效的防裂措施，以解决碾压混凝土坝的温度裂缝问题。深入研究和完善高温和严寒季节碾压混凝土施工温控技术，探索中、低碾压混凝土坝经济适用的温控措施。

（二）促进碾压混凝土的快速施工技术

随着坝的规模增大，要求的施工强度也愈益增大。应用于中、小型工程的施工机械往往满足不了高施工强度的需要。近年来对于连续拌和及连续运输浇筑的兴趣日益增长，正是出于形势发展的需要。

（三）碾压混凝土的耐久性

低水泥用量与高粉煤灰掺量使混凝土的初期强度降低，但随着龄期增长、强度得到发展，以至后期（如180，365d）强度会高于常态混凝土的强度。然而直至目前为止，这种混凝土的长期（例如50年、100年）性能到底如何还不清楚，因为最老的碾压混凝土坝才不过10多年。开展碾压混凝土坝耐久性的研究尽管是困难的，然而是十分必要的。

（四）高陡边坡大坝施工技术

依托工程实践进行高陡边坡条件下混凝土垂直运输入仓方式及新工艺、新设备的研究，为日益增多的高山峡谷地区高坝建设创造条件。

碾压混凝土坝结合了常态混凝土坝和碾压土石坝各自的优势，具有施工速度快、工程造价低的特点，目前已由低坝发展到高坝、由重力坝发展到拱坝，并且在围堰工程中也得到了广泛应用。我国的碾压混凝土坝施工技术在整体上处于世界领先水平。碾压混凝土坝施工要注意处理好不同层面之间的结合质量，并应利用合理的施工方法和自防渗来提高整个坝体的抗渗能力，同时必须采取有效的控温防裂措施。

随着我国水电事业的发展，更高、更复杂的碾压混凝土坝不断涌现，围绕严寒地区、施工条件复杂地段碾压混凝土坝的施工技术，展开新材料、新工艺、新设备的研究具有重要意义。

第六章　基础防渗处理、地基处理及地下工程

第一节　基坑开挖

中小型水利工程的基础开挖是水利施工过程中的重要环节，基础开挖施工的快慢直接影响到整个工程的进度。所以，如何解决基坑开挖过程中遇到的各种难题，是水利工作者必备的技能，现就近年来中小型水利工程在基坑开挖过程中遇到的各种问题及解决办法归纳如下：在基坑开挖过程中，经常遇到淤泥流砂或坚硬土层，往往给施工造成很大困难，如处理不好还将影响施工质量，给工程造成隐患。在遇到困难挖方时，可根据不同土质情况采用以下几种工程措施。

一、淤泥

淤泥含水量大土粒细且有很大粘性，水利工程基础不能放到淤泥上，当淤泥层不深时应当清除。一般可采用柴排、干土铺垫工作道进行开挖。当不能使用铁锹挖除时，可采用勺舀桶或布袋运淤。当基底标高以上淤泥不厚而又难以采用人工清除时，可采用投放块石挤淤的办法。如：我县的金刚防洪涵闸的基坑开挖就采用此法，效果很好。在有条件的施工场地可采用船、筏进行开挖或用泥浆泵进行机械排淤。有时基坑开挖到设计高程后，遇雨天或因基坑内积水使基坑表面层变成稀泥状，为防止上述情况，宜在基坑挖到设计高程后，在表面浇一层 #$!% 厚的砂和碎石，用混凝土将基坑底封住。

二、流砂

在开挖基坑时，有时遇到流砂，使基坑挖不成形，处理流砂的主要办法是采用排水措施，即在流砂区四周设排水沟或采用沉箱法排水，沉箱法排水系指用无底且四周带孔的木箱或无底箩筐沉入砂中，将箱或筐中的砂挖去后从筐中排水，这样便可挖箱或筐四周的砂层。勃利县杏鲜渠首进水闸和冲砂闸在基坑开挖过程中就遇到了流砂层，即采用排水措施施工。除以上排水法外，有时还采用隔砂法和挡砂法，隔砂法系指先做成土围埂，然后再挖围埂中的砂，具体可按下述步骤进行：从流砂层起，挖去一锹砂，即回填一锹坚实土。随挖随填并筑成一定范围的围埂，然后将围埂中的砂挖除。挡砂法系指用板桩或其他材料做成挡壁并用秸料堵缝等方法挡住流砂，然后进行开挖，在采用这种方法时，常采用随挡

随挖砌或浇的办法。

三、岗土

岗土是一种水分少，土质坚的硬土，开挖时下锹困难，为便于开挖可采用提前灌水软化的办法，或利用过坡陡峭的特点采用多把尖镐并排同起同下的办法或用劈土法开挖，均可提高工效。

第二节　岩基灌浆

当前，世界各国普遍存在着可利用水资源不足的问题，为了更有效地应用水资源，水利工程的修建就成为一种必要的手段。在此背景下，水利工程建设质量的高低不仅关系着国家社会经济的发展，更是会影响到一个国家国计民生的重要问题。为了提高水利工程修建的质量，在其施工的各个阶段都需要使用科学的施工技术，才能够实现高质量的水利工程修建的目标。而岩基灌浆技术是水利工程修建中重要的质量控制点之一，因此，在水利工程施工的全过程中都需要对其施工的效率给予重点关注。现就水利工程岩基灌浆技术的施工内容进行分析，旨在进一步提高岩基灌浆技术应用的效率。

一、岩基灌浆概述

所谓灌浆，就是通过堵塞开敞的地质缺陷来进一步减少渗漏或者是加固地基的方法，在灌浆中使用的材料多是水域固体组成的泥浆、水泥浆这一类的悬浮液，也可以使用一些纯粹的化学浆液，还可以将二者结合起来进行使用。而岩基灌浆技术，就是指将按照一定比例配置的某种具有胶凝性和流动性的浆液，通过钻孔压入岩层裂隙中，借助于浆液胶结硬化的作用，改善岩基中存在的强度问题，进一步提高岩基的抗渗性和整体性。在水利工程修建的过程中，采用岩基灌浆技术对提高工程建设的质量具有重要意义，其不仅能够提高水利工程岩基的强度，还能够降低不利因素对于水利工程的影响。因此，在我国当前水利工程修建的过程中，对于岩基灌浆技术的应用频率和使用范围相对较高。

二、岩基灌浆施工技术要点

在水利工程建设的过程中使用岩基灌浆技术需要注意以下几个技术要点：

（一）钻孔

钻孔是岩基灌浆施工最基础的环节，也是整个技术施工的起始环节，在水利工程修建的过程中，最为重要的就是对钻头的选择，多数情况下，施工人员会使用以金刚石为主要材质的钻头，在前期技术施工经验的基础上，多是采用回转式钻孔方式。对于灌浆孔的孔向以及孔深等因素的确定方面，需要根据施工设计的要求进行。值得注意的一点是，灌浆的质量较大程度上取决于钻孔的质量，因此，在钻孔的过程中要保持整个灌浆孔的直径上下一致。如果在钻孔的过程中遭遇塌陷的问题，需要对其进行及时的处理，确保在涌砂层和流沙层中进行修复，尽可能避免影响工期问题的出现。

（二）冲洗

在钻孔施工结束之后，为了解决前期施工中遗留的岩粉问题，需要对孔壁以及孔底进行清洗，确保在灌浆施工开始之前，钻孔内无一流的杂物、垃圾等。就目前的压水技术而言，压力水冲洗技术使用的频率较高，主要的原因在于这种冲洗的方式能够提高冲洗的质量与效率，且在冲洗结束之后较少有杂物的遗留问题。为了避免在使用压力水冲洗中出现裂缝扩张的问题，需要对其冲洗的压力进行控制，具体的压力值需要控制在相同孔段灌注压力的45。

（三）压水

在钻孔与冲洗环节完成之后，需要进行的下一个技术环节就是压水，压水的主要目的在于灌浆之前对岩层的渗透性进行测定。具体来说，压水试验能够通过对岩层单位吸水率进行确定，进而确定能否进行灌浆作业。从这一角度来说，压水试验是灌浆操作之前对钻孔的检验环节，对于提高灌浆的效率、效果有着不可忽视的作用。由于我国的岩层渗透特性可以以吸水率进行代替，在压水试验中其吸水率的测定公式如下：

$$W=\frac{Q}{LS}$$

其中Q表示压入流量，S表示试验压力，L表示钻孔孔段长度。

（四）浆液搅拌

在水利工程岩基灌浆的过程中使用的灌浆材料不同，因此，其浆液的搅拌环节也是会略有不同，其浆液包括水泥浆、泥浆、纯溶液以及将这两种方式结合的浆液进行组合等，在此以较为常用的水泥浆的搅拌进行简单分析：在使用纯水泥浆浆液搅拌的过程中，使用32.5普通硅酸盐水泥，在灌浆之前需要对其水质进行相应的检验，其浆液搅拌过程中必须是均匀搅拌，且保证搅拌时间不少于三小时，只有这样才能够保证纯水泥浆液在灌浆过程中的质量。

（五）灌浆

灌浆环节是岩基灌浆技术的最后一个环节，需要对灌浆孔序、灌浆方法、灌浆压力以及浆液稠度等四个方面进行重点关注：一是灌浆孔序，无论是对于帷幕灌浆还是固结灌浆都需要遵循由稀而密、分序布孔的原则；二是在地基灌浆的过程中，多是先进行固结灌浆之后才进行帷幕灌浆的顺序，这样能够确保灌浆过程中浆液能够有着较好的流动性，灌浆的方法相对较多，可以根据水利工程的设计采用孔内循环式灌浆方法和自上而下分段卡塞法进行灌浆；三是灌浆压力，一般来说，灌浆压力的大小与浆液进入缝隙的流畅性呈正相关的趋势，但是需要把握一定的压力界限，否则灌浆的过程中会造成裂隙扩张的问题，导致灌浆质量下降甚至是难以实现有效灌浆的进行；四是浆液的稠度，浆液稠度可以进行适时的调整，为了确保其流动性可以有意识地降低其稠度，但是，如果稠度过低会导致浆液外散，导致灌浆过程中浆液的浪费问题出现。

对病险工程的不同实际情况，我们更应当结合各工程的具体地质、情况等因素，来确定一套可行的岩基灌浆施工实施方案，并选择最为安全又经济的施工方法，以便于提高岩基灌浆施工的效率，期待该技术在我国未来水利工程的修建发挥更加巨大的作用。

第三节　混凝土防渗墙施工

随着时代不断发展，我国经济稳定提升，促使各行业逐渐蓬勃发展。现代化建设的加快，促使水利工程数量增多，进而提升现阶段的水资源利用效率，缓解我国水资源紧张问题，满足时代的需求。混凝土防渗墙是工程的重要组成部分，其自身的质量直接影响工程的整体质量，并影响工程的经济效益，促使我国基础设施完善。

一、混凝土防渗墙发展现状

混凝土防渗墙技术在我国最早应用于二十世纪五十年代，在我国湖北省某水库建设中，首次应用防渗墙技术，进而保证该工程的整体质量得到提升。该技术的应用，可以有效地提升防渗透能力，保证工程自身的结构稳定，促使我国水利工程稳定发展。随着时代不断发展，混凝土防渗墙技术逐渐创新，现阶段已经处于成熟状态，被广泛应用，我国防渗墙技术水平已经处于世界先进行列。

二、混凝土防渗墙的种类及特征

（一）桩柱式混凝土防渗墙

使用大型冲击型钻头，钻出直径较大的孔洞，在钻洞完成以后，使用泥浆以及套管，对孔洞进行回填，回填的材料为水泥混凝土，进而制成带有一定连续性的防渗墙，这些防渗墙按照桩孔的分布可连接成不同的形式。对于土石坝地基的工程建筑而言，为确保防渗墙符合基本的防渗要求，通常运用搭接或连锁两种形式。

（二）槽板式混凝土防渗墙

使用大型冲击钻与抓斗，开挖出槽孔，使用泥浆对槽孔进行加固，在完成加固且强度满足标准后，向槽孔中回填水泥混凝土，制成带有一定连续性的防渗墙。在实际应用的过程中，槽孔的长度通常为 5 ~ 9m。如有特殊要求，可适当延长槽孔，这样做的目的是减少防渗墙之间的接头。槽板式混凝土防渗墙根据单元槽的各种连接方式，也可分为搭接或连锁两种形式。

（三）板桩灌注混凝土防渗墙

运用震冲法，将钢板桩完全打入到地基当中，并在钢板桩的边缘焊上小管，在小管的底部设有一个活门，在钢板桩打入一定深度之后，可使用液压器等装置将钢桩缓慢取出，在拔桩的过程中，可通过钢桩自身把防渗材料灌入到焊接在钢桩上的小管中，从而将防渗材料灌入到孔洞中，最终制成防渗墙。

（四）泥浆槽混凝土防渗墙

使用索铲，在作业面上开挖出宽度为 1.5 ~ 3.0m 左右的沟槽，然后使用泥浆等材料对沟槽进行加固，确保其能够保持直立，在开挖深度满足设计标准以后进行回填，与上述三种防渗墙有所不同，此时回填选用的材料主要为黏性土、砂石以及砾石的混合材料，进而制成防渗墙。

（五）特征

当前，防渗墙自身具备明显的特征，具体来说，主要包含两点：第一点，在实际的施工过程中，受其自身的性质影响，施工难度较大，并具有较大的风险，存在大量的安全隐患，对施工人员产生威胁。第二点，在实际施工时，需要利用较多的设备设施，需要工作人员进行全方位的管理，进而保证施工顺利地进行。

三、混凝土施工设备及施工工艺

（一）混凝土防渗墙的施工设备

在建设混凝土防渗墙的过程中，最普遍的大型施工设备是钻孔机械，而钻孔任务的完成需要钢绳冲钻机，但是这种钻孔方式对于资源以及能源的消耗是极大的，更重要的是，其工作效率也非常低。如果钻孔用的是冲击式反循环钻机，就需要利用泵吸式连续出渣形式改变出渣的形式，那么在工作的时候就不会严重破坏地表颗粒，而且这种方式有比较高的工作效率，必须严格要求施工设备。如果沟槽的开挖运用抓斗挖槽机，那么切割地面时就可以用斗齿，而不需要泥浆的辅助了，在完全破碎了地面的表层后，就可以直接抓出泥屑以及碎石，与工作的基本原理相结合，则可以将抓斗的方式分为液压或者钢绳。

（二）混凝土防渗墙的施工工艺

1. 钻取法

就是指在建设的过程中将小颗粒沙砾和分土层的作用充分发挥，挖槽时可以直接利用抓斗方式，这对于工作效率的提高具有显著性的作用。

2. 钻抓法

这种开槽方法适用的地层是比较紧密的，而且施工时要将冲钻机和抓斗相结合，主孔是由冲钻机钻入漂卵石层和基岩形成的，而副孔则是位于相邻的主孔间，利用抓斗挖掘出实际符合槽孔的尺寸，也可以利用三钻两抓的方式使工程的建设得以完成。

3. 钻劈法

一般砂卵石地面比较适合使用钻劈法，工作时，需要根据轴线将槽段分成长短不同，接下来两个相邻的槽段又被分为两期，然后继续工程的进行。利用冲击式反循环型冲钻机、钢绳冲钻机，按照分层的方式钻进孔洞，当邻近的两个孔洞满足设计标准的时候，多次劈打与主孔相适应的副孔，完成劈打工作后即可排出泥屑和碎石到洞外。

（三）混凝土防渗墙工程的建设工序

1. 完成开挖沟槽的工作以后，就可以通过泥浆等材料从而完成固定工作，使沟槽的内壁具有稳定性以及可靠性。在建设工程的过程中，制浆时所使用的黏土具有膨胀的性能，应该使用密度大约为 1.05g/cm3 的泥浆。

2. 导墙起到保护的作用，其导向是钻机，可以有效地保障沟槽的使用，然而建设防渗墙的工期不长，因此，可以使用钢结构型导墙，即可以重复整改，也可以节约成本。

3. 浇筑孔洞的方法是提升导管法，能够达到均匀浇筑的目的，一般使用 $\leq$ 20cm 内径的导管，按照实际情况，就是工作能力及工作要求，从而选择适当的罐车或泵车运输混凝土、制备混凝土。

4. 通常选择的水泥混凝土都是一级配的具有塑性的，因为这种种类的混凝土能够极好地适应地基，与此同时它具有极小的变形量，因此，抗渗性极好是这种混凝土的优势所在，实际上可以在 1×10^{-6}cm/s 的范围内抗渗。

5. 连接防渗墙的时候可以使用接头管的方法，同时利用切削的方式达到防渗标准，形成合格的连接缝，在进行防渗墙的建设时，连接墙段间的工作需要非常高的要求，这也是工程建设过程中的重点。

四、混凝土防渗墙存在的问题及解决措施

（一）漏失、松散以及地层成槽的措施

一旦在土质检测的过程中出现纰漏或填筑混凝土缺乏标准，就会导致一些问题出现，如沟槽口的松动情况等，有可能进一步发生劈裂、坍塌危险。因此，需要根据实际的施工状况建立可行的保护方案。

1. 在孔洞中加固泥浆时，可根据实际情况降低加固高度。若裂缝或者坍塌情况已经逐渐出现在沟槽中，为了防止情况恶化的扩展，必须将黏性水泥及时填入。

2. 对于实际的一期槽孔的长度，应当缩小。

3. 在施工的过程中应该使用跳挖的方法，挖掘同期的沟槽的过程中，提前将适当的距离留好。

4. 处理加固导墙下泥土的问题时，一般使用深搅桩及粉喷桩的方法。

（二）槽内漏失的处理措施

进行挖槽的时候，一旦出现覆盖层，泥浆的作用就会快速地失去，孔壁面临的危险就是坍塌。通常处理这种土层的时候，及时在沟槽中填加土料，与此同时要进行振捣，解决了覆盖层的问题后就可以继续开始挖掘工作的进行，万一出现严重的土层漏失状况，在进行挖掘工作之前，首先进行土浆的浇筑工作。

（三）嵌岩的措施

嵌岩装置的制作需要选择铸钢，而且在其底部焊接合金刀刃，合金刀刃必须具有耐冲击的性能，保持在3m的高度，1 ~ 1．4m的长度，实际的墙体高度就是其宽度的最大范围，重量维持在3 ~ 5t，需要有大型起重机械的辅助才能使用。

1. 在挖掘工作开始的时候，如果碰到的岩石具有比较坚硬的质地时，通过重凿的方式将岩石击碎是首要工作，接着就是取出碎了的岩石，继续之前的工作，一直到挖掘的深度标准为止。

2. 在沟槽形成的时候，将存在于沟槽中的所有覆盖层全部除去，然后再接着进行工程建设，若纯挖法是实际工作中唯一使用的方法，那么在主孔完成挖掘深度标准后，就进行副孔的开挖，并使其成槽，使得槽壁失衡状况难以出现。

3. 重凿的完成程度离不开嵌岩，彼此相互关联，实际的工作过程中，相关的技术人员需要结合设计要求以及工作经验，通过重凿的方式从而促进冲击次数、高度和点数的提高。但是在工程建设的时候，为了降低过度破碎的潜在危险，要严格把握重凿的力量。

综上所述，在水利水电的建设工程中已开始广泛运用混凝土防渗墙技术，其对于防护

工作有着无法替代的作用。因此，采取相应的工作技术时，需要将工程建设的标准和实际形势相结合，整改设计方案，优化施工方案，从而给予施工质量有效的保障，形成更加坚固、更加稳定的混凝土防渗墙。

第四节 振动沉模防渗墙

一、振动沉模防渗板墙的施工原理

振动沉模防渗板墙技术，是将空腹构造的模板，利用机械式振锤所施加的垂直激振力压入土层，其后边振动边提升模板，并持续向模板内注入浆液。而此时模板内部的浆液会产生振捣效应，并在重力的作用下，浆液从模板的下端注至槽孔，最终生成防渗板墙的目的。这种通过挤压土体而成槽的施工方法，在避免地基释放应力的同时，还将两侧 0.3m 范围内的土体压实，从而增加坝体的抗渗能力。

二、振动沉模防渗墙施工工艺及流程

（一）施工材料及要求

鉴于浮岗水库的土质特点，坝体加固施工以水泥和沙壤土为主要材料。浆液采用水泥、中砂、钙质膨润土、Ⅱ级粉煤灰、减水剂拌制，其配合比为：1 ∶ 5.2 ∶ 0.57 ∶ 1.26 ∶ 0.006 ∶ 1.76（水）。浆液在配置完成后，每隔 2 ~ 3h 对浆液的比重复检一次，并确保浆液比重始终 $\geqq 1.6g/cm^3$；板墙的抗压强度要求为 1.5 ~ 3MPa，坝体渗透系数低于 $1\times10^{-7}cm/s$，弹性模量为 1000MPa，抗渗坡降＞ 500。

（二）施工设备

振动沉模防渗板墙施工的主要设备，可分为压模系统和注浆系统两部分。压模系统主要有机械式振动锤、步履式桩机、夹头和模板；注浆系统主要有浆液搅拌机、注浆泵和循环系统。

（三）施工测量与放样

施工前，采用全站仪对坝体轴线进行测量并放样。要用混凝土桩或木桩做好标记，标记点的位置误差≤ 20mm，并清晰可见；在场地平整阶段，要沿着坝体轴线平整出宽 6m 的振动沉模机移动平台，并挖深 0.6m、宽 0.4m 的浆液预留槽；振动沉模机的立轴，其垂直度误差要≤ 0.5%。

（四）沉入板刃

在桩机调平后，在保证机架立柱的垂直度误差≤ 0.2% 的前提下，将模板与孔位校准，再利用桩机系统的自重，将板刃沉入到土层中，板刃沉入的位置误差要＜ 20mm。并保证模板的垂直度误差≤ 0.5%。

（五）沉模

启动机械式振锤，将模板沿着施工轴线压入地层至设计的深度。在模板的压入过程中，要对模板的垂直度进行严格控制。下一个模板的压入，同样要沿着施工轴线，并压入至设计深度，但要紧挨着上一个已经压入的模板的边缘。

（六）灌注浆液并提升模板

向压入的模板内部灌注浆液，灌满后振动上拔且持续灌注，提升速度要控制于 2 ～ 3m/min。

（七）充盈灌注浆液

浆液的实际灌注量要由试验或以往施工经验确定。模板在上拔且灌注过程中，其内腔的浆液要始终保持一定的高度，从而保证生成墙体的完整性和连续性。

（八）二次压入模板

先压入的模板在振动上拔至地面后，启动步履式桩机行走装置前移，使此模板沿施工轴线，并以后压入的模板为导向且紧挨边缘，压入至设计深度。以相同的方法对后压入的模板进行操作，以此类推，并最终完成整道防渗板墙的施工作业。

三、施工过程特殊情况的处理方法

（一）浆液灌注意外中断的处理方法

浆液的灌注作业要保证连续，避免施工中断。如果在灌注过程中出现意外，不得不中断作业时，要在 8h 内且在浆液初凝过程中，往复振动模板，防止出现“铸板”现象。在浆液具有一定的强度后，提出模板并在模板内表面焊一个 20 ～ 50mm 厚的钢板，再将模板压入设计深度。模板在下沉过程中，其内壁焊接构件会在板墙面留下“凹”型槽，再次灌注浆液后，便可满足板墙的整体性和连续性要求。

（二）模板倾斜的处理方法

板墙施工过程中，其整体连续性依赖于下沉模板的垂直度控制。如果模板在下沉或提升过程中出现倾斜，施工人员要立即用钢尺或铅锤等检测器具，测绘模板的现位尺寸，并根据计算公式对模板的垂直度进行校正。校正的方法为：振动提升模板，以实现对板孔进行扫孔的目的，模板的下沉速度要控制在 0.1 ~ 0.5m/min，如此往复，至模板的垂直度满足设计要求。

另外，在施工过程中，如有发生漏浆或冒浆现象，则要认真检查分析产生这一现象的原因，结合具体情况，采取限流、嵌缝、浓浆等补救措施处理。当防渗墙某个孔体的垂直度误差＞ 1% 时，要适当地降低模板的振动提升速度，以增加桩体直径，或另加桩体的方法进行修正。

四、做好施工质量的全面保障

（一）施工质量的控制措施

施工过程中，要严格执行施工技术要求和设计标准。铺设的步履式桩机的工作平台要平坦、坚实，宽度要大于 6m，且不可出现较大“凸”或“凹”坑；浆液中所有材料的配比，都要由试验先行确定。搅拌后的浆液，在灌注前要经过过筛，并在 4 小时内注完；桩架垂直度要用底座调平后的全站仪检测，并保证桩架立柱垂直度误差小于 0.2%；严格控制模板的压入和振动提升的速度，并控制浆液的灌注量和速度。灌注过程中，模板内腔的槽孔要始终处于充满状态，以防止产生塌孔事故；当灌注浆液过程中，输浆管出现堵塞现象时，要对堵塞的输浆管加压疏通，且不可在孔中，采取用水加压的方法清理，以免对已施工完成的防渗墙体造成破坏。

（二）施工质量的保证措施

在振动沉模防渗板墙的施工准备阶段、施工阶段，施工质量管理人员、施工人员，都要对所负责的工作，保持一丝不苟、认真负责的敬业精神，不给整体工程的施工质量留下任何安全隐患：涉及工程的施工设计、施工作业等，要严格按照国家有关标准的规定进行组织和施工；每个施工班组要设技术指导工程师、质量检查专检人员各一人，并实行岗位责任制度；对于施工过程中，浆液的配合比和拌制时间、模板的压入与振动上拔等，要做好详细记录；对于配置的浆液，要定期进行比重的测量，并做模块试验，确保所用材料合格。

第五节　喷锚支护

喷锚支护指的是将钢筋网、喷射混凝土和锚杆 3 种支护方式进行结合，形成新型的支护方式，一般应用于建筑工程的硐室开挖初期支护过程中。对于目前的建筑行业来说，喷锚支护属于一项技术含量较高的技术，具有较好的加固效果。

一、喷锚支护施工概述

喷锚支护施工的主要原理为在目标土地的内部埋好具有一定密度、长度的锚固体，从而加强锚固体与土地之间形成稳固、可靠且稳定的结构整体。在喷锚支护施工的过程中，要充分了解工程附近的环境及地质特征，若土体的抗剪强度不高，则其抗拉力较小甚至为零，但是土体本身有着整体的结构，因此对其抗剪强度及抗拉力可以忽略不计，将土体的临界高度保证在较小的范围内，并且保证土体直立。若土坡的直立高度比临界高度大，则可能会导致土坡的稳定性下降，而一般的处理手段是借助支挡结构以增强土坡的稳定性，避免结构变形。若土坡周围的环境有严重的超载现象，则也可能会导致土坡失去稳定性。喷锚支护最大的作用在于若土地的稳定性及强度较差时，能够采取支护手段以提高土地的稳定性和强度，以弥补土地自身稳定性与强度方面的不足。

二、喷锚支护施工

（一）支护施工

锚杆施工利用自制作业台车，手风钻和岩石电钻钻孔，人工安插锚杆。锚杆按“先注浆后安装锚杆”的施工工艺，由人工注浆，然后人工插锚杆。系统锚杆采用砂浆锚杆。

（二）喷砼施工

喷砼按两次喷至设计厚度，第一次喷 3 ~ 5cm，第二次在再喷至设计厚度。洞内喷射将水、水泥及粗细骨料一次拌和，在喷射时加速凝剂。

（三）断层、不良地段施工

在施工过程中出现的断层及不良地质地段，开挖采用“先导洞后扩挖，短进尺、多循环、弱爆破”的施工方式，控制循环进尺为 1.0 ~ 1.5m；爆破采用光面爆破，周边孔间距不大于 35cm；采用手风钻钻孔松动爆破开挖岩体，人工辅助撬挖，极破碎区尽可能采用强力风镐开挖的施工方式，以减小爆破振动对松散体的影响。

不良地质地段施工的技术措施如下: ①地质勘探。在开挖过程中，加强地质跟踪及预测，必要时钻超前勘探孔、探洞，探明地质情况，以便采取恰当的施工程序及支护措施。②超前支护。开挖钻孔前，采用超前锚杆、小导管预注浆等支护措施，确保围岩稳定。③开挖钻爆。开挖钻爆按照“短进尺、弱爆破、少扰动”的原则施工。对断层破碎区域，采取 1.0 ~ 1.5m 一个循环。④支护。钻爆后暂不出渣，经安全处理、平渣后，立即进行一次支护，即爆破后喷一层 5 ~ 7cm 的混凝土，出渣之后安设径向系统锚杆，必要时加打随机锚杆，锚杆方向与断层成一定的交角；然后进行二次加强支护，采用挂钢筋网、喷混凝土至设计厚度支护手段加固围岩。⑤施工监测措施。成洞后按设计图纸要求及时埋设各种观测仪器，3 倍洞径距离以内每排炮后测量一次，10 倍洞径距离以后，视变形速率情况，可拉开量测时间间隔。

三、支护质量保证措施

（一）锚杆质量保证措施

①严格按设计角度和孔深实施钻孔作业；②严格按设计配合比拌制水泥砂浆，确保水泥砂浆强度；③确保锚杆水泥砂浆的饱满和密实；④严格按规范要求进行锚杆的拉拔试验。采用搭设钢管脚手架平台、电钻钻锚杆孔，采用砂浆锚固。为了保证锚杆的锚固质量，砂浆的强度是关键，且要注意灌满砂浆。

（二）钢筋网铺设质量保证措施

一方面，钢筋网必须紧贴岩面，并与锚杆头牢固焊接；另外，钢筋网必须被喷砼覆盖。

（三）喷砼质量保证措施

①严格按设计配合比拌制砼，确保砼强度。②采取预埋钢筋条控制喷砼厚度，确保满足设计要求。③严格按规范要求进行喷砼取样试验。由于重力作用，所喷的砂石掉落反弹现象严重，如何能最大限度减少喷混凝土的反弹率，是值得大家探讨的问题。

四、喷锚支护施工的监理

（一）喷锚支护的地质勘查监理

喷锚支护在施工开始前需要注意基坑边坡周围的环境情况、水文情况以及地质情况，现实是有非常多的施工单位不主动地结合周边环境来对地基设计进行勘察报告，往往只是注重眼前对地基设计进行勘察报告，导致地质勘查的监理、施工以及设计通通都处于比较被动的局面。喷锚支护的地质勘查监理最主要工作是地质勘查，在进行地质勘察时首先需要在基坑四周建立一些量比较少的勘探孔，建立条件为基坑开挖深度 1 ～ 2 倍以内、基坑开挖边线以外，且土钉的设置深度的范围在 2 ～ 3m 之间，且设置数量的范围是每一条剖面上都应在 2 ～ 3 之间。地质勘查监理的最大好处是既可以保证勘探孔的准确、真实程度，又可以进行勘察资料、设计资料的全面搜集，成功地为施工监理以及方案优化提供了良好的条件和深入调查。

（二）喷锚支护施工的监理要点

喷锚支护施工的监理要点分别是土方开挖、钻孔送钉、排气注浆、加压封闭、清理边坡、编网焊接、喷射桩身混凝土以及养护。土方开挖的开挖工作是随着分层分段的工作面进行的，它需要注意的是基坑开挖的长度以及高度，所以在进行土方开挖之前需要设计出一个最为合理的开挖方案，在施工过程中需要注意的是土钉的排列距离以及开挖面的地质状况，尤其是砂土、杂填土以及淤质土等特殊土层中的基坑开挖的长度以及高度。

土钉也称之为锚钉，它既是喷锚支护传递荷载的最终受力构件，也是喷锚支护最为重要的组成部分，有很多的土钉支护事件的发生，究其原因往往是施工时没有让土钉发挥作用，所以土钉质量的好坏以及土钉施工设计的合理程度都会直接影响整个喷锚支护，为了能将工程顺利地进行下去，我们需要把重点放在注浆方法以及土钉类型中。在土钉类型中必须重视其材料的选择，要选择能和成孔相结合的材料，且应选用材质为 Φ48 的钢管或者二级以上的钢筋，而使用钢管以及钢筋的具体时间、具体方式以及具体效果，需要进行土钉使用部位的水文情况以及地质情况进行分析才能知道。注浆方法是非常关键的一道工序，它直接影响支护的成败，由于土钉设计受拉力一般不太高，故其注浆基本上以一次完成为主，其监理重点应在注浆方式上，且注浆时必须认真按照设计要求严格控制配合比，并根据施工需要在浆液拌制过程中添加适量减水剂或早强剂，以确保浆液的流动性和提高早期强度，使土钉早日进入工作状态。

喷锚支护是指钢筋网、喷射混凝土以及锚杆这三方面相结合的支护，它一般应用在深基坑支护中，它的工作原理是在土地内部埋入拥有一定密度以及一定长度的锚固体，并让锚固体和土地形成一种具有结构坚固、牢靠、稳定的共同体，喷锚支护的止水作用分别是群锚压力灌浆止水、超前进行的局部锚管固定止水、临时排水管止水以及混凝土防护止水，群锚压力灌浆止水的工作原理是利用了砾砂以及流砂的特性，从而让土地具有防水性、止水性以及固化性。超前进行的局部锚管固定止水工作原理是利用高压环境开始进行水泥浆的灌注，是通过水泥浆进行固化止水的同时还需要支护以及开挖。喷锚支护在施工开始前需要注意基坑边坡周围的环境情况、水文情况以及地质情况，而喷锚支护施工的监理要点是土方开挖、钻孔送钉、排气注浆、加压封闭、清理边坡、编网焊接、喷射桩身混凝土以及养护，而土方开挖的开挖工作是随着分层分段的工作面进行，它需要注意的是基坑开挖的长度以及高度。

第六节　高喷防渗技术

高喷防渗是高压喷射灌浆法的简称，其原理是将水或浆液装有喷嘴的注浆管下，通过高压作用喷射出来，破坏土体，让土颗粒在外力的作用下和喷出的浆液充分融合而规则排列，待浆液与土颗粒充分融合凝固后，土体内便形成了特定形状的固结体。实验表明，在土颗粒较小布置比较稠密的土质如砂类土、粘性土、地层加固效果会更好，对于含有较多石块的地层应谨慎使用。

一、高喷防渗所用浆液材料

高喷防渗技术在水利工程中广泛使用，近几年很多基坑和坝基都使用高喷防渗技术进行基础防渗加固处理。高喷灌浆所用的浆液材料是水泥，而不同类型的水泥浆也会对高喷防渗技术产生不同的影响。

（一）常规型浆液

常规型浆液通常是不含有任何外加剂，施工建筑常用的普通硅酸盐水泥，而其通常的拌和比在 0.8 ~ 1.5 之间，此浆液满足无特殊需求的水利工程。

（二）掺有外加剂的水泥浆液

有些水利工程项目地下水位较高，无法满足在常规条件下使水泥达到凝结具备强度的要求，为了承担足够的荷载，需要给水泥浆中增加辅助凝结的外加剂，如氯化钙等早强剂。

（三）高强型浆液

通常高喷防渗技术对凝结体的抗压强度要求在 20MPa，有些特殊的水利项目在设计中增加了材料需求强度，而这种情况下，会选择高标号的水泥浆，为了提高抗渗性会在原有泥浆基础上增加柔性材料如一定比例的微膨胀土等。

二、高喷防渗技术的喷射结构形式

高喷凝结体会随着高速旋转的喷头渗入到土体内部结构，与土体融为一体，起到了复合防渗作用，根据水流的运动轨迹和浆液凝固后所形成的不同固结体，将高压喷射灌浆分为三大类，旋喷、定喷以及摆喷。

旋转喷射简称旋喷，喷嘴一面匀速提升，同时旋转最终形成圆柱状；定喷是定向喷射的简称，定喷时，喷嘴边提升边喷射，但其所对应的喷射方向始终保持不变，进而形成了板状固结体，定喷时方向不变，汇集的能量集中，所以喷射范围较大；摆喷，顾名思义是指喷嘴边提升边摆动，形成了哑铃状固结体。

三、高喷防渗技术原理

高喷防渗技术是水利工程防渗技术中的主要技术类型之一，加强对其的掌握和应用，对于推动防渗效果的提升来说十分必要，所以在应用之前，必须对其技术原理有一个基本的认识。高喷防渗技术主要采取高压注浆的方式，对水利工程的防渗漏和混合料的密度进行强化，以达到防渗的目的。具体而言，就是借助钻井将带有喷嘴的注浆管钻到预定位置之后，利用高压设备将浆液以 20 ~ 40MPa 的高压射流从喷嘴中喷出，在冲破土体的同时，钻杆按照预定速度向上提升，把浆液和涂粒进行强制减半和混合，当浆液凝固之后，在土层中形成固结体，从而达到加固的目的。

四、高喷防渗技术难点

在高喷防渗施工中，常见的高喷法较多，有单管法，也有二重管法、三重管法、多重管法，高喷注射形成的固结体形往往取决于喷射流体的移动方向。在实际应用中，这三种方法的工艺特点各有不同，需要在实际施工中有针对性地进行选择。具体的难点主要体现在以下几个方面：

（一）工艺参数选取方面

工艺参数将直接对整个防渗效果带来影响，所以工艺参数的选取在整个高喷防渗技术中是主要的技术难点之一。例如，高喷注浆的压力、动力以及泥浆的流速与搅拌的速度等，往往是选择的重点，如果选择不到位，设定不科学，将给喷射泥浆的稳定性和固化质量带来较大影响。不同的水利工程中，在工艺技术质量上的要求往往不同，设备上又存在一定的差异，因而工艺参数的选择往往具有较大的难度。再加上在实际施工中，喷射泥浆时往往会忽视对标高、排水沟、施工槽、水泥沉淀池等辅助工具的参数设计，导致泥浆的喷射质量和后续施工效率受到巨大影响。

（二）材料搅拌装置设定方面

因为水泥与混合材料有着多种不同的型号，所以在联合搅拌装置的设定过程中，也会存在较为明显的差异。比如，在搅拌普通材料时，搅拌时间一般需要在 90s 以上，但在高速搅拌水泥混合材料时，其时间只要达到 30s 以上，就能确保泥浆颗粒的均匀性。但在实际设置中，会发生由于对材料搅拌装置控制不当而引起的泥浆沉淀和角质层较高的情况，给后续喷射频率的控制和喷射压力的调整带来巨大影响，而材料搅拌装置又是灌注泥浆工作之根本，还存在施工图纸和打孔直径等因素，这些均会给泥浆的灌注质量带来影响。此外，由于钻孔间距不足，容易发生塌孔和泥浆渗透的问题，进而给泥浆用量的控制和坝体裂缝的防护均带来较大影响。

（三）坝体灌浆处理方面

在运用这一技术对坝体实施灌浆处理时，其孔位、钻孔以及孔壁的稳定性等，均会给泥浆浇筑质量带来巨大的影响。比如，孔壁垂直度不足时，在灌浆过程中就会发生工艺参数突变的问题，尤其是喷射管，其在泥浆喷射的频率与均匀度上均会受到较大的影响，进而使得工艺参数的差异性变化较大。又比如，在冒浆之后，由于喷射压力的降低，在钻孔时其内部的水与泥浆就会涌出来，这就表示注浆管孔洞的气密性较差。而这一技术的应用，可以在压力充填的作用下控制泥浆的颗粒密度与气密性，但是注浆泵和高压泵的协调性就会下降，容易发生灌浆泄漏的情况，最终导致水利工程质量受到影响。

高喷防渗技术广泛应用在地下工程基础防渗中，水利工程项目因为其地质和土质的不同，都会面临不同形式的高喷防渗施工法，为保证工程施工质量，设计在进行理论计算时也参考地质勘查结果，合理给出施工方案，施工人员应该详细了解高喷防渗技术的施工特点和施工工艺，对施工质量严加把控，建设合格工程，为企业创造效益，为人民谋福利。

第七节　垂直铺塑防渗技术

施工中开槽机具通常有链条式、往复式开槽机、往复式开槽机又可分为刮板式及锯齿式等。铺塑材料常用聚乙烯防渗膜（常称PE膜），重要的少数工程中也可用复合土工膜（两布一膜）。垂直铺塑防渗工程施工，开槽机连续稳定、施工速度快、防渗效果好、适用条件广泛、成本低，与常用的砼板墙、高压喷射构筑板墙、深层搅拌墙等技术相比较，是最经济的一种施工工艺。

一、防渗材料选择

垂直铺塑技术是因塑料工业的发展，生产了防渗性能优良的制品而研究发展的一项新技术。目前多选用PE防渗膜，主要原料为聚乙烯及六七种其他材料，密度为923kg / m^2。PE膜具有强度高、变形伸长率大、渗透系数小等良好的性能，使用寿命＞50年（国外资料表明大于100年）。工程中采用厚度≥2mm，根据作用水头的大小和工程的重要程度要求，可选用0.3 ~ 0.5mm。其基本特性由试验测定。设计中常根据工程需要提出一些具体要求，以某水库为例，塑膜置放深应达到设计测定。膜厚0.2mm，主要性能指标为：渗透系数小于10cm / s，拉伸屈服应力大于l2Mpa，断裂伸长率＞500%，刺破试验大于128N，使用温度范围 ±60℃等。PE防渗膜的市场价格随年度、原材料价格、市场需求量的变化有较大的差异，防渗膜的幅宽因原材料、生产工艺及厚度的不同而不同，常用的PE防渗膜幅宽一般2 ~ 10m，最大可达16m。工程施工中，根据铺塑的深度、运输及储存方便条件等常选用幅宽6 ~ 8m。

二、链条式开槽机垂直铺塑防渗工程施工

（一）机组

由主机、牵引机、铺塑机、水泵、发电机组等组成，总重 17t。主机行走宽度大于 3.5m 台班人数为 12 ~ 14 人（司机手 1 人、发电 1 人、铺塑 2 人、清泥 2 人、后勤 1 人、机修 1 人、技术员 1 人等）。

（二）造槽

按防渗体中心线放样定位、铺设行走道轨，设备就位调试，开机运行，连续造槽。主机通过传动机构带动链条循环远行。固定在链条上的铲斗克服土休的摩擦阻力和重力等将槽内的土体挖出土面，经皮带传送机和人工将取土堆放在槽两侧。槽探≤ 16m 时，槽宽为 0.2 ~ 0.3m。

（三）泥浆护壁

采用常用的护壁技术。当土层含粘粒较多，槽内水位大于地下水位 1.2 ~ 1.5m 时，可自行造槽护壁；半土层含粘粒较多时，需加膨润土和工业用碱造浆. 膨润土质量差异较大，常算用中等质量之膨润土（市场价格 400 ~ 600 元／ t，一般计 200 元 /t 左右即可）。其配比因土层组成的不同而异，常根据经验及参照已完工工程情况确定，或按重量比：土：碱 =1.000 ：1.000 ：（0.008 ~ 0.020），经试运后作适当调整。泥浆由泥浆机供给连续作业。

（四）铺膜及回填

铺膜由铺型机铺设，将 PE 膜卷在钢膜机主轴上，由机械牵引或人力牵引（当槽深 12 ~ 30m，卷间膜的连接方法常有缝接、焊接和搭接、缝接用手动缝纫机缝合，强度及渗漏均能满足要求；焊接是由专用焊接机热合，接缝处强度高于母材强度，接缝两端处强度为母材强度的 80%；塔接是出专用的焊接机热合，搭接即平接，长度应大于 0.5m。工程中常用缝合。

当采用复合土工膜（两布一膜）时，要求生产厂家预留“毛边”，即根据尺寸要求，为使膜与膜的连接（焊接和缝合），预留 5 ~ 10cm，土工布与膜不热合。待膜连接后，将土工布缝合。铺膜完成并检验合格后即可在膜的两侧回填鼓土等，回填土不得含有带尖棱角的石块杂物等。当与上部防渗结构连接时，铺塑在地面以上应留有余量，一般应大于 0.5m，且应妥善保护外，以防损坏。

三、往复式开槽机垂直铺塑防渗工程施工

（一）机组

由主机、牵引机、铺塑机、发电机、供水泵、反循环系统、维修设备等组成，总重15t。主机行走宽大≥ 4.5m，要求场地平整、供水水源近、水量充足、排水通畅。机台人员组合与链条式类同。

（二）造槽

按设计防渗体中心线放样，设备就位调试，开机运行，连续作业。主机通过传动机构和链杆等，带动开槽机主杆往复运行，主杆上固定有刮板（或锯齿）和射水孔，利用射手的冲击和刮板的运动，切割破坏原土体结构，通过反循环系统将离散的土体排出槽外。槽深≤ 16m 时，槽宽常为 0.2 ～ 0.3m。往复式升槽机造槽工效较高，在同样条件下日进尺较链条式造槽稍快，其他工序同链条式。

四、施工中常遇到的问题及处理

施工中常会遇到大树根、石块、废弃井等地下障碍物及槽壁坍塌等。

（一）树根

由于树根的埋深一般较浅，槽宽为 0.2 ～ 0.3m，在“三通一平”时即应用人工推土机等机械沿轴线处彻底清除主根，被切断的根茎< 5.0cm 时，对作业影响不大。

（二）地下障碍物

地下降碍物对作业的进度影响很大，有时成为该技术成败的关键。当土层中局部含有少量不成层状分布的砾石或个别较大的块石时，作业进度受到影响较小，适当放慢速度，注意观察，以防意外。

工程地质勘探报告有时较难全面反映土层的详细情况，如废弃的水井、地窖、坟墓等，对回填土也容易疏漏。如靠近城镇的回填土往往有建筑垃圾，含有大量的石块、砖和砼块等。干砌砖结构水井等，其材料强度较低，有时可切割击碎，被挖（排）出槽外；当有困难时可停机，利用人工击碎或简易抓斗等挖（捞）出。

当遇到地下埋没物较多时（如墓群），应建议改线绕行、避开。采取补充措施保护防渗结构的完整性。当遇到个别的大漂石时，可停机处理或绕行。当遇到回填土为含大量块石的建筑垃圾且埋深较小时（如 1 ～ 2m）可事先清除之。

（三）蹋壁

蹋壁是常见的事故。为防止蹋壁应对土层的组成及地下水位变化等有充分的分析判断和制定对策，作好泥浆固壁。蹋壁会将主机的主杆埋入地下，常需用人工或机械开挖、牵引起吊等法将主杆拉起，有时因工期、设备条件等原因不得已将主杆锯（切）断，重新组装主杆。

五、弯道及端部

江河堤防或园坝常会遇到“弯道”，当轴线与弯道切线夹角≤ 50 度时，主机行走可慢行逐步调整；当有一定困难可局部改变轴线时，应建议设计者改线变更；当夹角较大时可作“端部”处理，成折线。端部是指一段首尾部，围坝则为封闭圈，首尾连接。弯道的折线点和封闭圈首端连接的方法是：当槽内土体固结、两侧土体稳定时，可用编织袋内装粘土（或塑件砼）固定末始端，并使两编织袋接合之，此法一般能达到防渗要求；当土体稳定性较差，有可能引起蹋壁时，预留一定搭接长度，长度常大于槽深。

六、验收

施工的全过程中应加强管理，各工序各岗位严把质量关，严格按施工单位“质量保证体系”合关规定操作发现问题及时处理，确保工程质量。检验防渗效果的方法：观测防渗体上下游水位变化，渗漏量变化，地下水位变化及下游淹浸影响变化等。观测方法有利于原有观测孔（管）、下游水井水位测量等，也可新设观测设施。

垂直铺塑防渗工程施工工艺，具有省材料造价低、施工速度快（当 h ＝ 6 ～ 10m 日进尺可达 60 ～ 80 延米）、防渗体适应变形能力强等诸多优点，因此得到了广泛的应用。目前垂直铺塑技术成槽深度达 16m，深度增大时其机具制造、施工工艺等都有一定难度，功效较低，单位造价相对要高；同时在地质条件较复杂时，特别是在地下障碍物较多、土层中含有大量块石时，适应能力较差。因此，防渗工程选择方案时，分析研究垂直铺塑技术的适应条件，发挥其“好、快、省”的特点，优先选择该技术方案。

第八节　水泥搅拌桩

一、水泥搅拌桩定义

水泥搅拌桩是软基处理的一种有效形式，它利用水泥或石灰等材料作为固化剂的主剂，通过特制的深层搅拌机械，在地基深处将软土和固化剂（浆液或粉体）强制搅拌，利用固化剂与软土之间所产生的一系列物理、化学反应，使软土固结成具有整体性、水稳定性和一定强度的地基，以达到提高地基承载力、减少地基沉降量的目的。

二、水泥搅拌桩适用范围

该工艺主要用于软土地基的处理。适用于处理正常固结的淤泥与淤泥质土、粉性土、素填土、黏性土以及无流动地下水的饱和松散砂土等地基。当地基土的天然含水量小于30%、大于70% 或地下水的 pH 小于 4 时不宜采用干法；当用于处理有机质土、塑性指数 Ip 大于 25 的黏土、地下水具有腐蚀性时及无工程经验的地区，必须通过现场试验来确定其适用性。

三、软土地基的特点及危害

软土主要是指滨海相、三角洲相和湖沼相沉积的淤泥质土或者是具有高灵敏度、高压缩性、低强度的其他类型土，其多数属于高液限的细粒土，一般在静水或者缓流环境中沉积下来并经生物化学作用后形成的。软土在我国沿海地区分布较广，而归属于长江三角洲的上海就是软土地区的典型代表。软土的天然含水率一般大于液限且孔隙比大于 1，当天然孔隙比大于 1.5 时为淤泥，天然孔隙比大于 1，小于 1.5 时为淤泥质土。正因为软土具有高含水率、高压缩性、高灵敏度、低强度等特性，容易导致加载后变形大或者产生滑动破坏等问题。

四、水泥搅拌桩的优点

水泥搅拌桩的优点：（1）施工时无振动、噪声及污染，且不会对周边地基产生侧挤效应，所以对周围现有建筑物影响很小，可在市区内和密集建筑群中进行施工；（2）可根据上部结构的特点和对地基承载力及变形的要求，灵活地采用柱状、壁状、格栅状和块状等加固方法；（3）水泥搅拌桩将固化剂和地基软土就地搅拌混合，充分地利用了原土和地下水，且不需另加水分；（4）水泥搅拌桩形成的水泥土加固体，可作为竖向承载的复合地基、围护挡墙、被动区加固、防渗帷幕、洞门加固等。（5）与钢筋混凝土桩相比，能节省大量钢材从而降低工程造价。

五、水泥搅拌桩的设计

水泥搅拌桩设计主要是确定桩长、置换率及水泥掺量。水泥一般采用强度等级为 32.5 级及以上的水泥，对于单、双轴水泥搅拌桩的水泥掺量的取值范围一般为 13% ~ 15%，而对于三轴水泥搅拌桩的水泥掺量的取值范围一般为 20% ~ 22%。对于湿法中的单、双轴水泥搅拌桩加固深度一般不大于 20m，三轴水泥搅拌桩加固深度一般不大于 35m，而干法的加固深度一般不大于 15m，其桩径不小于 500mm。

通过上部结构对承载能力及变形要求来确定竖向水泥搅拌桩的长度及置换率，并且最好穿透软弱土层至承载力相对高的土层。竖向水泥搅拌桩的单桩极限承载力或复合地基承载力标准值应该通过现场载荷试验来确定，对于初设时可通过单桩极限承载力或复合地基承载力计算公式来估算，并且应该满足由桩身材料强度确定的承载力不小于由桩周土所提供的承载力。

六、水泥搅拌桩施工

（一）施工注意事项

施工注意事项包括以下几方面：（1）施工准备。施工现场要先前做场地要整平，清除地上和地下的所有障碍物，在有明浜或者有坑洼的地方应先清淤再回填黏性土并夯实。所有机械都要合理布置，保证机械的性能。（2）成桩试验。施工前应该根据设计要求做成桩试验，数量不得小于 2 根，以确定各项施工参数。（3）施工注重点。主要是工艺流程控制，在水泥搅拌桩开钻之前确保所有管道都干净，不能有堵塞，所有施工都要符合规范要求，每根桩柱水泥用量，搅拌时间等都要严格控制。

（二）施工质量控制及质量检验

1. 质量控制

质量控制从以下几个方面进行：（1）浆液拌制必须按预定配合比进行，拌制好的浆液应无离析现象，且放置时间不宜超过 2h；（2）泵送前，应保持管路处于潮湿状态以便浆液顺利输入，现场施工时应对浆液拌制、泵送全程进行记录；（3）施工中供浆必须连续，如果因不可抗因素停浆，为避免断桩，应将喷浆搅拌机放置在停浆面以下 1.0m 处，等供浆恢复正常后再喷浆提升；（4）喷浆施工过程中，搅拌机施工至地面以下 2m 左右时提升速度应减慢；停浆面应高于桩顶设计标高 500mm；（5）施工时如果喷浆量不足使得该桩失去设计功效时，须在旁边补一根新桩，补桩施工与其他桩的施工质量相同；（6）施工结束并经检验合格后，方可进行下一道工序。

2. 质量检验

质量检验包括以下几个方面：（1）质检项目。其中主控项目包括水泥及外掺剂等原料的质量、水泥掺量和浆液配比、提升喷浆速度、桩体强度、地基承载力；一般项目包括桩顶和桩底标高、桩位偏差、桩径、垂直度及搭接长度。（2）无侧限抗压强度试验。可在桩头截取试块或钻取桩芯做无侧限抗压强度试验，宜在桩顶以下 1m 处钻取，每单元检测数量不小于 3 根桩。水泥土试块的龄期：基础桩 90d，支护桩 28d；无侧限抗压强度不应低于设计值。（3）承载力检验。承载力检验可用单桩或复合地基载荷试验方法检验。荷载试验应在成桩 28d 后进行，检验点的数量不小于总桩数的 1%，且每单元不得少于 3 点，承载力不应低于设计值。

水泥搅拌桩作为基础工程，其质量好坏直接关系到上部结构的质量和安全。为确保水泥搅拌桩的施工质量，监理应加强全过程控制，尤其应做好事前和事中控制。在施工过程中，监理人员应抓住质量控制的关键点，巧做监理，这样才能确保水泥搅拌桩的施工质量及上部结构的安全可靠。

第九节 其他地基处理方法

一、地基复合加固技术

经过多年工程实践，我国在现有地基处理技术基础上，将两种或两种以上的地基处理方法结合，发展了一系列复合加固技术。这些复合加固技术主要体现在如下三个方面：复合加固体；多元复合地基；多方法复合加固。

（一）复合地基加固体

自 1962 年国际上首次开始使用“复合地基”（ composite foundation ）一词以来，伴随各种地基处理技术的发展，复合地基被越来越广泛地应用于各种工业与民用建筑，也用于一些水利工程如大坝地基处理，公路、铁路路基处理也经常采用复合地基。采用的增强体桩型也日趋丰富，如碎石桩、砂桩、水泥土搅拌桩、旋喷桩、石灰桩、灰土桩、渣土桩、CFG 桩、各种截面形式的钢筋混凝土桩等。传统的复合地基主要指由柔性桩或水泥土桩形成的复合地基。近年来，复合地基处理技术发展较快，随着刚性桩，特别是不同材料形成的且具有多种功能的复合桩体的引入，使复合地基的理论有了较大的发展，复合地基的加固体不但具有承担荷载的功能，还可承担排水通道等功能，使加载时桩间土的固结、桩端以下土的固结速度显著加快，桩间土也得到改善，使复合地基的加载过程本身也成为复合地基桩间土及桩端以下土的预压过程。

1. 浆固碎石桩

浆固碎石桩结合碎石桩工法和注浆处理技术，利用钻机按设计直径，钻进至设计深度成孔，放入导向管和注浆管，然后投放石料。在投放石料的过程中，用注浆管放水清洗孔。石料投放完成后进行注浆并固结成桩。浆液除在孔中注浆成桩外，也向周围土体渗透。浆固碎石桩作为一种新型的高等级公路桥头深厚软基处理方法，目前已经在宁波绕城高速公路、杭州一千岛湖高速等高等级公路，以及京沪高速铁路等软弱路基处理中应用。通过实测地基的竖向和侧向变形以及桩、土应力和孔隙水压力，结果表明，浆固碎石桩复合地基总沉降量小，稳定速度快，工期短；桩顶应力集中现象明显，浆固碎石桩复合地基桩土应力比可达 22 ~ 28，桩体置换作用明显；同时也发挥了桩间土的承载力特性，相比较于普通混凝土桩，浆固碎石桩在桩与土之间形成浆固区，提高了桩侧摩阻力，使得桩间土发挥较大的承载能力；浆固碎石桩复合地基排水通畅，孔隙水压力消散迅速，有利于主固结的快速完成，明显增加了土体的强度，从而有利于路基的整体稳定性，减小由地基土次固结引起的工后沉降。

2. 高喷插芯组合桩

高喷插芯组合桩（简称 JPP）是由高压旋喷桩和预应力混凝土芯桩构成的一种新型组合桩。JPP 桩、灌注桩和高压旋喷水泥土桩静载荷对比试验结果表明，JPP 桩与同桩长、同桩径灌注桩相比承载力高 30% 以上。也可在高压旋喷水泥土中插入沉管桩、钢桩等作为芯桩，把高压旋喷桩旋喷直径大、比表面积大的优势和预应力芯桩强度高的优势有机结合起来，两者取其长、避其短，达到提高承载力、节约造价的目的。JPP 桩上部荷载主要由高强度的预应力管桩内芯承担，该荷载逐步向下传递的同时，也逐步通过管桩周围的水泥土向桩周土中扩散，形成了管桩内芯向水泥土外芯扩散和水泥土外芯向桩周土扩散的双层扩散模式。这种双层扩散模式使上部荷载有效地传递到比一般高压旋喷桩影响范围大得多的土体中，使得 JPP 桩有较好的承载性能。

3. 高压挤土砂浆桩（CCMG）

高压挤土砂浆桩作为一种新型的桥头软基处理方法，是通过专用高压压注设备，把已搅拌均匀的砂浆体压入土体，从而形成连续的砂浆桩体。CCMG 施工工艺主要是利用钻机或振动桩工机械使钻杆达到设计标高，通过专用高压压注设备，把已搅拌均匀的以水泥、黄砂为主基料的厚砂浆体从钻杆（兼作注浆管）的底端压出，慢速提升钻杆，砂浆由下向上逐步压入土体，形成连续的砂浆桩体。

4. 变径水泥土搅拌桩

变径水泥土搅拌桩是东南大学岩土工程研究所研究出的一种新型地基处理形式。它是在成桩过程中，由动力系统带动分别安装在内、外同心钻杆上的两组搅拌叶片同时正、反向旋转搅拌水泥土，通过搅拌叶片的伸缩使桩身部分截面扩大而形成具有变截面的水泥土搅拌桩。

5. 双向水泥搅拌桩

为提高水泥土搅拌桩的搅拌均匀性，以及减小搅拌桩施工时对桩周土的扰动导致强度下降的现象，发展了双向水泥土搅拌桩技术。在同一场地进行了双向搅拌桩和常规搅拌桩试验段工程，对比分析了双向搅拌桩和常规搅拌桩的桩身质量、施工扰动、复合地基承载力和路堤荷载下的工作性状特点。现场试验结果表明，双向搅拌技术能有效地提高搅拌均匀性、消除冒浆现象，并减小搅拌桩施工对桩周土体的扰动；双向搅拌桩桩身质量均匀，桩身强度沿深度变化较小，复合地基承载力高于常规搅拌桩复合地基；填土高度相近时，双向搅拌桩荷载分担比高于常规搅拌桩，地表沉降和坡角处最大水平位移小于常规搅拌桩复合地基，而地基固结速率快于常规搅拌桩复合地基。

6. 混凝土芯砂石桩

混凝土芯砂石桩是由预制钢筋混凝土芯桩和外包芯桩的砂石壳形成的复合桩，和桩间土、褥垫层一起形成复合地基。采用预制钢筋混凝土芯桩作为竖向增强体，芯桩砂石壳作为竖向排水体，土工格栅加筋碎石垫层作为基底垫层，多利用建筑物或路堤本身重量分级逐渐加载，并使建筑物荷载下的地基变形在堆载和预压期间大部完成，以解决建筑物使用期间的沉降和不均匀沉降问题，把工后沉降和工后沉降差控制在规范允许的范围内。为了加速压缩过程，常采用比建筑物或路堤荷载更大的超载进行预压。适用于软黏土、杂填土、泥炭土、淤泥质土、淤泥、冲填土地基处理，特别适用于高含水率、高有机质含量深厚软土地区对工后沉降和工后沉降差有严格要求的工程，如高速公路、市政道路的桥头段，机场跑道、联络道、滑行道的地基处理等。

（二）多元加固体复合地基

作为我国地基处理研究的一个特色，采用不同加固体形成多种加固体组成的复合地基，以改善复合地基的工作性能，其应用实例越来越多。

目前常用的单一材料加固体基本上只具备对地基土体进行原位加固或原位置换的功能，由于其比桩间土具有更高的强度和较低的压缩性，基于应力集中而更多地分担荷载，与加固体之间土体共同承担荷载而形成复合地基。当然，散体类加固体更多的还是起排水通道的作用而加快地基固结，但由于散体类加固体的竖向承载力和变形极大程度地依赖于加固体周围土的约束，因此，当加固体周围土体很软弱时，加固体提高地基竖向承载力的能力是非常有限的。

因此，基于改善复合地基的性能，即加固体的设置不仅仅是起到对地基土体进行原位加固或原位置换的功能，还具有排水体的作用，可促进桩间土的排水固结。在 1990 年，B.B.Broms 就指出，在搅拌桩完全达到龄期之前就进行加载，在水泥土桩刚完成施工并还未形成强度时，应及时施加路基填土荷载，对土起到预压作用，趁水泥土桩完成施工且强度尚低时，对被加固土尽早加载。这样，总的填土荷载几乎首先被传递至桩间土。随着桩体的强度增长，桩间土承担的荷载会逐渐向桩体转移。土的固结时间可减少 50% ~ 70%。

如果将复合地基加固体之间设置的砂桩、碎石桩、袋装砂井、排水板也视为多元复合地基的一个组成部分（称为排水加固体），将水平加筋等的加固体也认为是多元复合地基的一个组成部分，则多元复合地基的工作机理体现在如下五个方面：

1. 促进不排水加固体施工时土的固结

如前所述，饱和黏性土中粉喷桩、搅拌桩、预制桩等（称为不排水加固体）施工时，在加固体之间的土会引起较大孔隙水压力，因此，在这些加固体施工前，在加固体之间设置排水加固体，可有效加快不排水加固体施工时产生的孔压消散和孔隙水的排出，促进土体强度恢复甚至提高，并可减小工后沉降。

2. 促进加载时加固体之间土体的固结和加固区下土体固结

在不排水加固体之间设置排水加固体，还可有助于在分级加载（主要是堆场、路堤等）时，加快加固体之间土体的固结和加固区下土体固结，这对于改善复合地基性能，特别是减小工后沉降具有显著作用。

3. 防止地震时砂土液化

当加固区分布有可液化土层时，在不排水加固体之间设置排水加固体，还可起到地震时加快可液化土层中超净孔隙水压力消散的作用，防止出现可液化土层的液化。

4. 提高地基稳定性

在提高地基稳定性方面的作用是有限的，水平加筋体的设置有助于提高路堤稳定性，例如由路堤 - 水平加筋体 - 竖向加固体 - 土组成的多元复合地基。在抗弯强度很低的竖向加固体中，适当增加部分抗弯强度高的竖向加固体（具有很高抗弯承载力的钢筋混凝土桩），也可提高地基稳定性。

5. 对地基在竖向实现变刚度、变强度加固

考虑到竖向应力沿深度的衰减，对软弱地基在竖向实施变刚度、变强度加固是合理的。变刚度实现竖向应力大的深度范围内通过长、短加固体的组合使用，形成长短加固体组成的加固区、仅有长加固体的加固区和无加固体的下卧层三个沿深度实现刚度和强度（承载力）变化的加固理念。

对于刚度较大的竖向加固体，当加固体下端仍支承在可压缩土层上时，加固体下端实质上是可产生一定刺入的，对地基在竖向实现变刚度、变强度加固，也有助于减小刚度大的加固体顶面的应力集中，短加固体（常为刚度较低加固体）可提高桩间土刚度，这两个原因可有助于减小长加固体的下端刺入量。

（三）多方法复合加固

多方法复合加固技术是指在地基处理中，将两种或两种以上的地基处理技术用于同一场地的地基处理，达到提高地基承载力和稳定性、减小地基压缩性、提高地基基础耐久性等的地基处理技术。以真空预压为例，近年来，发展了较多的基于真空预压的复合加固技术。

作为大面积软土地基处理的主要方法之一，真空预压一直得到大量应用。同时，基于

真空预压，发展了较多的复合加固技术和真空预压新技术，包括真空 - 堆载联合预压法、真空排水 + 强夯联合加固法（包括高真空击密法）、水下真空预压法、低位真空预压法、立体真空预压法、电渗 - 真空降水联合加固法、电渗 - 真空降水 - 低能量强夯联合加固法、真空 - 注气加固法、劈裂真空预压法、真空降水联合冲压法、真空预压 - 石灰稳定联合加固法等。

二、大面积地基加固

近年来，我国以公路、铁路、机场等为代表的大型基础设施建设呈现出建设覆盖面广、数量多、规模大、标准高等特点，其共同特点是，均涉及大面积地基的加固问题。东南沿海地区济南、连云港、杭州、上海浦东、宁波、温州、深圳等城市的机场建在高含水量、高孔隙比和高流塑性的软基上；西南地区的桂林、贵阳、南宁、重庆、临沧、九寨沟的机场则为高填方地基，有的还存在岩溶；西北地区西安、兰州、西宁、新疆拉那提等城市的机场建在不同类别与等级的湿陷性黄土地基上，而敦煌、克拉玛依的机场则以盐渍土地基为主；北方地区，黑河、哈尔滨、嫩江、满洲里等机场则以季节冻融或永冻土为地基；还有一些机场存在土洞、膨胀土、珊瑚礁等特殊地基问题。在这些地质条件上的公路和铁路建设也面临类似的问题。机场、公路、铁路工程的建设遇到的岩土工程问题及要解决的技术难点主要有以下三个方面：①软土地基的沉降控制标准；②一些特殊土地基处理方法；③山区机场建设中的高填方稳定性。

（一）大面积高填方地基处理

目前，国际上已经出现高填方 100m 与沿海地区出现深填海造陆形成的机场。例如日本关西机场一期和二期工程，国内也有厦门机场与九寨沟机场，21 世纪，这两类机场还会进一步增加。与此相应，场道地基的稳定、沉降及其处理问题会显得更加突出。目前各类场道地基的处理指标尚无统一工程标准，如何合理确定指标也无统一认识，一些指标的确定还有较大争议，因而 21 世纪一个重要任务是确定各类地基的处理指标，制定出相应工程标准与规范，以指导解决好机场建设中碰到的各类突出的工程地质问题。以山区机场建设为代表的高填方地基可分为高填土地基、高填石地基和高填土石地基。云南临沧机场是典型的高填土地基，贵阳龙洞堡机场是典型的高填石地基，而九寨沟机场是典型的高填土石地基。九寨黄龙机场最大填方高度达 102m，最大坡顶与坡脚高差 140m，跑道中心线的最大填方高度为 91.0m，地震基本烈度 8.1 度。该机场工程具有超高填方、大土石方量、强地震、高海拔、顺坡填筑及填筑材料选择余地小的特点，是国内机场中土石方量最大、填方高度最高、地质条件最复杂的机场之一。以该机场为例，存在如下技术问题：

1. 地基沉降变形问题。本机场最大垂直填方 102m，坡顶与坡脚最大高差达 140m，是国内机场建设中遇到的最高填方，其地基沉降问题比较突出。高填方地基的沉降包括两部分：一是在高填方巨大的附加荷载作用下，高填方下天然地基产生沉降变形；二是高填方自身在其自重作用下发生压缩变形与沉降，此外，高填方还将产生较大的水平变形。

2. 高填方地基稳定性问题。坑填方地基的稳定性问题包括两个方面：一是高填方下及其一定影响范围内天然地基的稳定性问题；二是高填方与原地基交接面的稳定性问题。

3. 高填方填筑体的边坡稳定问题。高填方填筑体的边坡稳定性也是一个应引起重视的问题。由于填方高度很大，如何使设计既能满足高填方的边坡稳定性，又能使土石方的工程量最省，是一个应该研究而且值得研究的课题。

4. 高填方地基抗震问题。由于场区地震基本烈度为 8.1 度，属于强地震区，地震对高填方稳定性的影响较大，必须加以认真研究。

5. 冻融问题。场区年最低气温 − 24℃，最高气温 30．8℃，年最大温差达 55℃，这将对材料性能、强度产生非常不利的影响，从而影响填筑体的变形和稳定。

6. 排水影响问题。高填方改变了场区原有的排水系统，排水处理不当，将给高填方地基带来不利的影响。

7. 工程环境问题。由于土石方工程规模很大，植物土层的处理及一部分弃土势必带来工程环境问题。跑道东侧的挖方区，破坏了原有植被层，需考虑水土流失问题。

（二）大面积软弱地基处理

对于大面积、深厚层软弱土地基，当涉及大面积地基处理时，在现有技术条件下将地基的沉降量控制在较小的范围内比较困难，在满足机场运行安全的前提下，应该允许地基发生一定的工后沉降，同时采用增强地表一定尝试范围内土层强度、刚度的浅层地基处理方法，使地基与上部结构协调变形，从而有效地控制不均匀沉降。这种思路已成功地解决了杭州萧山机场、济南遥墙机场和上海浦东机场等所碰到的软弱土地基的沉降问题。实践表明，强夯法可以提高地基土的强度，有效地解决浅层土的不均匀性问题，改善土基的整体变形协调性。由于强夯法本质上属于浅层处理方法，中、深部软土出现沉降变形是无法避免的。通过施工及运营过程中的沉降观测，表明道面出现了一定量的沉降，但道面结构完好，飞机起降运行安全、正常。上海浦东国际机场二期飞行区场地为促淤所形成，场地工程地质条件比一期飞行区差。在大量试验研究的基础上，相继开展了道面结构对地基沉降适应性、地基工后沉降控制指标以及结合道面结构形式进行地基处理方法等专题研究，最终形成了二期飞行区地基处理模式———堆载预压与浅层处理相结合的地基处理方法。高速铁路对沉降和工后沉降的要求均非常严格，因此，当采用复合地基进行大面积加固时，合理的沉降控制标准、地基处理方法及地基加固深度仍是高速铁路站场等大宽度地基处理的巨大挑战。例如，京沪高速铁路济南西站站场宽度较大，大面积地基处理宽度达到 160m 以上，采用了 35m 长 PHC 管桩进行地基处理。分层沉降结果表明，地表沉降达 15cm 左右时，地基处理深度范围内的压缩量仅为 3cm 左右，主要的地基压缩量仍发生于加固区以下。

（三）大面积特殊土地基处理

在膨胀土、湿陷性黄土地区兴建机场、道路、铁路等基础设施时，需要涉及特殊土的大面积地基处理。主要包括湿陷性黄土大面积地基处理、盐渍土的大面积地基处理及膨胀土的大面积处理等。

（四）大面积细粒换填土处理

与山区大面积高填方填土不同，在平原地区的道路路堤填筑等常常面临采用细粒土作为大面积填筑土料的问题，需要解决大面积填土的物理、力学性能控制的问题。例如，在奥运水上公园工程中，静水赛道的开挖约有 200 万 m^3 弃土，现场开挖的 3 ~ 4m 深范围基本是砂质粉土和粉细砂。其特点是压实性能差、抗剪强度较低、抗变形性能很差（压缩变形、湿陷等）、抗震性能差（振陷、液化）、水力性能极差（易冲蚀、流土、接触冲刷与流滑等）、抗冻害性能较差。可见，开挖出的粉细砂和含砂量较高的砂质粉土其工程性质很差。所以粉细砂和高含砂量粉土在输水的填方工程中的应用是一个极具有挑战性的技术难题。在水利工程中，即使是流速很慢的渠道也避免建造在这类土之上。通过对粉细砂和粉质黏土通过加密、加固和加筋处理，成功地用开挖的弃土填筑了动水赛道，取得了较大的经济和社会效益，为奥运水上公园项目降低了造价，缩短了工期。并在北京 2008 年奥运会的预赛中经受了考验。

第七章 堤防与疏浚工程

第一节 堤防工程施工

我国是一个农业大国，为确保农业的发展需要做好水利堤防工程的建设工作。水利堤防工程的建设施工是一项复杂的系统性的工程，需要对水利堤防工程施工中的各个环节都引起足够的重视，确保水利堤防工程建设施工的质量。本书在分析水利堤防工程施工工艺的基础上对水利堤防工程建设施工中的质量控制措施进行了分析阐述。

一、水利堤防工程施工中堤身填筑施工中的技术要点

在水利堤防工程的施工过程中，做好对于水利堤防工程的坝体的填筑是其中重要的一个环节，在水利堤防工程施工中的坝体填筑中需要对坝面的流水作业引起足够的重视，在其施工中需要注意以下几个方面：在水利堤防工程坝体填筑施工中，为确保水利堤防施工速度与施工质量，需要根据坝体填筑的施工作业面的面积和所投入使用的工程机械的作业范围及能力来对坝面流水作业的方向与工作段的大小进行合理的划分，在对其进行划分时要确保其作业的宽度要超过碾压机械可以实现错车和确保压实的最小宽度要求，同时在长度的划分中也需要满足碾压机械的作业需求。

在对坝体填筑作业面的划分中还需要根据具体填筑的坝体的面积与机械施工的强度结合铺料的方式与环节因素来作为坝体填筑划分的主要依据之一，在坝体填筑的过程中还需要控制好坝体填筑土料的作业时间与土料质量的把控，尽可能地降低坝体填筑时的作业循环时间，确保水利堤防工程坝体填筑时的施工质量与施工效率，提高水利堤防工程坝体填筑的施工质量。同时在水利堤防工程坝体流水作业时还需要注意控制好坝体填筑时的流水作业施工中的作业程序的工序数目与流水作业的单位时间，控制好作业的时间与效率，提高水利堤防工程施工的质量。

同时在水利堤防工程坝体填筑的流水施工作业中，如果施工作业面的地面不平整，则需要根据水平分层实现从下到上的逐层填筑的方式，同时在作业面的划分上，对于机械施工时的分段作业面的长度应尽可能地控制在 100m 的范围内，同时在施工的作业面上应当分层实现统一的铺土和碾压，避免在施工中出现界沟，提高水利堤防工程坝体填筑的施工质量，同时对于上下层面的分段接缝处应当错开，提高水利堤防工程坝体填筑的施工质量，

如果在水利堤防工程坝体的施工中遇到软土坝基，必须要设计断面同步其分层填筑的施工工艺，避免线进行堤坝堤身的填筑在进行压实的作业方式，应当在堤身全段面完成对于坝体的填筑后，再进行整坡压实和削坡处理，并铺填平整水利堤防工程两侧的护堤地面的坑洼处。

二、确保水利堤防工程预应力锚固施工技术的施工质量

水利堤防工程施工中的另一个重要环节是预应力锚固施工技术，在水利堤防工程中所应用的锚固技术主要分为预应力岩锚和混凝土预应力拉锚两种锚固技术。在水利堤防工程中使用预应力锚固技术主要是为了利用预应力锚固技术来传递拉应力，通过在水利堤防工程中根据设计要求来对基岩或是建筑物预先施加主动的预应力以提高水利堤防工程的抗压能力，提高水利堤防工程的使用效能，加固并改善水利堤防工程的受力条件，确保水利堤防工程的使用质量。

三、做好水利堤防工程施工中的铺料作业

在水利堤防工程的施工中，铺料作业需要注意以下几个方面：

（一）在进行水利堤防工程的铺料作业时，首先需要根据水利堤防工程的设计要求将土料铺筑到设计指定位置，同时在土料的铺筑中需要根据要求完成土料的配比，避免将砂砾或是其他透水性材料混杂在粘性土料中，以避免对水利堤防工程的工程质量造成影响。

（二）在进行铺料作业时，对于所铺筑的土料一定要均匀、平整，对于每层铺筑的土料厚度与土块的直径的限制尺寸需要根据现场试验来确定其相关的尺寸。

（三）在水利堤防工程施工中对于土料或是砾质土都可以采用进占法或是后退法完成对于土料的卸料工作，其中砂砾料主要采用的是后退法进行卸料操作，同时为了确保水利堤防工程施工的顺利进行，需要在水利堤防工程施工中配置一些大容量、高效率的施工机械，确保水利堤防工程的施工进度与施工效率。同时在水利堤防工程的施工中，对于红粘土、膨胀土等土料可以作为防渗土进行使用，同时对于深厚的砂砾石层的基础筑坝需要在坝体中修筑防渗墙，以提高坝体的防渗能力，同时在混凝土面板堆石坝的施工中，则需要利用堆石体来进行临时的挡水或是过水度汛，从而在水利堤防工程中形成较为完备的防渗体系，提高水利堤防工程的防渗能力。

四、水利堤防工程压实作业注意要点

在水利堤防工程的施工作业中，为确保压实效果，首先进行相关的压实试验，以确定压实作业中所使用的机具、碾压作业中的碾压次数、铺土的厚度等的相关参数，在进行碾压作业中，碾压机械设备的行走方向要与堤轴线相平齐。如果在碾压操作中采用的是分段

碾压的作业方式，则需要在各分段处设立相应的标示，以确保在后期的碾压作业中能够作业到位，避免漏压、欠压或是过压等影响压实的效果。在相邻两段的作业面需要有一定的搭接碾压宽度。在进行碾压作业时必须要控制好土料中的含水率，如果压实的是砂砾土料，则需要喷洒填筑土方量约 20% ~ 40% 的水，以提高其含水率。

混凝土坝的碾压需要采用低于 5sVs 值的混凝土，在确保所使用的混凝土强度符合使用要求的前提下改善层面的结合质量，可以在其中使用重复灌浆的预制混凝土组合块诱导缝造缝技术、升程连续浇筑混凝土碾压土坝等的现今技术，确保水利堤防工程混凝土坝的施工效果。

五、水利堤防工程施工中护岸护坡施工注意要点

在水利堤防工程施工中的护岸护坡工程主要分为水上与水下两个部分的，在施工的过程中需要遵循先护脚再护坡的施工原则，护岸工程施工要求较高，需要具有耐腐蚀、整体性好以及抗冲击能力强等的特点，需要在水利堤防工程施工中引起足够的重视。在堤岸护坡工程施工中需要根据不同的护岸形式来进行施工：坡式护岸，其主要是需要顺着岸坡与坡脚在一定的范围内覆盖相应的抗冲击的材料，以提高水利堤防工程的抗河水的冲刷能力，以保护水利堤防工程。

在对其施工中需要注意确保下层护脚的稳固度，护脚工程所使用的材料需要具有抵御水流的冲刷的能力。同时在建筑材料的选择上一定要使用坚硬、密实且能耐风化的能力。对于坝式护岸其主要是通过将水流来提高水利堤防工程的抗水流冲击的能力。此种形式多适用于游荡性的河流的护岸。墙式护岸主要通过顺着堤岸修筑竖直的陡坡式挡墙的方式来提高水利堤防工程的抗水流冲刷能力，其多应用于城区河流或是海岸的防护，尤其是一些河道较为狭窄的水利堤防工程，在水利堤防工程护岸工程中多采用的是钢筋混凝土、混凝土与浆砌石等以提高其稳固度。同时在水利堤防工程中，对于土工合成材料的选择及使用需要注意满足施工简易、运输方便、价格低廉以及物料丰富等的特点，能够在水利堤防工程施工中发挥重要的作用。

在土工合成材料的选择上可以采用垂直铺膜的施工技术，在堤防、大坝以及透水基地等的地区采用垂直铺膜确保水利堤防工程的防渗效果，其中铺膜的深度最高可以达到 19cm 的深度，同时在水利堤防工程的施工中材料合理、规范的垂直铺膜技术可以减少最多近 90% 的水头，在冬季水利堤防工程的施工中，可以进行石笼铺设，同时在石笼下进行无纺土的工织物，一旦春天天气转暖，水面开冻，石笼需要达到设计的位置，此方法在东北等较为寒冷地区的应用较为广泛。同时在水利堤防工程的施工中还可以采用模袋混凝土施工技术，以提高水利堤防工程的防护效果。

水利堤防工程是水利工程中的重要基础，其施工质量的好坏对于水利工程的施工质量有着重要的影响。现今，随着我国对于水利工程的投入不断提高以及各种新技术、新工艺

在水利堤防工程中的不断应用，在提高了水利堤防工程施工质量与施工效率的同时也对水利堤防工程的施工带来了不小的挑战。

第二节 疏浚工程施工

一、疏浚工程施工要点

（一）施工定位

对于施工定位不仅要依照其开挖的区域在施工作业的现场把边界点与开挖边线留出，并且为了对挖泥的深度实施控制还要在航道的前沿设置水尺。为了确保施工作业的安全，浮标一定要依照挖泥的区域在边界点上抛设来对挖泥的区域设置警戒水域与控制。抓扬式的挖泥船设备是运用 4 个边锚与一个主锚依据边界浮标与已经施工的航道对其实施定位的，而且是经过水尺来对下斗的深度实施控制的。卸泥船的航行与卸泥工作依据卫星导航定位（GPS）体系实施定位。

（二）基床挖泥

在挖槽作业正式展开时，要展开试挖作用，而且对试挖中的深度实施科学的分析，从而对正式挖槽施工中的挖掘深度进行确定，不但确保挖槽施工的质量，还使挖槽工作的施工速度加快了。可是，挖槽施工中存在着很多不确定原因，就算实施了试挖，在正式挖掘中漏挖与回淤的情况还是会发生，施工员能够依据漏挖与回淤的现实状况，结合施工经过中的测量数据实施科学的分析，从而在施工经过中做出调整。

疏浚项目的整个施工程序会受到每一个方面的干扰，一般状况下的施工周期都相对长。施工单位要依据施工的现实状况，在施工经过中严格实施“先易后难、先上后下”的施工准则。对于航道中回淤状况不清楚的范围能够考虑之后施工，对于那些回淤状况严重而且信息相对清楚的范围一定要优先施工。疏浚施工队伍还要考虑到施工周期的原因，在施工当中预留出合理的回淤深度，避免挖槽深度不足造成施工延期。

（三）基床抛石

由于施工时期相对紧凑，要是应用陈旧的民用船只实施抛石作业不仅不可以达到项目所期望的目标，也会给基床抛石作业的管理工序带来非常多的困难。抛石的技术人员必须要综合思考水下基床的断面方量与抛石方驳装石方量这 2 大原因，把每一个抛石断面的抛石斗数确定好，在抛石作业以后，有关的技术人员还要对水位实施一连串精确的测量，最后依据项目的现实状况对全部断面的抛石斗数进行调整。

（四）基床夯实

基床的夯实应用的是65吨的履带吊机与6.35吨的夯锤实施的，由于施工范围的有限性，夯实的方向标牌与夯实的里程标牌在施工的现场不可以设立，因此，要对有关的夯实作业的船只实施定位操作，在夯实作业的经过中，夯锤的下落间距和夯锤在纵向与横向上的间距必须要严格控制，以对机床的平均夯沉量进行控制。

（五）方块和卸荷板制作

（1）控制材料中的粗骨料，像石粉，石粉要配合钢筋混凝土的含量，思考到制作材料的成本，要使用循环水，对碎石实施清理，高温环境中，还要使用防晒措施，防止骨料在疏浚项目中，发生温度太高的问题；（2）方块与卸荷板，制作时，要满足标准性和设计规范，在试拌阶段，选取合理的钢筋混凝土配合比，不可以影响到方块、卸荷板的质量与功能；（3）搅拌钢筋混凝土的时间，影响到方块、卸荷板的质量，依据时间把坍落度控制好；（4）疏浚施工时，依据季节时间，选取合理的水泥材料；（5）掌握控制钢筋混凝土的振捣周期，同时还要把振捣间隔控制好；（6）把方块与卸荷板放到淡水中浸泡，每隔3小时，淡水更换一次，帮助方块与卸荷板的温度降低。

二、质量控制

（一）建设以项目经理为重点的质量管理系统，对施工的质量进行全面负责控制，施工班组长、施工员、质检员、安全员、测量员依照质量系统流程文件要求，持证上岗，各自把本职工作做好。工地并设专职质检员，有权处理普通问题，重大问题直接汇报给项目经理解决。另外，没有体系的方法对其实施审查，有关的管理制度还不够完善，这就导致了在施工现场发生了部分不合格的施工队伍，如此一来就非常难确保项目的总体质量。所以，为了进一步保障与提升项目质量，对分包单位我们一定要进一步加大力度实施审查，对劳务队或分包单位应用合理的管理方法实施优化与选择。

（二）疏浚项目施工中，合理的控制施工质量，使用质量控制制度的方法，依照项目的进度，对水深进行测量，进而发挥控制质量制度的合理性。比如：控制质量制度中，要依照挖泥船的现实指示，把挖泥的过程落实好，运用水尺检验零点，依据零点把挖泥的下斗深度调整好，确保挖泥船的正确性。控制质量制度，对疏浚施工有非常大的限制作用，可以检验出施工中的违规操作，严禁出现不符合质量制度要求的行为，防止发生施工纠纷。

（三）建设测量控制网，完成施工测量放样的正确性。在疏浚施工前，布设施工控制点就是一项关键的工作，以建设施工所需的测量控制网。并且，放样点的点位误差需要跟有关的规定相符。

（四）疏浚质量控制中的安全施工，施工期间，航道要保持干净，对施工的安全性进行维护。疏浚施工，靠近海域，船舶数量非常多，容易遇到台风，一定要增强安全管理，所以才可以提升疏浚施工的安全水平。针对安全质量控制，提出 3 点措施，如：（1）参加疏浚施工的水上人员，救生衣要统一穿戴好，施工时间内，船舶要把施工的旗帜悬挂好，提供指示；（2）疏浚作业的机械设备，要定期进行检修与保养，航行方面，把瞭望的工作做好，防止干扰船舶航行；（3）配置交通警戒，帮助提高疏浚施工的安全性。

（五）质量控制中的保护方案，在疏浚施工质量控制中，对也许会出现的安全风险，提出保护方法，每一项的机械操作，要在规定的范围内进行，对疏浚施工引起的主体位移要定期检验，确保主体的稳定性与安全性。保护方案中，把信息的沟通全面落实好，依照观测的数据，对项目的作业强度进行调整，不可以对主体的安全导致影响，还要把疏浚的施工进度控制好，规避潜在的风险，优化疏浚的施工环境。

疏浚项目的施工周期相对长，整体都相对大的工程量，所包括的技术层面相对广，在施工经过中需要综合几个方面的施工技术。优异的项目管理能力，在现在越来越激烈的疏浚施工市场竞争环境中，可以推动企业的不断发展，可以为企业开辟更为广阔的生存空间，疏浚企业一定要构建一套合理科学的组织管理制度实施项目管理，只有这样才可以获得在激烈角逐中的竞争优势。

第八章　水闸工程

第一节　施工导流

一、施工导流技术的应用

（一）围堰法

围堰法是施工导流的一种常见方法，但是因为工程情况的不同，又分为全段围堰法和分段围堰法。全段围堰法是通过在河流上对围堰进行建设的方式将河道进行一次性截断，水流被引向其他的灌水建筑物中作为分流，向下改为倾泻。采用这种围堰方法时，要注意考虑泄水建筑物的具体情况，根据水量来决定水流的划分导流方向。全段围堰法分为明渠导流和隧洞导流。比如在遇到水量较大的情况下，就不能只靠拦截的方式，而应在拦截后用明渠的方式进行二次导流，这样才是导流技术的具体运用。分段围堰法通过围堰对水流进行多段划分，各段分期的完成，就可以结束整个工程的操作。但是分段围堰法适用在河床交宽、工程施工期限长和水流量大的水利工程。

（二）明渠导流

明渠导流是在河岸或滩地上挖渠道，在基坑上、下游修筑围堰，水流经过渠道下泄。它适用于岸坡平缓和有宽广滩地的平原河道。如果在坝址附近有旧河道，也可以利用进行明渠导流，再通过坝体预留缺口、底孔的方法下泄水流。明渠导流的适用条件：河床沿岸有较宽的台地；导流流量较大，地质条件不适用隧洞导流；施工有通航、排水的能力。它的布置包括布置导流轴线、确定进出口位置、判定明渠高程。布置导流线选择在较宽台地的沿岸；明渠轴线要达到上、下游围堰外的坡脚，水平距离要防冲，一般为 50 ~ 100 米。明渠进出口要与上下游水流对应，与河道主流的夹角小于 30°。明渠的转弯半径要大于渠底宽度的 5 倍以上，这样才能保证水流顺畅。明渠轴线应尽量减少明渠长度和渠底深度。

（三）隧洞导流

对于河谷狭窄、两岸地形险峻、山体坚硬的山区河流，可以运用隧洞导流。开挖隧洞的目的是为了解决施工过程中的导流问题。运用这种方法一般与固体建筑结合，采取在工程基坑的上、下游修建围堰，让水流通过隧洞外泄。这种方法因为施工隧洞的难度大，成本较高，只适用在地质条件相对复杂且无法建设明渠的山区河段。

（四）涵洞导流

涵洞导流是指在下游修筑挡水围堰，使水流通过涵洞后导向下游的一种方法。这种方法一般运用在水闸和中小型土石坝的施工工程。另外，分期导流在后期有时也会用到涵洞导流的方法。涵洞导流的特点在施工工作面广、速度快捷、灵活方便、造价低廉。涵洞应设置为直线状，确保水流进出口快，顺畅通过涵洞，就不会有淤泥，引发渗漏的问题。

二、提高施工导流技术

（一）加大投入，创新技术

科学技术是第一生产力，科学技术指导生产力的前进方向，同时也制约了制约生产力的发展。哲学告诉我们：必须加大对技术创新的投入，鼓励技术创新，促进水利行业的发展。目前水利工程建设逐渐夸大规模，技术要求也很高，政府的大力支持，加快了水利技术的创新速度，对导流施工技术也要创新发展。

（二）培养人才，掌握知识

人才素质制约了社会的发展，同样人才也影响了水利工程的整体建设水平，应该加强水利人才的培养。在水利工程行业，缺少高新技术人才，对导流施工技术停留在原先层面。因此，要注重人才的培养，调动技术骨干人才的积极性，发挥主观能动性，带领员工学习导流施工技术这些信件工程施工经验，推动水利技术的创新。

（三）完善管理，和谐发展

健全的管理体系，不但可以提高水利工程的施工质量，而且有助于提高施工单位的经济效益。在水利施工单位，市场竞争力大，只有完善管理体系，才能促进水利事业的进一步改革，增强自身的竞争实力，保证工程质量。

第二节 地基开挖

一、岩基开挖

对岩石地基，多采用爆破方法将岩石破碎，再用人工或机械将石渣挖掉运走。如为软岩，也可用带有松土器的重型推土机直接用凿裂法开挖，无须爆破。开挖施工中，根据建筑物的特点、开挖范围的大小和深浅、基坑形状、施工导流方式等，采用不同的开挖方式和方法。在水利工程的大面积地基开挖中，广泛采用深孔梯段爆破（见深孔爆破）结合预裂爆破、光面爆破的施工方法，分层开挖，利用挖掘机配合自卸汽车出渣。在施工前，常先进行爆破试验，选定爆破参数。一般情况下，地基开挖须从岸坡到基坑，自上而下进行，不采用自下而上或造成岩体倒悬的开挖方式。为防止爆破对基岩产生破坏性的影响，保证地基质量，需要采取一定的防护措施。许多国家都采用预留保护层的办法，即在临近基础底建基面的一定范围内，对爆破分层、钻孔深度、孔径、装药量和起爆方式等，均予限制。采用预裂爆破或光面爆破，也是一种防护措施。在坝基或厂房地基的开挖中，还要注意保持要求的体形和断面形状。为防止由于爆破振动影响而破坏基岩和损害邻近的建筑物或已经完工的灌浆地段，须根据被保护对象的质点振动速度允许值，控制爆破规模或采取防振措施。对高边坡开挖，要充分注意边坡稳定的问题，做好稳定分析、观测、排水等方面的工作，并且要采用正确的施工程序和施工方法。

二、软基开挖

对土质或砂砾石地基，包括岩基上的覆盖层的开挖，同样要根据工程条件，采用不同的施工方式和方法。软基开挖需要注意边坡稳定，根据地质条件和开挖深度，确定开挖坡度。如因地质原因或周围条件不允许按要求的坡度放坡开挖时，则要设置坑壁支撑，防止塌方和滑坡。还要注意做好施工排水措施，防止外水流入施工场地，并将地表积水、雨水排至场外。开挖低于地下水位的基坑时，可采用集水坑、井点排水或其他措施，降低地下水位，使基坑底部和边坡在施工期间保持无水状态，改善施工条件，稳定施工边坡。对于坝基和坝头岸坡，需按要求的坡度、深度及坝岸结合形态进行开挖。开挖后不能立即回填的部分，要预留保护层，在回填前再行挖除。

第三节 混凝土水闸施工

水闸分岩基水闸和软基水闸，它们的地质条件不同，闸基处理方法不同，但是，闸室组成内容和结构布置基本相同。大中型水闸多数用混凝土建造，中小型水闸采用浆砌石，或者浆砌石与混凝土的混合结构。岩基水闸闸基处理比较简单，软基水闸多建在河道上，闸基处理比较复杂。本书主要探讨软基上钢筋混凝土水闸的闸基处理和闸室施工技术。

一、软基开挖处理

在开挖之前，在闸基范围内及其周围用打机井的办法打井抽水，可以防止流砂产生，提高闸基土的密实度，开挖时，边坡可以比较陡，减少开挖回填的工作量。在开挖后的基坑边坡上，为防止渗水时产生流砂现象，从而导致边坡塌滑的措施。基本做法有：用叠砌苇捆拦砂；用秫秸、柳枝，稻草等绑成柴枕拦砂；对坡面铺设护面材料拦砂等。软基处理方法比较多，如换土法、排水法、振冲法、钻孔灌注法等。

二、闸室施工

（一）浇筑块划分控制

混凝土水闸一般都由沉陷缝或者温度缝将整个闸室分为许多结构块，施工时，要尽量利用这些永久性的接缝分块。如果永久性分缝间距过大，浇筑能力跟不上，还要将浇筑块划小，设置施工缝。浇筑块划分的大小，要在施工条件允许的情况下，对体积、面积、高度三个方面进行控制。

（二）混凝土浇筑顺序

在施工浇筑块划分以后，混凝土浇筑顺序的制定应综合考虑各个方面的影响因素，如：工序定额、作业先后、模板周转、劳力调度、混凝土拆模强度、混凝土生产强度、各个浇筑块施工中的相互干扰等。目的是，合理确定浇筑方式、浇筑次序、浇筑日期，以达到合理安排施工进度，达到均衡生产。为此，在安排混凝土浇筑顺序时，要考虑先深后浅，先重后轻，先主后次，穿插进行。

（三）闸底板施工

1. 整体式平底板施工

闸基处理完毕，一般先在基面上铺素混凝土垫层，厚度10cm左右，垫层的作用一是保护闸基土不受扰动，二是找平基面，以便立模、布设钢筋等。关于底板浇筑混凝土的立模方式、混凝土的入仓方式，振捣方式，工程的规模不同，方式也不同，应视具体情况确定。

2. 反拱底板施工

为了节约钢材，充分发挥混凝土抗压性能好的特点，有的水闸采用反拱底板。这种结构一般先浇筑闸墩部分，后浇筑反拱底板部分。浇筑之前，挖好基坑，作好排水，夯实基土，接着按设计要求放样开挖，挖好反拱土模，在土模上面铺垫厚约1cm的砂浆，等待浇筑混凝土。

（四）闸墩施工

1. 浇筑前准备工作

在立模之前，先在已浇好的底板上定出闸孔中心线、闸墩边线、与边线平行的控制线，并且沿闸墩边线每隔适当距离测定高程，作为立模和检查校正用。在已经做好的模板上，定出工作门槽、检修门槽的位置线，将整套的闸墩模板编号，运到施工现场，堆放时，将上部使用的模板放在下面，以便依次取用。

2. 立模

立模时，闸墩两侧的模板要相对进行。平直模板先立，圆头模板后立。底层模板的上口保持水平。在闸墩两侧模板上，每隔1m左右对称的钻圆孔。在圆孔位置，模板内放进毛竹管或者预制混凝土管撑头，并穿入对销螺栓。毛竹管或者预制混凝土管撑头的长度与闸墩厚度相同。它既可以控制闸墩的厚度，也可以防止模板向内侧倾倒。对销螺栓作为拉条可以承受混凝土的侧压力。对销螺双与平撑连接也增加了撑木的刚度。螺栓的直径一般12、16、19mm。浇筑完混凝土，螺栓可以从管中拉出，重复使用。对于闸墩的圆头部分，模板立好后，在圆头模板的外侧，自下而上，相隔适当距离，箍以半圆铁环，铁环的两端焊接扁铁并且钻孔，钻孔尺寸与对销螺栓相同。

3. 混凝土浇筑

模板立好后，开始清仓，用压力水冲洗模板的内侧和闸墩的底面，冲洗的污水从底层模板上预留孔中排走。清仓完毕，再将小孔堵塞。开始浇筑混凝土。施工中要注意控制混凝土上升速度，以避免过大的增加流态混凝土对底层模板产生过大的侧向压力。对于开敞式水闸的闸墩，可以考虑采用滑模施工。

（五）填料和止水施工

水闸的沉陷缝一般 2 ~ 3cm 宽，为了防止渗水，缝间要填充材料，并做止水。

1. 沉陷缝的填料

缝间填料一般用沥青油毛毡、沥青杉木板等材料。填料安装方法有两种：先将填料固定在先浇混凝土的模板内侧，浇筑混凝土并拆模后，填料就粘在混凝土表面上，浇筑另一侧的混凝土时，填料便可以牢固地嵌入沉陷缝内。在现浇混凝土的模板内，每隔适当距离钉入长铁钉一排，钉入长度约为铁钉的 1/3，余下的 2/3 浇筑到混凝土中。拆模以后，铁钉的尖露出混凝土面，再将填料安装上去，并把漏出的铁尖敲弯，使填料固定在混凝土面上，再浇筑另一侧混凝土时，填料既被固定在缝内。

2. 止水材料

止水材料一般多用紫铜片、铝片、镀锌铁皮、橡皮等。近年来，随着塑料工业的发展，广泛采用塑料止水片。

3. 塑料止水的优点

止水性能好，抗拉强度高（一般能承受 20m 水头的静水压强），具有良好的弹性和韧性，适应变形的性能强，抗磨蚀性强，经久耐用，容易粘接，质地柔软，可以卷起来保存，便于运输安装，价格比较便宜，大约仅相当于橡皮止水材料价格的 1/2。

4. 常用塑料止水的型号

塑料止水一般是由聚氯乙烯树脂加入增塑剂，稳定剂，等辅助材料加工成型的。一般称为聚氯乙烯止水带。常用型号有 651、652、653、654 型，其宽度分别为 298、280、230、350mm。

5. 止水安装施工

垂直止水安装：它与填料同时安装，方法相近。止水要求严格的，一般将止水片于沥青井联合使用，将止水片设在沥青井处。水平止水安装：它与垂直止水施工方法类似，但一般不设沥青井。

6. 沥青井

沥青井用混凝土预制块砌筑，每段砌筑长（或者高）2 ~ 3m，预制块后 5 ~ 10cm，预制块的背面要凿毛，以利于与混凝土结合。沥青要在后浇筑的混凝土施工前，随着预制块的分段安装，进行分段灌注。沥青井通常为方形，尺寸 20cm × 20cm。井内灌注沥青胶，沥青胶的配方一般为：沥青 : 水泥 : 石棉粉 =2 : 2 : 1。沥青胶的加热方式有蒸汽管加热和电加热两种，比较多用的方式是电加热。

（六）闸室上部结构施工

水闸上部结构一般指三桥，有的包含胸墙。工程量约占闸室混凝土的6% ~ 9%，但是，结构比较复杂，施工技术要求比较高，以前多采用现场浇筑，现在多采用预制吊装法施工，为了施工吊装方便，上部结构在设计时，尽量采用轻、巧、薄、强的形式，例如采用预应力钢筋混凝土结构，高标号混凝土等。

水闸在水利工程中应用很广，底板部位容易出现问题，给水闸工程带来了多方面不同程度的危害，所以在进行水闸设计时，一定要根据闸址附近的地形、地质条件和水文、施工、管理等因素，认真研究，合理布置。

第九章　泵站与水电站

第一节　泵站施工

一、水利泵站施工中的难点

（一）基础条件较差

水利泵站工程施工现场的环境较为复杂，很多情况下都处于河流附近，土质松软，强度较低，很容易受力压缩，且含水量较高，因此必须做好基础的处理，提升承载力，否则将会对工程施工造成巨大的阻碍。

（二）施工难度较高

水利泵站施工涉及了许多学科的知识，应用到了许多机械设备，设备的操作对专业知识的要求较高。因此，如何做好不同专业和部门之间的协调配合就成了施工单位必须考虑的问题，否则必将对施工活动的有序开展造成一定的影响。

（三）地下水

水利泵站施工过程中，泵房、防洪闸以及控制闸等的底板高程需要低于河水水位，因此，基坑的高程必定低于地下水位，在这样的情况下，很容易出现渗水以及基坑软化的情况，从而为施工活动带来一定的阻碍。

二、水利泵站施工技术

（一）围堰施工技术

在水利泵站施工的过程中，围堰的作用是截留以及挡水，能够为泵站施工创造良好的施工环境，保障工程施工的安全开展。围堰施工技术的要点包括以下几个方面：

在对围堰高度以及断面形式进行确定的过程中，必须以泵站工程现场的历史最高水位为参考，进行适当的加高。在围堰填筑完成之后，要使用机械对其进行适当的碾压，提升其压实度，这样就可以有效的提升围堰的稳定性。为了避免围堰在水的冲刷下遭到破坏，可以在其迎水侧铺上一层复合土工膜，并使用土袋进行护砌。在进行围堰填筑施工的过程中，必须保障施工现场的平整清洁，对基底进行压实处理，清理水下部位的淤泥，为施工做好铺垫。堰体的顶宽要保持在3米以上，使用推土机进行推平和碾压。

（二）基坑支护施工技术

在水利泵站施工的过程中，为了避免基坑坍塌现象的发生，可以酌情对基坑设置支护，提升基坑的稳定性，保障施工活动的安全开展。普遍情况下，可以选择钢板桩围护的方法，在具体施工的过程中，必须重视以下内容 .

1. 科学的选用钢板桩

钢板桩的选择需要考虑到多方面的因素，包括施工现场的环境因素以及施工方法，通过对上述因素的综合分析选择性能最合适的钢板桩进行施工。

2. 选择合适的施工方法

一般情况下，采用单桩逐根打入的方法对钢板桩进行施打。首先，测量人员通过现场勘测确定钢板桩围堰的轴线，遵照轴线 隔段进行导向桩的设置，在打桩的过程中，要对钢板桩的垂直度以及斜度进行严格的控制，一旦发现问题必须及时进行调整。

3. 拔桩

在涵洞以及出水口挡土墙施工完成之后，可以进行拔桩。拔出的钢板桩经过一定的修复处理之后可以进行循环使用。在拔桩的过程中，拔桩机的振动锤应夹紧钢板桩的上端，通过针对能够使钢板桩与土的结合产生松动，减小拔桩时遇到的阻力。一旦发现拔桩机超负荷运行，必须及时停止拔桩，加长振动时间，进一步减小土体对钢板桩的摩擦力。在拔桩之后，施工人员必须及时对土孔进行回填，避免土体消沉降或是位移现象的发生。

（三）施工导流以及降水

在水利泵站施工的过程中，技术人员必须通过对当地水文地质情况以及相关勘察资料的综合分析确定地下水埋身高度，虽然钢板桩能够起到一定的防水效果，但是为了有效地防止渗水坑底渗水现象的发生，保障施工场地的干爽，必须采取一定的排水和降水措施，提升施工的安全性。根据钢板桩的位置在基坑底部修建排水沟渠，对其坡度进行合理的设置，提升排水效果；在基坑底部设置的一定数量的排水井，用于将水排出坑外。为了提升排水的效率，可以适当地使用水泵降水抽出。为了保障水泵的全天运转，需对水泵采取双线供电，避免水泵因故障或是停电等因素无法运转。还要加强对水泵的维护保养。

（四）土方施工技术

水利泵站工程的土方施工可以分为2个部分，土方开挖以及土方回填。

土方开挖的具体流程如下：施工放线、沿线开挖、分层开挖、修整、底角清理、检测验收。挖出的土方必须运送到特定地点。在开挖时，必须遵循由上到下、逐层开挖的原则，为了避免超挖现象的发生，必须对基坑底的标高进行清楚的标示。在槽底尺寸确定完成之后要对土方进行全面细致的清理，并对槽底进行适当的修整。基坑的开挖必须保持连续性，避免降水天气导致基坑遭到破坏。

基础混凝土强度达到标准要求之后要立刻进行土方的回填，避免雨水浸泡现象发生。在回填之前，要对基坑进行全面的清理，并对回填材料的含水量进行严格的控制，若是含水量过高，可以选择更换材料或是在材料中添加适量的石灰降低含水量。在回填的过程中，回填材料必须分层摊铺，合理地设定每层的厚度，对每层进行夯打处理，检验合格之后才能进行下一步施工。在回填完结束后，要对标高进行适当的调整。

（五）模板施工技术

在水利泵站模板施工的过程中，对模板的选用必须做到科学谨慎，对材料、强度、干燥性以及稳定性等多方面的属性进行综合考虑，严格地按照工程设计的要求进行模板的制作，对偏差进行严格的控制。在对模板进行安装时，为了保障安装的精确性，必须进行测量放样工作，合理的设定安装控制线。安装完成后，要进行全面细致的检查，保障其质量符合要求，为后续的施工活动奠定基础。

（六）混凝土施工技术

结合工程施工的要求对混凝土的配比进行科学的设定，在混凝土搅拌完成后，要及时运抵施工现场，避免出现质量缺陷。在混凝土浇筑的过程中，应当设置专业人员进行跟踪管理；在混凝土浇筑之前，必须做好各项准备措施，对模板以及钢筋进行检查，并对天气因素进行分析，保障基坑的整洁；选择合适的浇筑方法，在专业工程师的指导下进行浇筑；对于质量出现缺陷的混凝土，在浇筑之前必须进行清除；混凝土的浇筑必须和振捣进行，保障振捣的密实，避免出现沉降现象。最后，在浇筑完成后采取适当的保养措施，使其处于湿润状态。

三、水利泵站施工管理中存在的问题

（一）设计不合理

在工程施工中，由于工程施工方案的问题，设计图纸、现场规划过程中，有的单位不按照有关规划实施设计，导致施工质量低劣，施工方法不科学，导致整个工程存在质量问题。施工单位未按规定进行电气设备和装置的运行，甚至无法理解国家有关施工程序的内容。一小部分施工单位只是在表面上对一些施工的隐蔽工程进行应付，使得存有很严重的隐患。

（二）施工操作有待规范

在目前的施工建设中，有很多施工单位都没有严格按照施工的要求进行施工。在运行中，虽然对工作人员的规定必须与施工规程相结合，但实际情况，操作人员并没有做到充分的了解操作规程也没有完全掌握操作规程，在施工中只是一味地省事而没有按照相应的操作规程作业。有些工作人员在未经许可的情况下离开工作，并没有认真的进行监测工作，对机械和电气设备的操作没有认真巡回，导致故障检测机械和电气设备及时。同时，当机组在运行时，没有提前通知，就突然停电，导致机组产生水锤作用，使得泵站机组与建筑物的建设受到严重阻碍。

（三）管理效率有待提升

管理效率低下的直接结果是利用率的降低，最终影响到水泵站的运行效率。机构水利站对泵站的直接管理，由于水利部门的有些领导过于自信，任由自身地区管理该地区的泵站管理，以干预在泵站的运作和管理。这样低效的管理将导致大的灌溉和排水泵站处于闲置状态，最终的效果是运河伤害。

四、水利泵站施工管理改善措施

（一）进一步完善管理体制，加强对泵站水泵的管理

合理优化管理系统是水利水电站管理的基础和前提。在优化管理体制的过程中，有关行政部门应重视自身管理体制的合理改革，并把它作为一种增强自身活力的契机。在优化管理体系的过程中，在提高经济效益的前提下，应注重提高经营管理模式。水泵在泵站的运行中起着举足轻重的作用，排水泵站必须靠泵来完成。泵站的泵是潜水排污泵，一般在泵的电缆上必须用电缆进行加固，并避免使用电缆与泵的运行和晃动，如果经过长时间的震动磨损，必然引起电缆的入口和短路，造成跳闸。在实际运行中，负责该泵的相关工作人员必须检查水泵和电缆，及时发现其中可能要发生的问题，使泵能安全运行。

（二）重视工程进度和成本管理

在泵站施工和施工过程中，施工进度和施工成本是人们关心的重要因素，所以在信息化管理过程中，一定要加大泵站施工的水利工程进度管理和成本管理过程中的管理平台，这也使得泵站工程管理人员能以最快的速度了解施工的各个阶段的消耗成本，也能理解具体的工程施工进度。由于水利工程泵站施工信息管理平台的建设和泵站的水利工程建设直接相关。因此，泵站工程建设信息管理平台应作为简单、易于操作，同时减少输入数据量，并配置数据输入端和测试功能的操作内容，从而减少错误。

（三）加强泵站整体规划及施工关键技术管理

泵站工程项目管理的总体规划是非常重要的，工程施工是一个非常繁杂的过程，因此管理工作相当烦琐，施工条件、施工进度以及相应的资金管理都属于泵站规划的一部分。只有一个良好的整体规划，才能保证项目快速顺利，提高项目的效率。在泵站基坑工程施工中，基坑支护技术是一个关键的位置，所谓基坑支护是指对地下结构的保护和周围环境的安全性的目的，采用了一定的手段和方法对基坑的侧壁和加固和支护的安全措施。在基坑支护中使用的高频率技术是钢板桩支护技术。支护板之间先用一个组合的形式组合在一起，然后利用专业机械进入坑内，这种支护可靠性强，耐久性好，具有防水能力，并具有重复使用性。目前，使用最大型的技术是地下连续墙支护技术，该技术采用了目前较为成熟的钢筋混凝土浇筑法。基坑工程施工中的关键技术，以保证泵站工程的稳定性。因此，有必要采取相关措施，预防和处理基础底板不稳定。

（四）加强机械设备的保养

在泵站工程建设领域，水利工程机械维修工作非常重要。随着泵站配电设备数量的不断增加，故障率越来越高。在实际运行中经常会出现泵站的电气接头过热情况，电气接头在运行后会出现腐蚀现象。在机械的外部环境维护过程中，非常重要的一部分是合理的选择成品油。在施工过程中，施工单位也必须对水利工程泵站施工机械定期涂抹润滑油，这样可以有效防止机器长期运行的连续磨损和撕裂。还应做好购买新机械的记录和相关的准备工作，同时开发相关的机械日常维护系统，积极开展机械安全检查工作。在泵站的运行中，由于多种类型的协调和交叉操作，造成了一些安全隐患无法避免，如果不及时处理，将会出现一定的安全事故。同时，泵站的工作人员必须定时在泵站的水上打捞垃圾，观察清洗机的工作情况，增加捕捞次数，保证清洗机的正常运行。相关人员对安全隐患进行及时识别，并及时使用通知安全人员、纠正措施和方法，在事故发生时会对安全隐患消除隐患，避免出现各种事故。

在水利泵站施工的过程中，为了保障施工质量，必须加强施工管理，对施工技术进行科学合理的应用，如此才能保障水利泵站的功能得到充分的发挥，为人们的生产生活以及社会经济的发展提供更多的便利。

第二节　水电站施工

当前社会发展新时期，水电站建设规模不断扩大，数量也明显上升，作为一项基础性工程，水电站施工技术与运行管理的有效性，在一定程度上影响着水电站建设质量与综合效益，并与社会生产生活息息相关，关系着整个社会的和谐发展。当前我国水电站建设中普遍存在施工技术与运行管理问题，在这一方面有待深入研究。

一、水电站施工技术管理方法

（一）施工阶段管理

在水电站施工技术管理过程中，必须要做好施工阶段的管理工作，为水电站施工质量控制打下良好的基础。也就是说，在水电站施工阶段管理过程中，必须要充分做好施工前的准备工作，全面把握水电站施工条件，包括地质特征、水文条件等，获取可靠的数据资料，据此制定科学合理的水电站施工技术方案，以引水渠道、蓄水能力以及施工放样等作为审核要素，对水电站施工方案进行审核，保证其合理性，以推进整个水电站施工的顺利进行。在施工阶段管理中必须要做好施工技术方案校对工作，就水电站施工预算开展科学管理，以切实提高水电站施工阶段管理成效。

（二）健全施工管理体系

为全面提高水电站施工技术管理成效，有必要建立健全施工管理体系，为水电站施工操作的规范化开展提供可靠支持。也就是说，要结合水电站施工的整体情况，科学建立水电站施工技术管理责任制度，将管理责任严格落实，以推进整个水电站施工的顺利开展。在此基础上，细化水电站施工管理考核机制与激励机制，充分激发管理人员的工作积极性，以改善水电站施工管理成效。

（三）加强施工现场管理

施工现场管理是水电站施工技术管理中的关键环节，由于其涉及内容多样，且施工环节复杂，因而水电站施工现场管理难度较大。因此在实际施工现场管理中，必须要采取科学的方法加大监督与管理力度，一旦在水电站施工现场管理过程中发现问题，必须要立即采取有效措施进行解决，以提高水电站施工现场管理的实效性，从而加强水电站施工质量控制。

（四）拦河坝施工技术的应用

水电站施工过程中，拦河坝施工技术具有良好的应用价值，为降低安全风险，必须要正式施工之前全面勘测地形与地质条件，确保其满足水电站施工要求。拦河坝施工技术在水电站施工中的应用，必须要注重大坝安全性，加强消力池施工质量控制，以免给拦河坝施工质量造成不利影响。消力池施工过程中，应适当提高其消力能力，以有效应对外界影响因素，通过消力池作用的发挥来加强水电站施工质量控制。

（五）引水发电工艺的应用

引水发电工艺的应用，对水电站施工技术水平的要求较高，并且要充分发挥引水技术价值，随着现代施工技术水平的不断提升，对引水技术加以更新和完善。在发电之前，全面把握水源特征及水流速度等重要因素，科学运用引水发电工艺开展水电站施工，坚决不可牺牲环境利益。引水发电工艺的应用，为电力事业发展提供可靠的支持。

二、水电站运行管理方法

（一）水电站运行技术管理

为维护整个水电站的安全稳定运行，必须要加强水电站运行技术管理，这是水电站管理工作中的关键内容，为水电站的持续健康发展提供先决条件。由于水电站运行技术管理内容复杂，因此在实际管理过程中，要科学运用现代信息技术，对水电站运行设备开展实时化、动态化的监督管理，及时准确做好水电站运行记录，确保运行监督所获取的相关数据准确可靠，以便全面把握水电站设备运行状态，为水电站运行管理工作的开展提供可靠的数据支持。在水电站运行技术管理过程中，必须要全面把握水电站设备状态，定期开展设备及线路的检修维护工作。在此基础上加强水电站运行技术设备管理，严格依照标准运行程序开展操作，并加大运行设备的监督与管理力度，结合水电站运行的实际情况来调整运行设备性能，以确保其能够保持稳定运行状态，即便是遇到紧急情况时，能够妥善处理，从而降低水电站运行安全隐患。

（二）水电站设备故障处理的管理

在水电站运行管理过程中，设备故障处理是一项重要的工作，必须要受到管理人员的高度重视，以创建安全的水电站施工环境，降低安全隐患，为水电站施工人员的生命健康提供保障。因此在水电站设备故障处理的管理过程中，需要定期做好水电站运行设备的检修工作，在发现问题的第一时间进行处理，定期对运行设备检修问题汇总整理并上报给相关部门，以促进运行设备故障得到妥善解决。

（三）水电站巡视管理

在水电站运行管理过程中，必须要做好水电站巡视管理工作，一旦发现水电站运行问题，必须要及时采取有效措施，降低安全隐患。在巡视管理过程中，要采取正确且合理的运行设备检查方法，以降低火灾隐患，为水电站的安全运行创造优良环境。

通过以上研究可知，在现代社会经济发展过程中，水电站始终发挥着不可替代的作用，为维护水电站的安全运行，满足社会生产生活的电力能源需求，必须要做好水电站施工技术与运行管理，掌握正确的管理方法，全面提高水电站运行的安全性，改善水电站运行管理成效，从而推进整个社会的和谐健康发展。

第十章　水利水电工程施工管理

第一节　水利水电工程施工组织设计

水利工程是一个相当复杂的综合性工程，其涉及面很广。工程本身也由不同的施工阶段组合而成，同时每一个阶段的具体要求也不尽相同。水利工程通常都存在着工期要求，要保障在工期内完成就需要保障现场施工的正常运行，就水利工程施工组织设计的科学合理。水利工程施工组织设计贯穿于水利工程的全阶段，影响着水利工程的整体收益，因此实现水利工程施工组织设计的优化，对提升水利工程的施工速度、质量，进而提升工程整体质量都具有重要的意义。

一、水利工程施工组织设计内涵及特点

（一）水利工程施工组织设计内涵

水利工程施工组织设计的目的是保障水利工程施工的安全、质量、文明和进行，实现工程施工的最佳经济效益和社会效益。水利工程施工组织设计的主要内容包括：施工工程概况、安全环境控制目标、施工项目质量体系设计、施工管理组织情况、各种资源需用计划施工部署、安全环境控制目标、工程主要施工方案、风险管理规划、施工总进度计划、施工总平面布置图、成本目标控制规划、风险管理规划、指标计算与分析以及施工准备规划。

（二）水利工程施工组织特点

水利工程施工组织主要具备以下两点特点：1. 工程种类繁杂，工程资料差别很大，施工现场受到水文地质等外在因素的影响也非常大，致使施工难度大、施工条件复杂；2. 整个工程的部分组成较多，需要进行大工作量的规划、统筹，同时要尽量避免外部因素对施工进程的影响。

二、现阶段水利工程施工组织设计中存在的问题

（一）设计人才没有充分利用

目前我国的水利工程施工组织设计人才有很多，然而由于环境的问题，很多人才在实际中难以发挥其作用，造成人才大量流失的现象；另一方面有些设计人员在进行设计编制时，缺乏实际设计编制经验，同时自身专业综合素质能力也过低，致使编制出的设计难以符合实际需求或者只是一味抄袭前人的设计，缺乏实际应用的价值。

（二）设计编制不统一

在进行水利工程施工组织设计编制时，不同项目阶段的编制要求是各不相同的，这需要编制人员能够切实了解工程实际情况，保障设计的契合性。然而目前大多数的水利工程施工组织设计编制中，都是由多人一起联合进行编制，每个人负责不同的阶段，这就导致了设计编制不统一，进而在实际应用中出现或大或小的衔接问题，造成大量的人力、物力损失。

（三）不重视成本控制

目前很多水利企业只是把水利工程施工组织设计当作一种管理手段，其重点在于如何提升工程的施工效率，有效缩短工期，没有重视工程成本，也没有重视工程的质量，造成了工程返工次数很多，进而影响水利企业的运作效益。

三、水利工程施工组织设计的优化措施

（一）创建科学合理的设计标准，保障人力安排合理

运用目前先进的技术和管理，创建一个科学合理的设计标准。工程的管理部门可以对每一个项目的施工组织设计都进行收集和归纳，同时进行设计分析，找出其中优秀的设计，并给以发布以及在日后合理重复使用；另一方面要加强人力资源方面的管理，保障有能力的人能够在合适他的职位上任职，避免重复编制，同时也要对先进经验进行推广。

（二）结合实际进行组织设计，实现设计统一

在进行水利工程施工组织设计编制时，要充分考虑到工程的实际情况，引进先进的技术结合工程实际进行水利工程施工组织设计的编制；另一方面在进行编制时还要注意各个阶段编制的衔接性，保障整个设计的统一性，避免设计实施中的衔接错位问题。

（三）设计应当内容简要，形式模块化

在进行设计编制时，要做到设计内容的简明扼要，不必要的内容不需要描述，在内容上要结合实际、突出目标；另一方面在设计编制上也要尽量实现设计形式的模块化，进而方便对设计进行阅读和分析，以及在实际应用中减少不必要的查阅时间。

（四）充分利用新技术进行设计编制，注意成本和质量控制

在进行水利工程施工组织设计编制时也要注意使用最新的编制技术，实现编制设计的深度和范围扩大，同时对设计的合理性和经济性做出合理的评估，保障设计实际施工后工程的质量合理，同时也最大程度上提升工程的经济性。

科学、合理的水利工程施工组织设计对保障水利工程施工正常以及提升施工质量和工程整体质量都有着重要的作用，需要给其足够的重视，并对现有的设计方式进行有效的优化。现阶段水利工程施工组织设计中存在着设计人才没有充分利用、设计编制不统一以及不重视成本控制等问题，严重影响着水利工程的施工效率，在日后的设计编制可合理利用创建科学合理的设计设置标准、结合实际进行组织设计、设计应当内容简要，形式模块化以及充分利用新技术进行设计编制等优化措施，实现水利工程施工组织设计的优化，进而提升水利工程的施工效率和质量。

第二节　水利水电工程施工招标投标管理

一、水利工程招标投标管理现状

（一）水利工程招标投标发展历程

我国水利工程招标投标发展大致经历了四个发展阶段：实践探索阶段（1982 ~ 1985 年）、理论实践总结阶段（1986 ~ 1999 年）、制度化发展阶段（2000 ~ 2005 年）、拓展完善阶段（2006 ~至今）。

在实践探索阶段，我国水利工程招标投标主要以国家层面为主导的大型水利项目招标投标试点工作为主。水利工程建设项目作为我国建设领域较早推广实施招标投标的行业之一，最早见于 1982 年鲁布革水电站引水隧洞工程施工国际招标和 1984 年浙江石塘水电站土建部分施工国内招标。其中，日本大成株式会社中标鲁布革水电站引水隧洞工程施工后，凭借其技术和管理优势，工期提前 122d 完工（合同工期 1597d），且工程质量综合评定为优良，初步结算价仅为标底的 60.8%。该招标实践对我国水利工程乃至整个建设领域的

建设管理模式产生深远影响，水利工程建设项目由此逐步实行招标投标化。

在理论实践总结阶段，我国继续探索与实践水利工程招标投标，并逐步总结颁布法律法规以指导实践，但仍主要集中于施工招标投标方面。1986 年 1 月，原国家水利电力部首次颁发招标投标相关法规———《水利电力工程施工招标投标工作条例（试行）》，并几经修订完善。同年 4 月，河南板桥水库复建工程开展施工招标投标。1995 年 4 月，水利部颁发《水利工程建设项目施工招标投标管理规定》。1997 年 8 月，水利部联合其他部委发布《水利水电土建工程施工合同条件》，标志着我国水利工程招标投标开始步入规范化的合同管理模式。

在制度化发展阶段，我国水利工程招标投标已在水利全行业广泛开展，其制度化和程序化不断增强。2000 年 1 月 1 日正式实施《中华人民共和国招标投标法》后，2001 年 10 月，水利部更新制定《水利工程建设项目招标投标管理规定》，正式在全水利行业推行招标投标制度，并对水利工程招标范围、行政监督与管理、招标投标方式以及评标办法等做出详细规定。截至 2014 年 10 月，全国水利工程限额以上施工招标投标率达到 100%，监理招标投标率在 90% 以上，限额以上水利工程重要设备和材料采购招标投标率在 80% 以上。

在拓展完善阶段，我国水利工程招标投标研究主要集中在健全监督体系、细化招标投标制度体系、规范招标投标市场等方面。2006 年以来，水利部先后出台《水利工程建设项目招标投标行政监察暂行规定》《水利工程建设项目招标投标审计办法》等，不断加强水利工程招标投标的行政监督管理。与此同时，地方政府也结合当地实际情况，不断细化完善水利工程招标投标制度体系，如湖北省 2009 年颁布《湖北省水利工程建设项目招标投标管理办法（修订稿）》。招标投标过程中也逐步引入诚信评价机制，通过建立企业信用档案、设置信用等级评分和奖惩标准，规范投标人的市场行为。

（二）水利工程招标投标制度

水利工程招标投标制度经多年发展已日趋完善，基本形成一套全方位、多维度、立体化的制度体系。一方面，国家、省、市、区（县）各级政府部门制定了一系列水利工程招标投标相关的法律法规，另一方面，水利工程招标投标制度已覆盖招标人、招标代理、投标人、评标专家等所有参与主体，涵盖了施工、监理、勘察设计等各种类型的水利工程建设项目。现在，我国水利工程招标投标已基本做到有制可依，有规可循。全国人民代表大会常务委员会颁布的《中华人民共和国招标投标法》和水利部出台的《水利工程建设项目招标投标管理规定》等法律法规为水利工程招标投标制度的基础性框架，对水利工程建设项目的招标范围、规模标准及行政监管等做了原则性规定。各级地方政府部门根据实际情况制定的具体的实施办法或管理办法是我国水利工程招标投标的制度主体。

（三）水利工程招标程序

我国水利工程招标投标的基本程序主要分为以下 5 步：

1. 招标人按照招标代理单位选定程序确定招标代理单位。招标代理编制招标公告（资格预审文件）和招标文件，并报招标投标监管机构办理审查备案。

2. 经备案后，招标代理单位在指定的媒介发布招标公告，办理接受投标人报名，发售、答疑、接受投标文件等事宜。

若为资格预审方式，资格审查要求随招标公告同时发布，投标人报名时需提交资格预审申请文件。资格预审完成后，资格审查结果报招标投标监管机构备案并公示。公示期结束后，招标人方可发售、答疑、接受投标文件。

若为资格后审方式，招标人发布招标公告后，即可接受投标人报名，并发售、答疑、接受招标文件。

3. 在确定开标、评标场地和时间后，招标人即可组织开标、评标、定标。

4. 中标结果公示期结束后发放中标通知书、签订合同。

5. 招标投标总结并报招标投标监管机构备案。

二、水利水电工程招投标管理措施

（一）科学编制招标文件

1. 保障商务文件的完整性

水利水电工程招投标管理工作中，招标文件是一切工作开展的重要依据，招标文件的科学性是保障招投标工作顺利开展的重要因素，水利水电工程通常涵盖的范围与工程内容较为广泛。这种情况下，就更加应当通过科学合理的方式进行水利水电工程招标文件的编制与管理，以便于为工程招投标管理工作提供秩序保障。招标文件一般包括商务部分与技术部分，商务部分中的具体内容包括企业资质与基本情况等，以及在招投标过程中编制招标文件所需要的证件与报告等，还包括投标须知、合同协议、授权委托、辅助资料、工程量清单与报价等，无论是何种工程的招投标工作，其工程量清单都是投标单位最为关注的内容。在实际的招标文件编制过程中，需要切实保障招标文件的真实性与完整性，尤其是工程量清单的完整性，为投标单位提供计算基础。

2. 保障技术文件的真实性

招标文件中的技术文件是水利水电工程施工的执行与操作说明，是影响工程质量的最重要因素之一，基于此，在编制招标文件时，就必须保障技术文件的真实性。一般来说，技术文件中包括技术条款与技术要求，前者主要说明工程改款与工程范围，包括施工设备、施工材料、工程进度与质量控制等内容；后者主要对于建筑材料的具体使用要求加以进一步说明。在实际的水利水电工程中，主要的资本消耗在主材上，因此对于主材的管理会对工程造价产生较大影响，就需要在编制招标文件时，对主材供应方式加以进一步明确。就目前而言，主材的供应方式包括施工单位自行购置与建设单位提供两种方法，这就需要在水利水电工程编制招标文件时加以明确，并且就土方工程、垫层工程与混凝土工程等相应组成项目加以规范。

（二）组建评标委员会，严格按照标准开展评标工作

在评标工作环节，水利工程项目负责人要及时组建专业的评标委员会，并做好委员会成员的身份保密工作，避免出现投标人找评标人透漏标底等串标、围标的违规现象。在评标过程中要做好监督工作，保证投标的公平性，严格按照相关规定展开工作。如果发现有评标人违规操作，那么要按照规定追究其法律责任，营造良好公平的评标环境。在收到投标人的投标文件后，要及时组织评标委员会进行评选工作，从中选出建设能力强、综合素质高的单位进行水利工程的施工，保障水利工程的施工进度和质量水平。

（三）施工建设单位应严格遵照招投标的流程办事

参与投标的施工建设单位必须严格遵照招投标的流程办事，接到招标邀请函后，根据邀请函标明的时间对施工现场进行勘查，仔细斟酌该水利工程施工建设的各方面问题，遇到疑问应及时向建设单位询问，没有疑问后编写投标文件，对工程量的清单应尽可能编写准确、翔实，工程造价也要尽可能地采用国际通用的计价模式，并且还要随行就市，统一量、放开价，确保投标文件的科学、准确。当中标后，应根据自己的投标文件以及与建设单位签订合同所规定的工期、质量标准进行施工建设，按时保质保量地完成该水利工程的施工建设。

（四）实现招投标管理的信息化建设

随着电子招投标在我国的强势发展，目前与中国招标投标公共服务平台相对接的电子招投标平台数量已经达到了 150 家左右。以国信招标集团为例，该集团在运用大数据与专业的招标技术的前提下，已经逐渐实现的全面无纸化招标，可以通过信息系统发布招标公告与标书售卖，并且通过网络平台进行开标与评标等。目前，该集团每天可以完成的招标投标项目平均数量达到了 20 ~ 30 个，可见电子招投标的是找投保行业的重要发展趋势。在信息时代，电子招投白逐渐成为招投标活动的一种全新的形式，而电子招投标的日益普及，也必将给招投标活动带来大量的数据信息，这就为大数据技术在电子招投标活动中的应用提供了更多的可能。为了进一步保障电子招投标的科学性与优质性，进一步实现招投标管理的优化，就可以以大数据技术为基础，构建招投标创新监管平台。为了约束与限制可能存在的违规操作与恶意投标现象，可以以大数据技术为基础，充分运用信息技术构建动态化的电子评标监管模式，全面监控招标、投标、评标与履约等过程，收集相应的数据信息，合理分析各方主体的行为模式，构建招投标与履约的可回溯系统，以实现对于招投标活动的全过程监管。另外，有鉴于以往监管模式的被动与无效，在信息技术的支撑下，

还应当构建统一的主动监管模式，借助于相应的技术措施，主动挖掘可能存在的违法与违规行为。

（五）加大监管力度

地方政府各部门、各单位要重视对水利工程施工招投标流程的监督管理工作，加大监督管理的力度，不断完善并创新超投标流程管理的方法和机制，对招投标流程进行严格的监督管理，确保整个流程都处于公平、公正的状态下开展进行，并严格监管施工单位施工建设的全过程，避免出现层层转包现象的出现，以此保证该水利工程施工建设的质量和安全。一旦发现在该水利工程招投标流程中出现违规操作的现象，就必须立即进行严肃的处理。

招投标过程的管理直接影响到中标单位的选择，在良莠不齐的投标单位中如何选出第一中标单位，成为水利在建工程的一个难题。通过编制水利在建工程的招投标管理流程、实现水利在建工程的招投标流程，完成招投标管理方法设计。通过实例证明，本书编制的水利在建工程的招投标管理方法极具有效性，可为水利在建工程的招投标管理提供理论依据。

第三节 水利水电工程合同管理

任何一个建设工程都会建立合同，以规范和约束双方的活动行为，保障双方的权利和任务，水利工程也不例外。施工合同的订立是有规定的，首先是要符合律法规定，然后才是对合同双方权责的约束和保障，以使得合同建立能受到法律的保护及经营活动的有效性。对水利工程合同的管理是进行工程管理活动内容之一，是最基本的施工管理环节，所以，应加强对水利建设项目的合同管理，做到规范化的合同管理，不断完善合同内容，是对具体建设施工管理的有效依据，对整个水利建设项目有重要的保障作用，有利于建设项目如期完工和质量的保障。

一、水利建设工程合同管理的地位

（一）概念

合同是指就某一活动对象，当事双方所签订的约束双方履行合同内容进行该活动的所有行为和保障双方利益的一种契约机制，而水利工程合同就是针对水利建设项目所签订的合同。其管理是针对水利建设施工全过程的所有问题，这里包括了施工企业应获得的劳动报酬、水利施工技术和施工企业在工期、质量、安全等方面应该承担的责任的明确性。在施工期间，若出现了合同项目条款的变更、解除以及一切施工纠纷与争议等问题，都要按照合同来进行具体的管理协商解决。所以，合同一定要根据律法要求依法订立，做到有法可依，才是对合同双方权益最好的保护屏障。

（二）合同管理的地位

水利工程合同的管理是对水利建设施工所有问题的管理，合同对业主和施工企业是一种约束，也是一种保障。是双方履约的依据，其地位相当重要。

1. 诚信、平等的保障

水利工程建设合同是基于施工企业和业主的诚信机制上建立起来的，根据工程的具体要求在保障双方权益的条件下所订立的，合同的签订是在双方平等地位的前提下签订的，以保证水利建设工程能够如期按质量完工，使得双方能够取得双赢。

2. 充当监督功能

在平等诚信的基础上签订的水利工程合同对双方当事人的权责有了明确规定，所以在具体的建设施工过程中双方均可以对对方的活动进行监督，以确定自己的利益不被侵犯。调动双方工作的积极性和自觉性。经过签订合同，然后在具体的施工建设中进行监督管理，有利于调动建设双方履行合同条款的积极性，保证合同有效的落实和管理。

二、加强水利工程合同管理的必要性

在对水利工程进行管理的过程中，合同管理是不可或缺的。水利工程的合同管理对于水利工程施工质量的管理、施工工期的管理以及施工成本的管理都具有直接的影响，其直接影响着水利企业的工程管理水平，对于水利施工企业提高质量、控制成本和提高效率具有十分重要的意义。所以在水利企业施工的过程中实行合同管理是非常必要的。

（一）水利工程合同是解决纠纷的法律依据

水利企业在和合作单位签订合作协议的时候都是在一定的法律约束下签订的，合同具有对双方约束的法律的效率，对于合同双方在合作中的权利和义务进行了相关的规定，通过合同对于双方权利义务进行约束，能够最大限度地保证合同双方的利益，也是水利项目得以顺利实施的关键。

（二）加强合同管理能够有效地对工程进行控制

双方经过协商和谈判在工程质量、工程进度以及工程成本达成一致后签订水利合同，所以双方履行合同是最大限度地保证合同中工程进度、质量以及成本达到统一目标，在保证水利工程质量的基础上提高效率、缩短工期、降低成本。

（三）加强水利合同的管理有利于工程的履约

在水利项目进行施工的过程中，往往有一些不可控的因素发生，如天气、自然灾害以及人为因素等，这会使合同的履行存在实际上的难度，并且在很大程度上还会引起不必要的纠纷。通过水利合同的制定和管理，对合同中的一些条款进行完善，尽可能考虑到所有的情况，明确责任的归属以及双方的义务，最大限度地减少纠纷，还可以对施工过程中一些违规的修改进行严格的规范。合同管理使得合同签订的双方都严格按照签订的条款依法履行各项规定。

三、水利工程合同的管理方法

合同管理对于水利工程施工的管理和控制具有十分重要的作用，在某种程度上决定着水利工程能否保质保量完成，在合同管理过程中要严格做到事前的管理、事中的控制以及事后的反思，使合同管理的水平进一步提高。

（一）合同管理过程的事前管理

水利工程进行投标时，合同管理人员就要介入，深入了解项目的整体情况，并且进行必要的实地考察，包括了解当地的地理自然环境，社会环境以及经济环境等，这些都是合同制定的前期基础资料。还要对水利工程的施工条件和可行性进行调研，深入了解业主的经济和资信情况，了解整个工程背景，包括初期设计的水利工程蓝图、相应的水利工程施工审批文件、各种土地规划和建设许可证，以及工程资金筹集、设备采购运输、所需建材的采购运输等。

在签订合同之前要对投标的文件进行深入的研究，召集企业技术骨干进行讨论。对施工人员以及财力投入进行估计、对施工单位的技术进行评估、对施工验收的标准进行研究、并且要对工期进行充分的考虑。根据上述调查的实际对招标文件进行审查和研究，对合同中的度量单位进行明确的解释，对质量标准进行制定，约定合同工程款项以及付款的方式，约定合同施工期限，对于违约的内容和形式进行明确，并且一一列出相应的处罚措施，使合同在符合法律的基础上，具有较强的严密性和可实施性，最终在保证工程质量的前提下保证工程进度、降低企业成本，同时避免各个环节上的纠纷，使得工程能够顺利进行。

（二）合同管理过程中的事中控制

加强事中控制是保证工程能够按时保质完成的关键。要做好事中控制就要全面了解合同内容和规定，这是进行合同事中控制的基础。在人才的选择方面要选择一些比较有管理经验的，既懂得法律知识又懂得合同管理知识的专业人才；在他们从业之前还要进行岗前培训，使管理人员全面了解合同内容和条款执行的标准和方式，自觉履行合同中的权利和义务。施工单位要严格按照合同所规定的标准进行施工，不允许出现违规修改的情况，并且还要在施工管理的过程加强监督，通过建立科学合理的监督方式来提高工程的质量和进度。要严格控制和管理项目中所出现的变更。目前很多的水利工程地处偏远地区，条件较差，施工中可能会出现各种难以预料的情况，所以很可能就会出现合同中规定的技术不能解决实际中的施工障碍，在这种情况下就要对施工合同进行变更，作为水利工程项目的管理人员要严格控制这种变更，并保证合同变更的科学性和合理性。

（三）水利工程合同的事后分析

合同制定之后还要在施工中进行实践和反思，找出合同中存在的问题，并且对整个项目做好科学的评估。合同管理的事后分析，对控制施工过程的质量、提高工程施工的效率以及降低施工过程中的成本都具有十分重要的现实意义。

正如法律对公民的约束，合同是对双方订立的活动范围的约束。水利工程合同对建设项目中各项工作规范、秩序的进行起到了有效的约束。合同管理是对水利工程建设项目有效管理的一种方式。虽然水利建设项目的施工管理有诸多烦琐的工作要做，但围绕合同内容进行的管理才是建设项目的核心管理工作，所以应对合同进行精细、严格和科学的管理，以保障水利工程顺利进行。

第四节　水利水电工程造价管理

造价管理工作的开展始终是水利水电工程项目建设得以持续且稳定开展的基础与前提所在。与此同时，要想在水利水电工程项目的开展过程当中，保障相关主体的投资计划能够得到有效落实，保障工程投资效益能够得到稳定发挥，均要求做好工程项目的造价管理工作。然而，当前水利水电工程造价管理工作的开展还存在比较明显的问题与局限性，有待解决。

一、水利水电工程造价管理中存在的问题

首先，在水利水电工程设计阶段的审查工作过程当中，审查工作部门对于整个水利水电工程设计方案中的技术性措施往往给予了极为广泛的关注，然而却忽视了对于设计阶段造价问题的严格审查。受到此因素影响，导致整个水利是 U 点工程项目出现概算错漏、高估冒算以及人为压价等多种问题，无法保障施工项目实际情况与工程概估算投资情况的契合性；其次，现阶段从事水利水电工程造价管理工作的相关人员知识面认知情况还无法与实际工作中对于工程造价工作人员的知识构成要求相结合。与此同时，这一差距还体现在造价管理工作人员的专业素质方面。上述问题均在一定程度上导致了水利水电工程造价

控制管理工作面临着诸多的问题，无法保障工程投资达到预定目标。

二、水利水电工程造价管理相关问题解决对策

在水利水电工程造价管理工作的开展过程当中，所涉及的多个方面的问题均可以通过对现代信息技术的应用而予以解决及改善，这对于促进水利水电工程造价管理工作的发展而言是极为关键与重要的。从实践应用的角度上来说，为最大限度地保障水利水电工程造价管理工作得到科学且合理的开展，就需要相关工作人员重点关注以下几个方面的问题。

（一）要实现对水利水电工程项目造价管理工作的合理强化，必须以构建完整性的造价管理工作体系为前提：一方面，要求在水利水电工程项目建设过程当中，开展一个统一性的工程造价管理工作机构，借助于此种方式，实现对造价管理工作部门管理工作职能的合理强化。与此同时，工程造价管理工作部门还应当就工程造价管理的具体实施方法与措施加以规范，通过对法规制度的规范建设，达到维护整个水利水电工程建设市场主体合法权益的重要目的；另一方面，还要求在水利水电工程项目的建设过程当中，理顺各个工程造价管理部门相互之间的对应关系，同时还应当构建各个部门相互之间的协调制度与联系制度，借助于此种方式更好地确保水利水电工程项目造价管理的各项标准能够更好与工程实际相契合。与此同时，造价管理也应当自传统意义上的政府组织管理方式逐步过渡成为现代意义上的行业协会管理工作模式。

（二）要实现对水利水电工程项目造价管理的合理强化，必须以构建全国性统一工程造价信息网为基础：现阶段，国内大多数地区均结合当地的水利水电工程项目开展实际情况，构建了专门性的工程造价信息网站。然而不难发现：这部分信息网站所涉及的内容与信息多是建立在地区性工程分类特征、材料分类特征以及价格指标特征基础之上所实现的，并无法保障良好的适应性。从整体性的发展角度上来说，结合水利水电工程项目类别的差异性划分，针对工程造价管理信息采集标准加以统一整理，将信息编码与信息内容统一起来，并针对各类信息利用过程中可能存在的问题，制定专门性的数据库解决策略，按照此种方式才可最大限度的保障工程造价信息网相关信息数据的通用性与适用性。通过此种方式，可实现以下两个方面的突出优势：一方面，水利水电工程项目使用者能够更为方便的针对信息进行查询处理、分析以及决策制定；另一方面，国家相关主管部门及机构能够更为有效地展开统一性的协调与调整工作，最大限度的保障水利水电工程项目造价管理工作的有序性与规模性。

（三）要实现对水利水电工程项目造价管理的合理强化，必须以实践性的工作经验为支持，不断解决存在于工程造价管理过程中的问题与缺陷：针对上文中所分析的存在于水利水电工程造价管理过程中的问题，要求工程造价管理工作的开展过程中，做好以下几个方面的工作：

1. 首先，水利水电工程项目设计单位需要在保障设计经费的基础之上，通过对现代化

技术的应用，实现对勘测设计质量的合理提升，同时需要在设计阶段落实责任管理工作制度，明确设计人员以及校审人员的工作权责，同时通过引入 TQC 管理工作模式的方式，最大限度的保障勘察设计产品的质量能够有所提升。

2. 其次，工程造价方式的确定以定额法为主。换句话来说，要想最大限度的保障水利水电工程造价的合理性，正确性的进行定额编制无疑是至关重要的。为此，需要在工程定额工作的开展过程中，加大对于定额管理工作的关注力度，构建针对性的定额管理机构与定额管理网络。与此同时，还需要通过对现代化新型技术的引入，就水利水电工程项目应采取的专业定额方式以及取费措施加以逐步完善。不仅如此，还要求水利水电工程项目造价管理的从业人员能够不断提高其专业水平，熟悉包括经济法、合同法、价格法、土地法以及税法在内的相关法律规范，提高造价管理合理性。

3. 再次，水利水电工程项目造价管理实施过程中需要严格执行项目法人负责制、建设监理制以及招标投标制。项目法人代表作为整个水利水电工程项目的决策主体与出资主体，应当负责在造价管理过程当中完成包括立项筹建、资金筹措以及审计审查在内的相关工作内容。与此同时，建设单位还应当通过外聘方式，将监理部门以及监理人员引入水利水电工程项目造价管理过程当中。实现对水利水电工程项目建设资金的动态性与全面性管理，确保项目质量及造价能够与预期目标相契合。上述问题有待在实践工作中予以特别关注及重视。

4. 最后，水利水电工程项目造价管理过程中需要通过对合同管理工作的有效落实，通过严格的赏罚制度，实现对工程造价的合理降低：从施工准备阶段至工程竣工阶段，针对投入资金进行严格的控制与管理，始终是工程造价的重要组成部分之一。这就要求水利水电工程项目建设单位与设计单位、与施工单位，就工程项目的开展情况，制定严格且详尽的施工合同，明确各方在工程项目施工中的权利与义务。与此同时，还要求在实践施工中充分体现赏罚分明的工作原则，一方面提高施工质量，另一方面合理控制施工成本。

如果将水利水电工程项目建设视作一个整体的话，工程造价管理工作的开展就好比是这一整体的基础与核心所在，要求各方工作人员给予重点关注。不仅需要从外部环境方面构建一个有利于工程造价管理工作开展的客观环境，同时也应当着眼于实践经验的积累，不断完善工程造价管理工作的开展措施。

第五节　水利工程施工质量管理

一、水利工程施工质量管理的重要性

水利工程是国家重要的基础建设工程，在国家发展和国民经济中占有不可替代的地位

和作用。对水利工程实施有效的质量管理是保证并提高工程质量和建设水平的关键，对水利工程建设企业和社会都有重要的意义。对于建设企业来说，通过水利工程管理工作，可以有效地控制影响水利工程建设的各种不利因素，从而保证并提高工程建设的质量，防止各种问题的出现和安全质量隐患的产生，从而有利于提高企业的社会效益和经济效益，促进建设企业的发展；对于社会来说，通过高效的工程管理可以使得水利建设工程按照设计合理地进行施工，从而保证各个工序的质量，这样就可以建设出一个高质量的水利项目，从而为社会创造更高的价值和利益。

二、对水利工程施工质量产生影响的主要因素

目前，影响水利工程施工质量的主要因素是在施工质量管理人员缺乏专业的素质能力、水利工程质量管理缺乏科学完善的制度模式以及水利工程质量管理缺乏必要的监管制度，其具体内容如下。

（一）施工质量管理人员缺乏专业的素质能力

部分质量管理工作人员缺乏必需的、专业的素质能力，缺乏行使监督管理的能力，直接削弱了施工质量控制的效果。同时，我国水利工程技术人员的综合素质能力有待提升，工程技术人员缺乏必要的责任心，在工作开展中并没有明确自己的责任及义务，在工程的开展过程中存在应付了事的现象，直接导致在水利工程施工过程中无法及时有效地开展质量管控工作，影响了整个水利工程的质量与效果。

（二）材料质量管理效果欠佳

材料是工程的基础与根本保证，质量不合格的原材料会给工程质量留下安全隐患。当前在原材料采购过程中经常存在贪污腐败等行为，比如拿回扣或者高价购回低价材料。对原材料质量检测力度不大，导致一些劣质材料都能进入施工现场。由于施工工程浩大，需要的材料众多，导致材料储存保管不到位，影响其质量以及正常使用。由于人员素质或者责任心不强，导致材料在加工使用当中经常出现以次充好、偷工减料的现象。

（三）水利工程质量管理缺乏科学完善的制度模式

水利工程的施工质量要想得到有效的控制，必须要构建完善的管理制度。由于水利工程涉及范围较广，涉及的单位相对较多，管理制度尚未统一，导致部分单位在开展质量管理过程中出现制度错位等问题。提升水利工程的施工质量与效果，避免各种不良因素对工程质量产生不良影响，充分激发工作人员的工作能力，就要完善水利工程的质量管理规范，完善施工制度，让工作人员可以基于规定的要求开展工作，进而在根本上提升整体的控制质量与效果。

（四）水利工程质量管理缺乏必要的监管制度

水利工程施工过程中涉及范围相对广泛，步骤较为烦琐，环环相扣，如果其中一个环节出现了质量问题，那么整个施工工期都会延误。大多数水利工程质量管理中其监督管理制度尚未完善，工程项目没有受到系统的、完善的监督管理，在水利工程施工建设中管理不到位的情况比比皆是。因此，必须加强质量管理与控制，加强水利工程施工管理，通过精细化的管理模式，提升监督管理的完善性，进而在根本上保障水利工程施工的整体质量与效果。

三、水利工程施工质量控制改进的建议

（一）合理利用和控制自然环境因素

复杂的施工自然环境可能会影响施工质量控制，巧妙地利用地势特点进行规划可以发挥积极的作用。例如，某些直流水环境综合治理工程中，根据保护环境、保持水土的总体原则，采用“遇宽则宽、宜窄则窄、弯曲相宜”原则进行整体规划布局，这样既实现水利工程的功能目标，又突出了水利工程美观作用。水利工程施工前，一定需要考虑地形地貌、水文、气候等自然条件，并对相关内容进行详细勘测，确保自然环境因素得到控制。

（二）建立合理的规章制度

水利工程项目是大规模建设项目，需要建立起一整套科学合理的质量以及安全控制体系，合理科学的规章制度能够很大程度上保障项目施工的有序进行，排除很多安全隐患的发生。管理机制的建立要符合企业的实际管理情况和管理水平，要在管理机制中明确管理人员的职责和管理权限，通过管理机制来不断规范管理人员的管理工作；要健全责任机制，将管理中出现的问题落实到人，这样也可以提高管理人员对管理工作的重视和责任感，从而更好地开展工作。为了确保项目能够安全地进行，在质量和安全控制监理体系上，除投资、进度、质量控制外，还需进行安全控制管理，并且授予监理人员相关的权力。

（三）制定完备的水利施工方案

水利工程施工质量控制需要合理有效的施工方案作为基础。首先，施工方案应该建立在实际施工环境和具体施工能力之上，充分考虑施工环境及施工单位能力后，制定适合工程实际情况的方案；其次，施工方案必须切实可行，施工工艺选择、施工顺序的制定都应该具有可执行性，建立在科学合理可控的基础之上。最后，施工方案应该包括各种预案和防范措施。

（四）做好施工材料的管理工作

严格要求工程项目负责人根据施工合同对施工材料进行严格管理。主要工作包括材料质量与规格是否满足工程的要求，严禁使用质量不满足要求的材料。对于检验过的、满足要求的材料，应运送到相应的地点储备。在使用前，应该再次检验材料。如果发现有材料不符合要求或存在质量问题的，应要求承包商承担一切责任，并进行赔偿。禁止采购不符合要求的材料，以保证工程建设的质量。

（五）树立并提高管理意识、监督意识

管理意识是影响水利工程施工和管理的重要因素，如果管理意识不强，就会影响管理的积极性，进而导致各种管理问题的出现。要研究水利工程施工管理策略，首先要树立并提高管理意识。定期开展质量控制管理的教育培训，尤其是监理等相关技术人员，应增强质量意识，熟记施工规范，严格按照施工条例对施工过程进行监督。只有提高监理人员的质量意识，才能够在监理过程中将监督效能发挥到最大。水利工程高层管理人员要提高对施工管理工作的重视，不能因为管理工作无法带来直接的利益而轻视管理工作，要加大对水利工程施工管理工作方面的支出，提高水利工程管理水平。

水利工程投资大，历时长，是技术要求和危险性较高的系统性工程。在水利工程的实际建设过程中会出现很多影响建设质量的因素，对此要做好工程管理研究工作，科学管控质量风险。水利工程建设企业要加强对工程管理工作的重视，不断发现并分析工程建设和管理工作中出现的问题，找到合适的措施予以解决，从而提高水利工程建设的质量。

第六节　水利工程建设安全生产管理

一、生产安全事故产生的原因

（一）水利工程项目建设比较复杂

水利工程项目建设施工现场地形、地质条件复杂，施工机械化程度高，施工方法、施工工序多而且特殊，例如，基坑支护与降水工程；土方和石方开挖工程；模板工程；起重吊装工程；脚手架工程；拆除、爆破工程；围堰工程以及其他危险性较大的工程，这些工程都容易受到施工现场自然环境条件的影响与制约。

（二）安全意识淡薄，思想上重视不够

水利工程施工从业人员对有关安全生产方面的法律、法规和工程建设强制性标准等文件的学习、落实、执行不到位，因此，出现了安全生产法律意识淡薄，思想上重视不够，在施工过程中，不能很好地执行法律、法规和标准，存在侥幸心理，思想上麻痹大意等情况。

（三）安全生产教育培训力度不够

施工单位，上至领导忙于抓生产，下至员工忙于搞生产，大多数忽视安全生产教育培训学习。即便组织有培训，对时间的投入远远不够，再加上施工从业人员素质参差不齐，对施工安全生产知识的掌握和理解有很大差距，对法律法规、标准、操作规程等方面的知识学习不全面不深入，造成了学习与实施两张皮，培训内容在施工中不能得到有效落实。

（四）安全生产资金投入不足

虽然近几年上级有关监督部门加大了对安全检查的力度，但施工企业对安全生产的资金投入仍然不足。造成了现场施工人员安全防护用品配备不足、更新不及时；施工现场防护设施不够，安全生产警示标志不足；施工现场存在大量事故隐患未能及时排除，大量使用不合格或应按规定报废的安全帽、安全网、漏电保护器等安全防护用品；施工机械设备、安全防护器材不按国家规定检测、报废及更新，现场管理基础比较薄弱，员工不能在安全的施工环境中作业。

（五）重效益轻安全

为了追求经济利益，造成了建筑市场上的不合理竞争，例如，为了承接到水利工程，有的施工单位在工程报价中，把应当包含工程施工的安全作业环境及安全施工措施所需费用任意消减，降低工程报价，采用低价中标。为了减少亏损又偷工减料，对应当用于施工安全防护用具及设施的采购和更新、安全施工措施的落实、安全生产条件改善的费用也挪作他用。甚至还有的单位把承包的工程分包给不具备合格资质甚至没有资质的单位进行施工，由于这些承包单位没有技术经济实力，缺乏工程技术人员，所以造成工程技术人员和专职安全人员不能够及时到位，结果致使施工现场安全处于失控状态。

二、水利工程施工安全生产管理的措施

（一）完善安全施工保障与监管体系

安全施工保障体系与安全施工监督管理体系，是实现安全施工的有力保证。要实现安全施工，必须充分发挥两个体系的重要作用，切实加强水利工程施工安全生产体制、安全

生产保障能力、安全生产监管队伍的建设等。

要建立一个能够自上而下高效运作的安全施工保障体系，要签订安全施工目标责任制，把安全施工责任落实到工程项目部的具体岗位、具体环节和具体人员，最终实现安全施工的思想到位、组织到位、责任到位、措施到位。

同时，还要建立健全安全施工监管体系，成立安全监督部门，配备符合工程需要、具备相应能力的专职安全监督人员，对安全工作实行全过程监督。两个体系既要独立发挥作用，又要有机配合，协调运作，优势互补，充分发挥整体的防护作用，共同完成施工企业的安全生产责任目标。

（二）完善施工安全管理机制，建立奖惩制度

为了促使工程项目参与人员对安全施工工作的重视，要实行安全施工奖惩机制。设立安全施工专项基金，制订完善的安全施工管理奖惩制度并落到实处。对于那些安全责任落实到位、安全工作做得好的部门和个人要给予奖励，否则要给予处罚。对于那些在安全施工中贡献突出的部门和个人要给予重奖，否则要给予重罚。在完善施工安全责任奖惩制度中，要坚持重奖重罚并重的原则并认真执行。

（三）强化安全意识，加强施工全过程安全管理

与工程施工有关的各单位，应积极组织工程项目参与人员认真学习和贯彻执行《建设工程安全生产管理条例》《水利工程建设安全生产管理规定》等安全生产方面的法律法规知识，全面提高各参建单位从业人员的安全法制意识，使遵守安全生产法律法规成为各参与施工单位人员的自觉行为。强化安全意识，提高安全思想，切实把安全生产工作落到实处，确确实实保障职工的安全权益。尤其是施工单位，在工程项目施工前期，应结合工程项目的特点认真编写《安全施工防护手册》，提出工程项目施工过程中可能存在的安全隐患及应对措施并发给每个员工（上至项目经理，下至每个施工班组人员），由专业安全人员对他们进行安全教育培训，督促他们认真学习，深刻领会施工过程中应该注意的安全事项、操作规程、方法等，做到安全意识深入人心，头脑中时刻绷紧安全这根弦。对于那些在工程施工过程中玩忽职守、违反有关安全规定的部门及个人，要根据所承担的工作依法追究责任。

（四）妥善处理经济效益与施工安全的关系

妥善处理经济效益与施工安全之间的关系，确保施工安全投入资金的有效落实，是保障安全施工的重要基础。施工企业要保证施工生产的良好进行，就必须达到规定的安全生产条件，因此，就要合理地进行安全生产资金的投入。生产实践证明，凡是安全生产状况良好的施工单位，往往能把经济效益与安全生产的关系进行合理处理，不会为纯粹追求经济利益而以牺牲安全为代价，否则就会得不偿失。只有把安全与效益统一起来，将安全生

产费用用于安全施工措施的落实、安全施工条件的改善，消除安全事故隐患，企业才能取得长远的可持续发展和更大的经济效益。

（五）加强规章制度建设，规范员工安全行为

安全生产规章制度是安全生产方针政策、法律法规在生产经营单位的具体化，是生产经营单位搞好安全生产，保证其生产正常运转的重要手段。操作规程是生产经营单位针对某一具体工艺、工种、岗位所制定的具体规章制度。制定和加强安全生产规章制度和操作规程建设，是搞好生产经营单位安全生产的重要保证。如果一个生产经营单位的安全生产规章制度不健全，事故频发，经济效益就会损失巨大，那么其在社会上的地位就会受到影响，其效益也会受到影响，因此在市场上的竞争力也会受到影响。

在加强规章制度和操作规程建设的同时，要严格规范员工的安全施工行为，实行安全生产责任制。安全生产责任制是施工单位各项安全生产规章制度的核心，它是按照“安全第一，预防为主”的安全生产方针，将参与施工生产的各级人员在施工安全方面应做的事情和应负的责任加以明确规定的一种制度。把“安全生产，人人有责”从制度上固定下来，从而增强各级人员的责任心，使得安全管理纵向到底、横向到边，责任明确、协调配合，共同努力把安全工作真正落到实处。施工单位只有建立健全各项安全生产规章制度和操作规程，规范员工安全行为，才能建立和规范安全管理程序，有效地搞好安全施工生产。

（六）坚持“以人为本”，加强安全教育培训

各种不安全因素和事故，是威胁从业人员和公众生命财产的根源。只有提高从业人员的安全意识，提高辨别安全隐患、处置安全隐患的能力，才能把施工生产中不安全因素和不安全事故隐患降到最低限度，才能预防和减少人身伤亡事故，才能体现《安全生产法》以人为本的根本宗旨。因此，加强对员工的安全教育培训，特别是加强安全生产知识和安全技能方面的培训，增强和提高各种安全操作技能，防止不安全行为，减少人为失误，有效地防止意外事故的发生，从而提高水利工程建设安全生产的保障能力。

鉴于水利工程项目施工的点多面广、人员分散、机械化程度高、管理难度大等特点，只要加强水利工程施工安全管理、完善安全保障体系、建立安全管理机制、提高工程项目各级参与施工人员的安全意识、落实安全工作责任制、制定切实可行的《安全操作工作手册》并认真学习，做到持之以恒常抓不懈，并把施工安全、工程质量作为各项施工管理工作的重心，就可以有效减少或防止安全事故的发生，保证工程施工的顺利进行。

第七节　水利工程建设监理

一、水利工程监理工作的特点

在水利工程建设过程中监理工作非常重要，其主要是在整个过程中进行技术、组织以及合同的控制，从而能够有效地确保工程的质量、质量和投资等，达到水利工程建设目标。就目前的情况来看，水利工程监理具有很多自身的特点，主要是：

（一）具有一定的独立性与公正性

进行过程建设的时候需要协调好进行业主与承包方之间的关系，在工程建设过程中很难避免会出现利益冲突的时候，因此监理人员必须要公正的进行处理，严格地按照相关标准进行控制。

（二）具有职能密集型服务特点

在进行水利工程建设的时候监理需要做好整个活动的计划、协调等工作，从而能够更好地保障工程质量。需要注意的是整个过程要确保监理签字的有效性，保障工程的有效开展。

（三）是工程技术与工程管理的有效结合

随着社会的发展，对于水利工程监理要求不断提高，其不仅需要扎实的专业知识，同时也需要相应的工作经验，从而能够更好地保障工作的有效开展。

二、水利工程建设监理工作存在的问题

（一）对监理工作的重视程度不够

在水利工程建设中监理是非常重要的部分，其主要是对整个水利工程进行监督和管理，目前在水利工程建设中都是由专门的监理进行执行。但是从如今的工程建设情况来看，施工单位和委托单位对于监理工作不太重视，使得监理工作不能有效开展。同时对于水利工程监理工作来说大部分企业没有高度重视该部分的工作，监理人员也没有真正的管理权力，从而不能发挥其作用，对于工程建设没有起到促进作用。

（二）监理体系不健全，监理制度不完善

就目前的情况来看，在水利工程建设中还存在很多问题，主要是管理制度不完善，管理责任不明确。在实际应用中没有完善的监理制度，包括会议制度、验收制度、检验制度和监理人员工作考核制度，同时也缺乏很多的监督保障机制，对于监理内容规定也不全面人员的分配也存在很多问题，从而都会直接影响到工程的质量和进度，影响工程的建设，因此进一步加强对其的研究非常有必要。

（三）施工监理人员的工作素养不高

随着社会的发展，对于水利工程监理要求不断提高，但是目前监理人员的整体素质还存在很多问题，其主要是素养方面。施工监理人员都是毕业于高校园，参加了一系列的考试后进入到监理单位中，但是对于这些人员来说他们是具备了很扎实的基础知识，但是对于实际施工还是存在很多不足，缺乏经验。施工监理单位发展中也常常出现人员变动情况，因此流动性非常大，另外目前对于监理人员的待遇方面还需要进一步完善，工资薪酬方面还不太高，所以很难调动监理人员的积极性，影响工程的有效开展。

三、水利工程监理优化措施

（一）提高对工程监理工作的重视

水利工程的建设也会随着社会的不断发展发生改变，就目前的情况来看，我国的工程监理的承担着主要是施工方和项目委托方之外的第三方，主要是经过监理合同进行监理工作的开展。但是在实际的施工中施工单位为了获得更大的经济效益，对于监理方面的工作并不重视，常常会有应付上级检查机关虚化监理工作的现象，因此进一步加强对该方面的研究非常重要。施工单位需要认识到监理工作的重要性，并不断提高监理工作服务质量，从而促进水利工程的建设。在实际应用中提高对监理工作的重视，监理单位能够有效地进行双方的沟通工作，从而能够最大程度发挥其左右，确保工程的有效开展。

（二）建立健全工程监理制度，完善工程监理体系

对于水利工程建设中监理机构需要充分发挥其作用，因此在实际应用中需要健全相关管理制度，完善相关管理体系，进一步对监理工作的规范化，对于各个责任进行明确。同时要制定一系列的制度进行监理工作的优化，包括监理会议制度、验收制度、检验制度和监理人员工作考核制度，从而能够对监理人员起到一个约束的作用。另外，对于监理机构还需要跟随时代发展脚步，不断引进先进方法进行工作的完善，从而能够更好地规范整个监理工作开展，促进水利工程的建设发展。

（三）不断提高施工监理工作人员的工作素养

为了更好地提高水利工程监理工作质量，需要不断提高监理人员的整体素养，主要是从以下方面进行：1）不断提高施工监理人员的业务能力。水利工程是一项大型的建设项目，其涉及的范围非常广泛，因此在进行实际应用中对于监理人员的要求非常高，需要不断地提高工程的专业知识、业务能力、实践经验等，因此需要定期地进行业务培训，从而能够更好地提高整体素养，确保其能够最大程度发挥监理作用，促进水利工程的建设。2）不断提高施工监理人员的责任心。在监理工作开展中只有不断提高监理责任心，并在施工过程中严格地按照相关败欧洲进行，才能够最大程度发挥其丛。因此在实际应用中需要监理人员不断提升自己，同时加强和施工人员进行沟通工作，从而保障工作的有效开展。3）不断提高监理人员的社交能力。施工监理人员需要不断地提高业务能力，加强工作社交能力，从而能够进一步增加人员之间的沟通和交流，从而促进施工单位和人员之间的交流，方便在施工中发现问题并采取有效的措施解决问题，从而更好地保障工程的质量。

总之，随着社会的发展，对于水利工程建设要求不断提高，因此对于监理来说需要不断提高自己，从而才能更好地满足社会的发展需求，因此进一步加强对其的研究非常有必要。

第八节　水利水电工程质量评定与验收管理

水利水电工程是利国利民的大事，工程质量的好坏关系到人们的生产、生活，甚至关系到人们的生命财产安全。质量控制是水利工程建设项目管理的核心内容，而质量评定验收又是工程建设质量控制的最后一道关卡，因此，该项工作尤为重要。水利工程的质量评定是按照《水利水电工程施工质量检验与评定规程（SL176-2007）》对水利水电工程施工质量进行检验评定的。是保证工程质量的重要手段，可以促进施工工艺、施工技术、施工管理水平的发展、提高，促进更多的优质工程的建设。水利水电工程质量评定验收工作主要分为单元工程质量评定、分部工程质量评定、单位工程质量评定这三个部分。

一、单元工程质量评定

（一）单元工程划分

单元工程的划分是质量评定的第一步，单元工程划分的标准对整个质量评定结果有着不可忽视的影响。单元工程是质量评定的最小单位，也是工程质量评定的基础。单元工程是由多个工序完成的综合体，应该根据工程类型来进行单元工程的划分。水利水电工程的单元工程划分主要分为下列四大类：混凝土工程、土质防渗体工程、岩石洞石开挖工程、水轮发电机组安装工程。评定前应该根据各类工程的特点，划分确定单元工程，为单元工程质量评定奠定基础。

（二）单元工程质量等级与标准项目分类

由于单元工程必须在上一单元工程合格后方能施工，因此单工程质量评定只有合格与优良两个等级。也就是说，单元工程质量评定至少是合格。优良等级不但要求保证项目必须全部符合要求，还要对基本项目及允许偏差项目进行评定。经过返修后达到合格标准的项目不得评定为优良。

单元工程质量检测项目分为保证项目、基本项目、允许偏差项目三种。保证项目是指不管工程质量是合格还是优良，都必须符合要求的项目。比如，原材料必须满足设计要求。基本项目是指那些在质量评定中应该基本符合要求的项目。基本项目除写出检测项目的内容与要求外，还要写出检验方法与检测数量，一般还要逐项对合格与优良提出不同的质量要求。允许偏差项目是指允许其有一定的偏差范围的项目。比如钢筋间距、混凝土构件的尺寸等项目。水利水电工程单元的保证项目及基本项目必须符合要求，而允许偏差项目的合格率可以小于 100%。

（三）单元工程质量等级评定

单元工程的质量评定要求保证项目必须完全符合要求，基本项目及允许偏差项目应该符合合格标准。根据《水利水电工程施工质量检验与评定规程（SL176-2007）》单元工程“合格”、“优良”的标准如下：①合格：保证项目完全符合要求，基本项目应该符合合格质量标准；每一个允许偏差项目都应该有 70% 的测点偏差在允许范围内。②优良：保证项目完全符合要求，基本项目必须达到优良标准，每一个允许偏差项目都应该有 90% 的测点偏差在允许范围内。

中间产品的质量等级也可以参照单元工程质量评定进行，但是必须经过检验合格后方能使用。

进行单元工程质量评定时应该注意以下几点：①检查发现不合格的，全部返工，重新施工的应该重新评定；②维修补强后符合设计要求的，不得评为优良，只能评为合格；③与设计要求不符，但是经过设计计算鉴定，不影响其使用功能的，其质量可认定为合格。

二、分部工程、单位工程的评定

（一）分部工程质量等级标准

1. 合格标准

该分部工程包括的所有单元工程必须全部合格；中间产品、原材料质量、其他机电设备等质量必须合格。

2. 优良标注

该分部工程包括的所有单元工程全部合格，且优良率大于 50%，主要工程、关键部位及重要隐蔽工程质量优良并且在施工过程中从来没有发生过质量事故。土建工程质量达到优良，中间产品质量合格，原材料质量、其他机电设备等质量合格。

（二）单位工程质量等级标准

1. 合格标准

该单位工程所包含的所有分部工程全部合格；外观质量检查得分率在 70% 以上；施工质量检验资料齐全。

2. 优良标准

该单位工程所包含的所有分部工程全部合格且优良率大于 50%；外观质量检查得分率在 85% 以上；施工质量检验资料齐全。

三、分部工程、单位工程的验收

（一）分部工程验收

当达到验收条件时建设单位组织设计、监理、施工、使用单位，按照设计文件要求、设备技术说明书、现行的规范规程等共同进行验收。分部工程验收的目的就是检查施工是否与设计相符，及时发现处理施工中的问题。分部工程验收的条件为：某分部工程已完成，或者达到了一定的规模，达到了一定的阶段，隐蔽工程封闭前等。分部工程验收必须形成分部工程签证。验收过程中发现的问题由验收组成员商量解决，当发生争议时应该以主持单位的意见为准。将遗留问题、验收各单位的意见及质量问题处理情况一并列入分部工程验收证书，以便在下一验收阶段进行检查。

（二）单位工程验收

在工程竣工验收前，单位工程已经建设完成并且能独立运转产生经济效益时，应该组织设计、监理、施工、使用单位对其进行验收。

单位工程验收应该具备以下条件：①单位工程已经全部按照设计文件及规范要求建设完成；②该单位工程独立运转且不受其他未完工程施工的影响，同时也不影响其他工程施工，或者安全防护措施满足要求；③运行使用单位已经具备接收运行条件；④扫尾工作已经安排妥当。单位工程验收应该形成单位工程验收鉴定书，并办理单位工程移交手续。验收移交后的运行、管理、维护等工作由接收单位负责；施工单位负责在合同约定的质量保修期内，设备正常使用条件下的保修责任。

四、竣工验收

水利水电工程在满足以下条件后，便应该组织进行竣工验收。

工程所有单项工程全部建设完成并且均能正常运行；②工程竣工资料齐全完整；③工程已经通过竣工审计；④有关拆迁征地等费用都已经赔偿到位。

项目法人应该提前一个月向验收主持单位提交竣工验收申请，以便主持单位有充足的时间组织、准备。竣工验收应该形成竣工验收鉴定书，参与验收的所有单位各持一份，质量监督部门备案一份。对大型的水利水电工程项目，在其正式验收前，还应该组织进行技术初验收。建设单位应该督促施工单位处理、完善验收的遗留问题，并将处理结果报告给竣工验收主持方。

水利水电工程建设规模庞大，投入资金巨大，工程结构复杂，涉及专业多，建设期长，是一项综合性极强的工程。工程质量控制需要各方面的共同努力、协作，不但要抓好施工过程的质量控制，还必须要做好质量评定验收阶段的控制。特别是要把握好单元工程的划分与质量评定工作，为分部工程、单位工程的评定验收打下基础。

结　语

利工程建设管理是保障水利工程质量的重要工作，必须受到重视。所以，应该不断提高水利工程管理的技术含量。及时将竣工的水利工程提交到有关部门进行专业管理，使水利工程正常运行。为水利工程建设好配套设施，辅助其发挥最大效益。根据实际情况，及时调整管理措施，加强管理措施的技术含量。我们需要结合我国水利工程建设的实际情况，创新思路，加强水利工程建设管理水平，营造良好的水利工程建设氛围，整顿规范水利工程建设市场。